普通高等教育智能制造系列教材

数字孪生驱动的高精度装配

刘晓军　易　扬　程亚龙　倪中华　编著

科学出版社

北　京

内 容 简 介

本书基于数字化装配和数字孪生驱动的技术内涵与理念，全面、深入、系统地阐述了数字孪生驱动的产品高精度装配的相关技术知识，并讲解了作者团队研发的数字孪生驱动的高精度装配原型系统开发与应用案例。

本书共 9 章，每章都从不同的角度介绍和探讨了数字孪生驱动的产品高精度装配所涉及的关键要素和技术方法，主要内容包括绪论、数字孪生技术、数字孪生驱动的产品高精度装配技术体系、产品三维装配工艺模型构建、产品装配精度信息模型构建、产品装配误差传递模型构建、考虑多维度误差源的产品装配精度分析与计算、产品装配过程修配方案生成与推荐、数字孪生驱动的高精度装配原型系统开发与应用。

本书在关键知识点设置有二维码，关联相关装配技术的演示，帮助读者更直观地理解书中内容。

本书可作为普通高等学校机械工程、机械设计制造及其自动化、机械电子工程、智能制造工程等专业的高年级本科生和研究生的教材，也可作为复杂精密机电产品数字化装配技术相关领域的科研、技术与管理人员的参考书。

图书在版编目(CIP)数据

数字孪生驱动的高精度装配 / 刘晓军等编著. 北京 ：科学出版社，2024.12. -- (普通高等教育智能制造系列教材). -- ISBN 978-7-03-080593-5

Ⅰ. TH163

中国国家版本馆 CIP 数据核字第 2024S4V043 号

责任编辑：邓　静 / 责任校对：王　瑞
责任印制：师艳茹 / 封面设计：马晓敏

科 学 出 版 社 出版

北京东黄城根北街 16 号
邮政编码：100717
http://www.sciencep.com

北京建宏印刷有限公司印刷

科学出版社发行　各地新华书店经销
*
2024 年 12 月第　一　版　　开本：787×1092　1/16
2024 年 12 月第一次印刷　　印张：11 1/4
字数：301 000

定价：69.00 元
(如有印装质量问题，我社负责调换)

前　言

装配在现代复杂精密机电产品研发中占据着重要的地位。据统计，在现代制造中装配工作量占整个产品研制工作量的 20%~70%，平均为 45%，装配时间占整个产品制造时间的40%~60%。目前我国复杂精密机电产品装配主要面临高精度、高合格率和高性能稳定性三大挑战，其中，高精度装配问题已经成为当前我国相关产品研发和生产中的瓶颈环节之一。

装配精度作为装配环节的关键参数，是衡量复杂精密机电产品装配质量和装配性能优劣的重要指标，不仅影响产品的初始装配性能，而且影响产品服役过程中装配性能的稳定性。目前除部分航空、航天等军工单位外，大多数制造企业仍然沿用传统的产品装配技术与装配工艺设计方法，主要依靠经验丰富的装配专家来手工完成装配任务，装配质量一致性无法保障。

当前研究表明，数字孪生技术可以为复杂产品研制过程带来新的技术手段和解决途径，能够驱动物理装配空间和虚拟装配空间进行虚实交互融合，使实现复杂产品装配模式的转型升级成为可能。在产品装配技术中引入数字孪生技术，一方面可以利用数字孪生技术真实再现复杂产品装配过程，从而极大地提高复杂产品实际装配的效率；另一方面可以运用数字孪生装配仿真分析，实现复杂产品装配过程"虚实融合、以虚控实"的效果，在虚拟装配环境中高保真地模拟物理环境中的装配流程，通过预测产品装配精度进而实现对产品设计参数和装配工艺的优化与改进。由此可见，数字孪生技术与产品装配技术的融合，在继承传统数字化装配经验的同时，突破了原有束缚，可以实现真正意义上的产品装配技术革新与装配性能提升，有利于推动制造业高端化、智能化、绿色化发展。

到目前为止，全面系统地阐释数字孪生驱动的复杂产品高精度装配技术原理和原型系统设计与开发的书籍尚不多见，不能满足国家急需的智能及高端装备制造的发展需求。为此，作者基于东南大学课题组在数字化装配与数字孪生技术方面的相关研究成果，组织力量，参考大量国内外的相关研究论文和书籍，听取多位专家的指导意见，完成了本书的编著。

本书的主要特点包含以下三点：

（1）全面系统地阐述了产品装配技术、数字化装配技术以及数字孪生技术的基本概念、相关定义和内涵特点，制定了数字孪生驱动的产品高精度装配技术体系，为实施产品高精度装配奠定了理论方法、技术及应用基础；

（2）全面系统地探讨了数字孪生驱动的产品高精度装配技术中涉及的三维装配工艺模型构建、装配精度信息模型构建、装配误差传递模型构建、装配精度分析与计算、装配过程修配方案生成与推荐等关键技术；

（3）全面系统地讲解了数字孪生驱动的产品高精度装配原型系统的研发方案、体系结构和工作流程，并通过航天器产品结构部装实例对原型系统功能进行了详细的应用验证。

本书共 9 章，详细阐述了数字孪生驱动的产品高精度装配技术。第 1 章概述产品装配技术及其现状与发展趋势，第 2 章介绍数字孪生技术，第 3 章讲解数字孪生驱动的产品高精度装配技术体系，第 4 章讲解产品三维装配工艺模型构建技术，第 5 章讲解产品装配精度信息模型构建技术，第 6 章讲解产品装配误差传递模型构建技术，第 7 章讲解考虑多维度误差源的产品装配精度分析与计算，第 8 章讲解产品装配过程修配方案生成与推荐，第 9 章讲解数字孪生驱动的高精度装配原型系统开发与应用。

本书第 1 章由刘晓军、易扬、倪中华、程亚龙编写；第 2 章由刘晓军、易扬、倪中华、刘金锋编写；第 3 章由刘晓军、易扬、张人超、吕峰、苏铭编写；第 4 章由倪中华、杨章群、程亚龙编写；第 5 章由易扬、张人超、程亚龙、周轶恺编写；第 6 章由倪中华、易扬、张人超、吕峰、刘建强、施一鸣编写；第 7 章由刘晓军、易扬、周轶恺、刘建强、施一鸣编写；第 8 章由刘晓军、刘建强、吕峰、施一鸣编写；第 9 章由刘晓军、易扬、倪中华、苏铭、程亚龙、刘金锋编写。

本书入选教育部战略性新兴领域"十四五"高等教育教材体系建设项目"高端装备制造"（牵头高校为南京航空航天大学）。感谢高亮、张开富、范玉青、陶飞、刘检华、王军强、鲍劲松、梅中义、周忠秋、吴玉光等多位专家对本书编著和修改过程提出的宝贵建议，感谢科学出版社对本书出版的大力支持。在本书撰写过程中借鉴参考了部分文献的文字内容和图片资料，谨在此一并对相关作者表示衷心的感谢。

由于作者水平有限，本书疏漏之处在所难免，敬请各位专家、学者、老师和同行指正，提出宝贵意见，以利于提高本书的质量。

作　者

2024 年 5 月

目　　录

第1章 绪　　论

1.1　概　　述

复杂产品系统(图 1-1)在客户需求、产品组成、产品技术、制造流程、实验维护、项目管理、工作环境等诸多方面具有高成本、工程密集型的特点，产品装配技术在复杂产品研制过程中扮演了十分重要的角色，它是根据规定的技术要求，按一定的顺序将两个或多个单元通过一定的连接方式进行组合，形成产品或部组件，并经过相应的调试、试验和检验等工作，使其整体可靠地实现特定的功能、精度和性能的技术方法统称。随着复杂产品整机性能的保障重心逐渐从产品设计、加工制造环节向装配环节过渡与转移，产品装配技术的相关研究和工程应用越来越多地受到国内外学术界和企业界的广泛关注和密切跟踪。

(a)某型号商用客机　　　　(b)某型号运载火箭　　　　(c)某型号航天器舱段

(d)某型号航空发动机　　　　(e)某型号火箭发动机　　　　(f)某型号航天器球形舱体

图 1-1　复杂产品系统实例

产品的整机性能源自产品设计、加工与装配三个环节的共同保证，其中，装配环节在产品研制过程中占用劳动量大、费用高且属于生产环节后端，因此，装配对产品整机性能的影响很大，装配质量将直接决定复杂产品装配性能的好坏。当前，随着产品零部件的结构设计以及加工制造水平的显著提高，零部件的加工精度往往可以达到精密乃至超精密水平，甚至超过了部分国外发达国家的加工精度，但是装配后的产品或装备的性能仍然难以得到保证。

因此，装配作为产品研制过程中的关键环节之一，将直接影响产品机械结构及其系统的最终功能、质量和性能，对产品的开发周期、制造效率以及运行成本等均具有明显的影响，在很大程度上决定了产品的最终质量和使用寿命。随着装配技术的不断进步和发展，产品装配已跨越了手工阶段、半自动化阶段、自动化阶段，正在向数字化、智能化阶段迈进。

1.2　产品装配及其装配技术简介

1.2.1　产品装配的基本概念

装配是一个具有丰富内涵的有机整体，它不仅仅是将零件简单组装到一起的过程，更重要的是组装后的产品能够实现相应的功能，体现产品的质量。因此，有必要对其相关概念、重要性进行深入了解与掌握。

1. 装配

定义 1-1　装配的定义：将零件按规定的技术要求组装起来，使各种零件、组件、部件具有规定的质量精度与相互位置关系，并经过调试、检验使之成为合格产品的过程。

产品是由若干零件、组件和部件组成的。在产品研制过程的最后阶段，需要将这些零件、组件和部件合理地进行组装，使之成为合格产品。在《中国大百科全书》中，机械装配指的是按设计技术要求将零件和部件配合并连接成机械产品的过程。《机械制造工艺学》中对装配的解释为"按规定的技术要求，将零件、组件和部件进行配合和连接，使之成为半成品或成品的工艺过程。装配不仅是零件、组件、部件的配合和连接过程，还应包括调整、检验、实验、油漆和包装等工作"。纵观飞机、汽车、电子设备等各大制造业，装配就是将具有一定形状、精度、质量的各种零件、组件、部件按照规定的技术条件和质量要求进行配合与连接，并进行检验与实验的整个工艺过程。按照装配件的复杂程度，装配阶段被划分为组件装配、部件装配与总装配。

按照产品研制过程工作内容的先后次序，产品研制过程主要分为设计阶段、制造阶段及验证阶段。其中，设计阶段给出了产品质量的固有属性；制造阶段通过一系列产品定义技术、零件加工技术、装配技术及测量与检验技术等保证了产品的最终质量和使用寿命；验证阶段通过设计指标对产品质量做出评价。

装配是制造阶段的最终环节，同时也是最关键的环节，是复杂产品制造全生命周期中最重要的、耗费精力和时间最多的步骤之一，在很大程度上决定了产品的最终质量、制造成本和生产周期。以飞机装配为例，其工作量占整个产品研制工作量的 20%～70%，平均为 45%，装配过程约占产品制造总工时的 50%，装配相关的费用占生产制造成本的 25%～35%。产品的可装配性和装配质量直接影响着产品的性能与寿命、制造系统的生产效率和产品的总成本。因此，采用先进的装配技术与适当的装配方法来实现装配质量的更优控制具有重大的工程意义。

2. 装配工艺

定义 1-2　装配工艺的定义：工艺部门根据产品结构、技术条件和生产规模制定的各个装配阶段所运用的基准、方法及技术的总称。

将零件、组件的装配过程和操作方法以文件或数据(三维模型)的形式做出明确规定而形成的装配工艺规程是组织生产和指导现场操作的重要依据。装配工艺保证了产品的装配精度、物理指标及服役运营指标，是决定产品质量的关键环节，其主要内容包括装配工艺设计、装配工艺基准及装配工艺方法等。

1) 装配工艺设计

装配工艺设计是产品装配的工艺技术准备，用于确定产品的最优装配方案，贯穿于产品设计、试制和批量生产的整个过程。部件装配工艺设计在产品生产研制各个阶段的工作重点虽然不同，但其主要内容包括以下 8 个方面：①划分装配单元；②确定装配基准和装配定位方法；③选择保证准确度、互换性和装配协调性的工艺方法；④确定各装配元素的供应技术状态；⑤确定装配过程中的工序、工步组成和各构造元素的装配顺序；⑥选定所需的工具、设备和工艺装备；⑦完成零件、标准件、材料的配套；⑧进行工作场地的工艺布置。

2) 装配工艺基准

装配工艺基准是存在于零件、装配件上的具体的点、线、面，在工艺过程中使用，装配工艺基准可以用来确定结构件的装配位置。根据功用不同，装配工艺基准可以分为定位基准、装配基准、测量基准与混合基准——K 孔。其中，定位基准用来确定结构件在设备或工艺装备上的相对位置；装配基准用来确定结构件之间的相对位置；测量基准用于测量结构件装配位置尺寸的起始尺寸位置，一般用于测量产品关键协调特征是否满足设计要求；混合基准——K 孔，即在数字量协调技术中，为减少误差累积，尽量保证定位基准、装配基准和测量基准的统一，大量应用 K 孔作为零件制造过程和装配过程中共用的基准。

3) 装配工艺方法

装配工艺方法主要涉及装配定位方法、装配连接方法和装配测量与检测等方面。

装配定位方法是在保证零件之间的相互位置准确，装配以后能满足产品图样和技术条件要求的前提下，综合考虑操作简便、定位可靠、质量稳定、开敞性好、工装费用低和生产准备周期短等因素之后选定的。常用的定位方法有 4 种，即划线定位法、基准件定位法、定位孔定位法和装配夹具定位法，见表 1-1。

表 1-1 传统装配定位方法

类别	方法	特点	应用场景
划线定位法	①用通用量具或划线工具来划线；②用专用样板划线；③用明胶模线晒相方法	①简便易行；②装配准确度较低；③工作效率低；④节省工艺装备费用	①成批生产时，用于简单的、易于测量的、准确度要求不高的零件定位；②作为其他定位方法的辅助定位方法
基准件定位法	以产品结构件上的某些点、线来确定待装件的位置	①简便易行，节省工艺装备，装配开敞性、协调性好；②基准件必须具有较好的刚性和位置准确度	①用于有配合关系且尺寸或形状相一致的零件之间的装配；②与其他定位方法混合使用；③用于刚性好的整体结构件装配
定位孔定位法	在相互连接的零件(组合件)上，按一定的协调路线分别制出孔，装配时零件以对应的孔定位来确定零件(组合件)的相互位置	①定位迅速、方便；②不用或仅用简易的工艺装备；③定位准确度比工艺装备定位低，比划线定位法高	①用于内部加强件的定位；②用于平面组合件非外形零件的定位；③用于组合件之间的定位
装配夹具定位法	利用型架(如精加工台)定位，确定结构件的装配位置或加工位置	①定位准确度高；②产生装配变形或强迫低刚性结构件符合工艺装备；③能保证互换部件的协调；④生产准备周期长	应用广泛，能保证各类结构件的装配准确度要求

　　当各个零件完成定位后，需要针对零件的材料、结构及装配件的使用性能等选择恰当的装配连接方法，从而实现产品的可靠连接。产品装配中常用的连接方法包括机械连接、胶接和焊接等。其中，机械连接是一种采用紧固件将零件连接成装配件的方法，常用的紧固件有螺栓、螺钉、铆钉等，机械连接作为一种传统的连接方法，在装配过程中应用最为广泛，具有不可替代的作用；胶接是通过胶黏剂将零件连接成装配件的方法，通常情况下，胶接可作为铆接、焊接和螺栓连接的补充，在特定条件下，可根据设计要求提供所需要的功能；焊接是通过加热、加压或两者并用，使得分离的焊件形成永久性连接的工艺方法。焊接结构的应用领域越来越广泛，包括航空航天、汽车、船舶、冶金和建筑等。

　　装配测量与检验是指在组件、部件及总装配过程中，在重要装配操作前后往往需要进行中间检查，测量与检验是确保装配质量的直接保障手段，有的测量设备已经作为工艺装备的一部分，直接参与产品装配。按照测量对象的不同，装配测量与检验技术主要分为以下 3 类。

　　(1)几何量的测量。几何量的测量包括产品的几何形状、位置精度等的测量。根据测量方法的不同，主要分为接触式测量与非接触式测量。接触式测量是通过测量头与被测物发生接触，从而获得被测物几何信息的测量方法，主要测量设备有三坐标测量机和关节臂式测量仪，主要测量对象是机械产品的几何量。非接触式测量主要有光学测量、视觉测量和激光测量等，其中，光学测量是利用 2 台或多台电子经纬仪的光学视线在空间的前方进行交会形成测量角，主要测量对象是产品的位置精度；视觉测量是使用单台或多台相机对被测物进行照相后，再通过图像识别与数据处理等手段对被测物进行测量；激光测量是通过对被测物表面进行扫描，获得表面点云数据，再通过逆向工程得到产品表面信息，其主要测量对象是产品形状精度。

　　(2)物理量的检测。物理量的检测，即装配力、变形量、残余应力、振动、质量特性等的检测。在物理量检测方面，主要包括面向装配力、变形量的电阻应变片测量方法，光测方法，磁敏电阻传感器测量方法，声弹原理测量方法等。电阻应变片测量方法是基于金属导体的应变效应，将应变转换为电阻变化的测量方法，目前已广泛应用于各种检测系统中。光测方法是以光的干涉原理或者直接以数字图像分析技术为基础的一类实验方法，其以 20 世纪 60 年代激光的出现和数字图像分析技术的成熟为标志，主要分为经典光测方法(包括光弹、云纹等)和现代光测方法(包括全息干涉、云纹干涉、散斑计量及数字散斑相关和数字图像分析等)。磁敏电阻传感器测量方法是基于磁阻效应的一种测量方法，可以利用它制成位移和角度检测器等。声弹原理测量方法是利用超声剪切波的双折射效应测量应力的方法，主要应用于应力分析。

　　(3)状态量的检验。状态量的检验包括产品装配状态、干涉情况、密封性能等的检验。在产品内部结构检测方面，主要成果包括数字射线成像(digital radiography，DR)技术、计算机断层扫描(computed tomography)技术等。在泄漏检测方面，目前主要采用的是超声波检测泄漏相机技术，超声波检漏在设备上的使用使在线检漏成为现实，不但能够检测装备在运行时有无泄漏，而且能够检测泄漏率的大小。

3. 装配工艺装备

定义 1-3　装配工艺装备的定义：简称工装，是制造产品所需要的刀具、夹具、模具、量具和工位器具的总称。

　　工艺装备在工业生产中是必不可少的，工艺装备可以将复杂的生产加工方法简单化，大大缩短产品的生产加工周期。对于装配过程而言,先进的装配工艺需要先进的工艺装备,工艺装备的设计制造水平,对保证高效率的生产和产品的高质量至关重要。

装配工艺装备是装配技术体系中的重要环节,应用在装配过程中的工艺装备都是装配工艺装备。在装配过程中,工装对保障零部件的质量有着重大影响,且对于越复杂的结构,工装的数量越多,其作用越明显。以飞机装配为例,飞机装配过程中采用了大量的工艺装备来保证产品的制造准确度和协调准确度。例如,SU-27 飞机采用的工装超过 6 万件,对于大型民用飞机而言,采用的工装数量更多。

装配工艺装备的分类方式决定了装配工装与工艺的高度配合性。对于各类产品而言,装配工装在定位、保型、位姿调控等方面都发挥着重要作用,直接影响着装配性能的好坏与装配效率的高低。装配工艺装备有两种典型的分类方式,分别是按照使用范围的分类方式和按照装备功用的分类方式。

1) 按照适用范围分类

装配工艺装备按照适用范围,可分为通用工艺装备和专用工艺装备两种。

通用工艺装备(简称通用工装)适用于各种产品,具有种类多、应用广的特点,如常用刀具、量具等。

专用工艺装备(简称专用工装)仅适用于某种产品、某个零部件或某道工序。一般而言,在大批量生产过程中或产品结构较为复杂、产品技术要求及质量要求较高时大多采用专用工装。

以航空航天产品的装配过程为例,以飞机为代表的产品零件数量多,结构复杂,协调关系多,因此在整个装配过程中需要用到大量的装配型架、夹具、模具、标准样件、量规等典型装配工艺装备。这些专用的工艺装备在对工件进行加工成形、装配安装、测量检查,以及工艺装备之间的协调移形等方面都发挥着重要作用。

2) 按照装备功用分类

装配工艺装备根据功用分为标准工艺装备和生产工艺装备。

(1) 标准工艺装备。标准工艺装备是具有零件、组件或部件的准确外形和尺寸的刚性实体,是制造和检验生产工艺装备外形和尺寸的依据,又可以称为主工装,需要具备较高的刚度、准确度、稳定性,如标准量规、结合样板等。

标准工艺装备(简称标准工装)主要包括标准样板、标准样件等,是传统制造模式中最重要的协调依据。传统的飞机制造是按照"模线—样板—标准样件—各种生产工装"的工序把飞机的设计要求传递到产品上去的。全机的理论模线和结构模线体现了飞机的理论外形和全机的协调关系。在数字化制造系统中,以实物出现的标准工装逐步被数字化主机和数字化主工装所替代,利用产品或工装三维模型中的协调特征作为数字化协调依据进行工装和定位器的协调设计与制造。

(2) 生产工艺装备。生产工艺装备直接用于零件、组件、部件的装配定位及检测等各个环节,以保证装配准确度及各协调部位的协调准确度要求。

生产工艺装备(简称生产工装)主要包括装配夹具(型架)、对合型架、测量与检测装置、专用钻孔/铆接装置等,是配合相关工艺完成高精度装配及协调装配的重要工具。

装配型架的重要作用主要体现在两个方面:一方面,装配型架通过定位与压紧装置保证待装配部件的每个零件或组件按照正确的装配顺序和装配位姿完成定位和连接；另一方面，装配型架通过控制关键质量控制点/面，保证装配完成的部件或组件能够在部件或大部件组装环节实现精准对接。通常，装配完成的部件或组件在装配型架上解除相关压紧装置后，需要应用激光跟踪仪等数字化测量设备，对其气动外形进行检测。

钻孔/铆接装置的重要作用主要体现在两个方面：一方面，铆接作为一种传统的机械连接技术，由于具有连接可靠、质量好、成本低等特点，被广泛应用于航空航天领域，铆接的质量对飞机的安全性能有着重要影响，1988 年，阿罗哈航空 243 号班机事故发生的主要原因之一就是铆接结构疲劳失效；另一方面，提升制孔质量的一致性、制孔效率，控制铆钉钉杆的均匀膨胀，实现均匀干涉是提高飞机装配质量与疲劳寿命的有效途径。

1.2.2　产品装配的发展历史

产品装配技术是随着对产品质量要求的不断提高和生产批量的不断增大而发展起来的。机械制造业发展初期，加工与装配往往还没有分开，相互配合的零件都实行"配作"，装配多用锉、磨、修刮、锤击和拧紧等操作，使零件配合和连接起来。如果某零件不能与其他零件配合，就必须在已加工的零件中去寻找合适的零件或者对其进行再加工，然后进行装配，因此生产效率很低。18 世纪末期，随着产品批量增大，加工质量提高，互换性生产提到日程上来，逐渐出现了互换性装配。1789 年美国惠特尼制造了 1 万支可以互换零件的滑膛枪，依靠专门工夹具使不熟练的工人也能从事装配工作，工时大为缩短。最早的公差制度出现在 1902 年英国 Newall 公司制定的尺寸公差的"极限表"，1906 年英国出现了公差国家标准。公差和互换性的出现使得零件的加工和装配可以分离开来，并且这两项工作可以在不同的工厂或不同的地点进行。20 世纪初至中叶，互换性装配逐步推广到武器、纺织机械和汽车等产品，互换性所带来的装配技术的一个重大进步是美国福特汽车公司提出的"装配线"，20 世纪初福特汽车公司首先建立了采用运输带的移动式汽车装配线，将不同地点生产的零件以物流供给的方式集中在一个地方，在生产线上进行最终产品的装配，同时将工序细分，在各工序上实行专业化装配操作，使装配周期缩短了约 90%，大幅降低了生产成本。互换性生产和移动式装配线的出现和发展，为大批量生产中采用自动化装配开辟了道路，国外 20 世纪 50 年代开始发展自动化装配技术，60 年代发展了自动装配机和自动装配线，70 年代机器人开始应用于产品装配中。20 世纪 80 年代初，随着计算机技术的发展与普遍应用，出现了计算机辅助装配工艺规划(computer-aided assembly process planning, CAAPP)技术，也称为装配 CAPP 技术，其本质上就是应用计算机模拟人进行装配工艺编制，并自动或交互生成装配工艺文件的方法。到了 20 世纪 90 年代，制造业中出现了一个划时代的创举——波音 777 在整个设计制造过程无需实物样件和样机，直接进行了第 1 架波音 777 的首飞，一次成功。数字化预装配(digital pre-assembly)是实现这一创举，确保飞机设计制造一次成功的关键技术之一。我国自 20 世纪 90 年代末开始进行虚拟装配技术的跟踪研究，国内各大院校、研究所等相继开展了虚拟装配相关技术的研究，并提出了许多有价值的新理论和新方法。目前，虚拟装配技术主要从早期的基于理想几何的装配过程建模与仿真，向基于物理的建模与仿真方向发展。

随着大规模工业化生产的兴起，产品装配技术得到了快速发展。如图 1-2 所示，产品装配已经经历了从手工装配、半自动化装配到自动化装配 3 个阶段，而以数字化、柔性化、智能化为特征的先进装配技术已成为各大制造业发展的迫切需求。

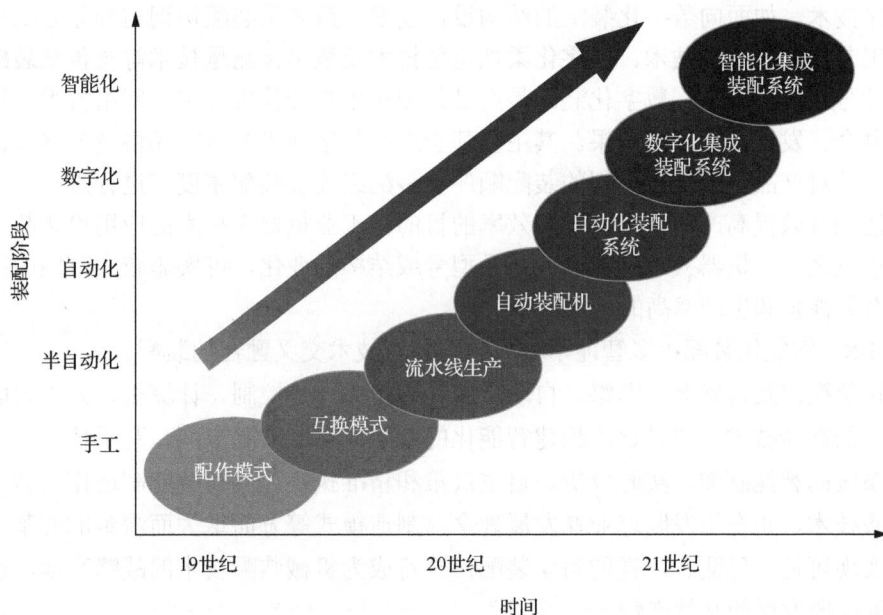

图 1-2 装配发展阶段特征

定义 1-4 手工装配：装配过程全部由操作人员手动完成的装配。

产品的整个装配过程，包括所有装配操作、物料运送、工位转换均由操作人员手动完成的装配称为手工装配。工业发展初期，生产规模还是单件生产，零件是为了能够与某些零件进行装配而专门进行加工的，同种零件之间不具有互换性。手工装配借助少量工夹具，如工作台、扳手、螺钉旋具等，依靠人的经验几乎能实现任何产品的装配，是最通用的方法。一方面，手工装配主要应用于单件小批量产品的装配，需要装配操作人员具有必要的素质和技能；另一方面，由于手工装配的随机性大，生产节拍不明显，难以对产品的装配进度、技术状态及质量信息进行有效控制，生产效率相对较低，劳动强度较大。

定义 1-5 半自动化装配：产品装配过程大部分由自动化设备完成，部分由人工操作的装配。

产品装配过程中大部分装配操作、工位转换工作由自动化设备完成，部分上下料工作和装配工作由人工完成。伴随着大规模生产方式的发展，实现装配过程的自动化成为工业生产中迫切需要解决的问题。半自动装配主要应用于成批生产的产品装配，其装配过程一般在流水线上进行，采用专门的设备和工装完成针对确定结构产品的装配，生产效率高于手工装配，大大减轻或取代了特殊条件下的手工装配劳动，组织装配作业的任务变成了人与机器之间的合理分配，降低了劳动强度，在一定程度上提高了操作安全性。

定义 1-6 自动化装配：产品装配过程都是由自动化设备完成的装配。

产品装配过程的装配操作、物料配送、工位转换都是由自动化设备完成的，自动化设备完全替代了操作人员。自动化装配主要应用于大批量生产的产品装配，一方面，完全的自动化装配能够提高产品的质量与生产效率；另一方面，自动化装配的优势要得到充分发挥，需要和企业的生产状况相适应，不能盲目追求全自动化装配，目前我国汽车、电子等大量生产的产品，其装配基本是在移动流水线上进行的，只有部分实现了全自动化装配。

定义 1-7 数字化装配：数字化技术与传统装配技术结合的装配。

数字化技术，如面向数字化装配的结构设计技术、数字量装配协调与容差分配技术、数字化装配工艺规划与仿真技术、数字化柔性定位技术及数字化测量技术等与传统装配技术结合的装配（即数字化装配）。数字化装配是产品装配技术与计算机技术、网络技术和管理科学的交叉、融合、发展及应用的结果。其主要基于产品数字样机开展产品协调方案设计及可装配性分析，并对产品装配工艺过程的装配顺序、装配路径及装配精度等进行规划、仿真和优化，从而达到有效提高产品装配质量和效率的目的。工业机器人技术的应用也是数字化装配中的核心重点之一，机器人装配能适应产品型号或结构的变化，可实施较大范围的产品族的装配，兼有柔性强和生产率高的优点。

定义 1-8 智能化装配：多智能学科和传统装配技术交叉融合的装配。

智能化装配涉及传感器、网络、自动化等先进技术，是控制、计算机、人工智能等多学科交叉融合的高新技术。通过逐次构建智能化的装配单元、装配车间，基于信息物理系统，进行装配系统的智能感知、实时分析、自主决策和精准执行。当前智能制造作为新一轮工业革命的核心技术，正在引发制造业在发展理念、制造模式等方面重大而深刻的变革。智能化装配能够实现可控、可测、可视的科学装配，必将成为机械装配技术的战略高地，也是装配技术向更高阶段发展的必然产物。

随着经济、科技的不断进步和《中国制造 2025》的到来，我国各个行业现代机械化程度和自动化程度得到不断提高，陆续自行设计、建立和引进了一些半自动、自动装配线及装配工序半自动装置。但是，由于我国在装配自动化技术方面的研究起步较晚，国内设计的半自动和自动装配线的自动化程度不高，装配速度和生产率较低，与发达国家相比还有一定的差距。装配自动化是实现装配数字化、智能化的基础，短期内，我国应该在研究与应用装配自动化技术的基础上，大力发展数字化技术、网络与通信技术、电子技术及人工智能技术等，致力于开发智能化集成装配系统，推进我国装配的数字化、智能化进程。未来随着人工智能、智能检测等技术的发展，产品装配有望实现从手工/经验式装配向自动化/智能化装配转变，并最终实现可控、可测、可视的高性能装配。

1.2.3 产品装配技术的内涵

装配是机械制造中最后决定产品质量的重要工艺过程。装配也可称为组装，是指增添或者连接若干零件来形成一个完整产品的过程。简单的产品可由零件直接装配而成；复杂的产品则须先将若干零件装配成部件，称为部件装配；然后将若干部件和另外一些零件装配成完整的产品，称为总装。产品装配完成后需要进行各种检验和实验，以保证其装配质量和使用性能；有些重要的部件装配完成后还要进行测试。

产品装配技术是指机械制造中各种装配方法、装配工艺及装备的技术总称。目前产品装配尚未形成一个比较系统和完整的技术体系，根据现有的认识水平，可以认为其主要包括面向装配的设计、装配工艺设计与仿真、装配工艺装备、装配测量与检测、装配车间管理等研究内容，其基础理论包括计算几何、弹塑性理论和人工智能等，产品装配技术的发展趋势表现为集成化、精密化、微纳化和智能化，其研究体系框架如图 1-3 所示。

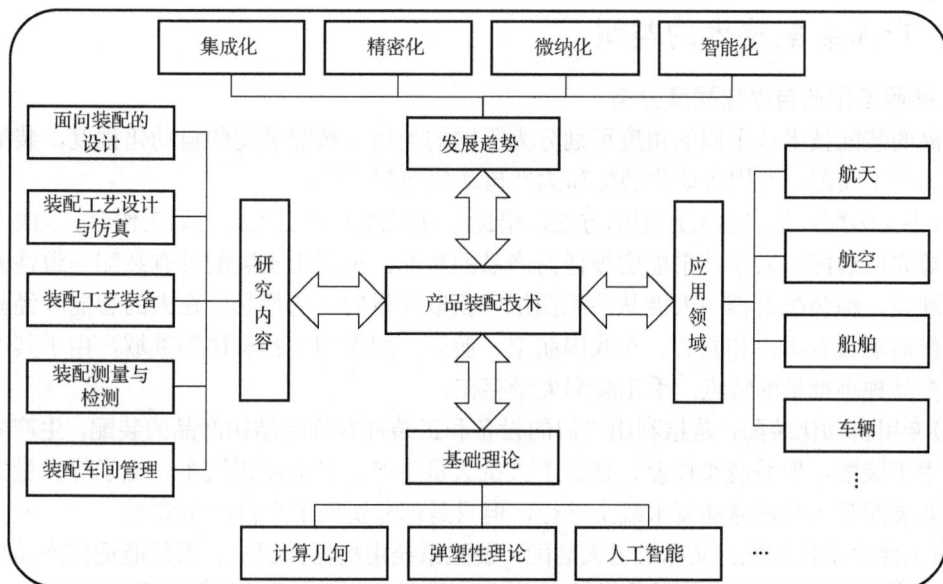

图 1-3 产品装配的研究体系框架

产品装配技术的五维结构模型如图 1-4 所示，其中，设计是主导，工艺是基础，装备是工具，检测是保障，管理是手段。

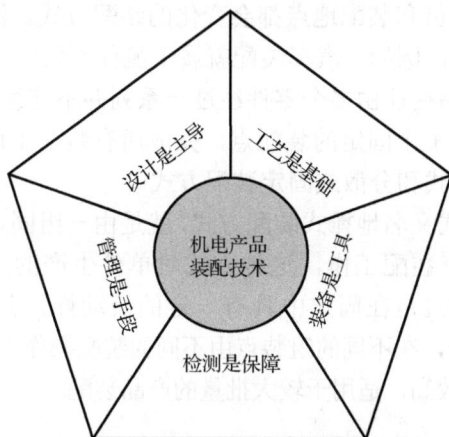

图 1-4 产品装配技术的五维结构模型

(1) 设计是主导：产品的可装配性和装配性能主要是由产品的结构决定的，设计时应在结构上保障装配的可能，采用的结构措施应方便装配，以减少装配工作量，提高装配质量。

(2) 工艺是基础：工艺是指导产品装配的主要技术文件，装配工艺设计质量直接影响着产品装配的操作难度、操作时间、工夹具数目和劳动强度等。

(3) 装备是工具：工艺装备是实现自动化、智能化装配的重要支撑工具。

(4) 检测是保障：测量与检测是装配质量的直接保障手段。目前测量与检测不仅仅是产品质量的检验手段，有时还作为工艺装备的一部分，直接参与到产品装配中。例如，在微装配中，其自动化装配都是在测量设备提供的测量信息支持下完成装配的。

(5) 管理是手段：科学的车间管理是提高装配效率和质量的重要手段。

1.2.4　产品装配技术的类型

1. 按照装配的自动化程度分类

产品的装配技术从不同的角度可划分为不同的类型，按照装配的自动化程度，装配主要可以分为手工装配、专用自动化装配和柔性自动化装配三种。

(1) 手工装配：是目前最通用的方法，借助于通用或专用工夹具，如工作台、力矩扳手、铆钉枪等完成装配，人手几乎能实施任何产品的装配。虽然手工装配具有装配一致性差、效率低等缺点，但装配过程中人能从装配图纸中获取大量的工艺信息，在人的智能和经验指导下，装配活动极具柔性和匠心。在我国航空、航天、船舶和工程机械等领域，由于其产品大多具有多品种小批量的特点，手工装配大量存在。

(2) 专用自动化装配：是指利用专门的设备和工装针对确定结构产品的装配，生产效率通常高于手工装配，但系统柔性差，适合于大批大量生产。目前我国汽车、电子等大量生产的产品，其装配基本都在移动流水线上进行，但只是部分实现了全自动化装配。

(3) 柔性自动化装配：又称机器人装配，装配系统由机器人组成，系统能适应产品型号或结构的变化，可实施较大范围的产品族的装配，兼有柔性强和生产率高的优点。

2. 按照装配的组织形式分类

按照装配的组织形式，装配又可分为流程型装配和离散型装配。

(1) 流程型装配是指产品由多个零件经过一系列连续的工序最终装配而成，并且随着装配工作的开展，其装配操作人员和装配地点都会变化的装配方式。流程型的装配方式有生产节拍，比较适用于大批量生产，例如，汽车装配就属于流程型装配。

(2) 离散型装配是指产品往往由多个零件经过一系列并不连续的工序最终装配而成，装配操作人员围绕预先设置的若干个固定的装配点，完成所有装配工作的装配方式。离散型装配又可分为集中式固定装配方式和分散式固定装配方式。

① 集中式固定装配方式又名地摊式装配方式，就是由一组固定不变的工作人员在一个固定不变的地方集中完成所有装配工作，这种方式对单件生产的产品的装配效率较高。

② 分散式固定装配方式是在固定中具有一定的流动性，其生产特点是将产品的装配工作分解成若干个组装部分，在不同的组装点由不同的装配操作人员完成，最后再完成总装工作。这种方法生产效率相对较高，适用于较大批量的产品装配。

1.3　产品装配技术的现状及发展趋势

1.3.1　产品装配技术的现状及需求分析

产品装配过程作为生产制造过程中资源流、计划流、物料流、质量流、信息流的汇集中心，是产品制造过程中的重要环节。目前，国内大量民营企业装配车间的同一生产周期、同一装配线可能会以不同的节拍同时承担不同产品的装配任务，这就需要复杂的调度及复杂而庞大的物料供给。此外，对于航空航天类产品而言，其本身结构的复杂性对于装配过程的柔性化及物料配送的准时性都有很高的要求。而在实际装配过程中，装配车间的信息化程度制约着设备、物料、人员之间的协同调配与物流实时跟踪和产品状态追溯，从而导致整个车间信息的不透明性和质量损失的不可预知性十分明显。

因此，对于我国广大制造企业而言，迫切需要以信息通信技术、自动化技术与制造技术交叉融合作为技术基础，并以计算机硬件与软件、接口设备、相关协议和网络为手段，根据企业的实际需求，实现从车间底层到企业顶层的，包含装配生产任务的制定、下达、执行、调度及完成的全过程智能化改造，从而增强制造企业的综合竞争能力。具体表现如下。

1) 装配生产计划的管控

随着客户对产品个性化需求程度的逐渐提高，解决好交货周期短、定制化程度高的问题是当前制造企业发展的关键，对于产品装配过程而言，需要结合市场变化、客户需求，对整个装配车间的装配生产计划进行快速制定、实时下达和进度的有效管控。

2) 装配生产物流的管控

在传统的大批量装配生产模式下，待装配的供给品大都分布于装配线的周围，车间物流运转迅速，易于调配处理。而对于装配工艺复杂、零部件众多的产品而言，必须采用更加标准化的物流供给方式和精益化物流管控手段以满足复杂产品的装配需求，避免造成物流混乱和时间、物料的浪费。

3) 装配生产质量的管控

在产品装配生产过程中应实现对装配生产过程的质量管控，对全装配过程中的质量检验信息、不合格信息进行实时采集与分析，实现产品质量的有效追溯，避免产品质量事故的发生。

4) 装配生产过程中制造资源的管控

通过信息化手段实现对装配生产过程中大量设备、物料、人员等不同装配资源的有效管理和利用，进而实现对总装车间装配资源的优化配置，以及对设备运行状态、装配参数、能耗情况等多源信息的实时监控及其相关系统的网络化集成。

5) 车间管理系统间的集成运行

为提高装配效率，实现产品高效有序的生产管理，应解决好设备信息、物流信息、质量信息、人员信息之间的集成与优化运行问题，实现企业间信息的快速传递、处理及应用，实现企业内部信息共享，消除"信息断层"和"信息孤岛"等现象。

1.3.2 产品装配技术的发展趋势

基于上述装配技术的发展现状及实际生产过程中的需求，以及产品装配技术的类型与内涵分析，装配车间走智能化发展道路势在必行。近年来，中国的经济发展已由高速增长阶段逐步进入高质量发展阶段，政府更加关注优化经济结构、转换增长动力。最新中国产业研究院的研究报告《2020—2025 年中国智能制造行业深度发展研究与"十四五"企业投资战略规划报告》中的数据显示，目前美国、德国、日本等工业发达国家在数控机床、测控仪表和自动化设备、工业机器人等方面具有多年的技术积累，优势明显，特别在高端装备方面差距较大。近年来，在行业形势及国家政策的推动下，我国智能制造产业发展迅速，产值规模已达到 15000 亿元。当前，世界经济呈下行趋势，各国对于制造业的发展越发重视，纷纷加快推动技术创新，促进制造业转型升级。因此，智能化、绿色化已成为制造业发展的主流方向，智能制造也将成为世界各国竞争的焦点。在智能制造模式下，装配车间将呈现集成化、网络化、协同化、标准化、绿色化、柔性化、智能化等特征。

1) 集成化

智能装配车间融合了先进的智能技术、制造技术及管理技术，实现了总装生产过程中的生产制定、生产下达、生产执行、生产调度及生产完成的全过程集成管控。通过先进的信息采集手段，实现对总装车间中资源流、计划流、物流、质量流及信息流的有效采集和集成，从而增强企业对车间的管控能力。

2) 网络化

智能化装配过程的实现需要充分利用物联网及其相应技术。通过车间无线传感网络，有效利用总装车间内部和外部(其他车间)的各种资源，为生产过程中物流、信息和系统的集成提供必要条件。

3) 协同化

智能装配模式的实现是总装车间装配生产过程与产品设计、企业经营管理等其他环节协同交互的过程，共同实现总装车间装配生产计划、物料、质量、工艺及装配资源的协同运作。

4) 标准化

标准化是指智能制造模式的体系架构和功能的标准化、技术的标准化、实施过程及方法的标准化等。它用于规范和约束智能制造模式的建设，并通过执行标准和规范的方法，保证智能装配单元的有效集成和柔性，提高智能化装配实施的成功率。

5) 绿色化

智能装配模式是一种综合考虑资源效率的制造模式。它通过绿色工艺的执行、生产优化调度与控制，使资源消耗最少，环境影响最小。

6) 柔性化

智能装配车间以智能化、集成化、网络化和协同化等方式的共同作用，支持总装车间装配生产过程的柔性化目标，实现在多种产品装配生产情况下生产计划、生产进度、物流、质量和设备资源等的有效运转和控制，从而低成本、快速地为用户提供满意的产品。

7) 智能化

通过先进的信息采集、信息传输及信息处理技术，实现对装配车间全生命周期生产过程的智能管控，包括关键装配工序的异常预警及全方位的动态监控等。

装配车间智能制造模式的转型主要围绕用户对产品的多品种、个性化、高质量需求，融合先进的智能技术、制造技术及管理技术，快速分析捕获制造资源，以总装车间装配生产计划、物流、质量流、制造资源等为核心进行全过程跟踪、执行、优化、调度和有效控制，实现从装配任务的制定、下达、执行、调度到完成的全生命周期的集成运行和智能化管控，从而快速响应市场，提升制造企业的生产制造能力和综合竞争能力。

思　考　题

1. 简述产品装配及其装配技术的基本概念与技术内涵。
2. 简述产品装配技术的类型及特点。
3. 简述产品装配技术的发展趋势。

第 2 章　数字孪生技术

2.1　概　　述

近年来，数字化、信息化、智能化的产品全生命周期管理(product lifecycle management，PLM)系统的开发与工程应用等深入研究和落地实施，这极大地推动了机械产品质量保障技术的革新。数字化技术在新一代信息与通信技术(如物联网、大数据、工业互联网等)以及先进测量技术的支撑和加持下，与机械产品设计、工艺、制造、装配、检测、运维等过程不断深度融合，在面向 PLM 的产品质量保障应用方面不断拓展与深化，取得了巨大的经济和社会效益。正是在这样的背景下，数字孪生(digital twin，DT)技术在从数字化与信息化逐渐向智能化方向发展的过程中再次引起了国内外学术界和企业界的关注和重视。研究表明，数字孪生技术可以为复杂产品研制过程带来新的技术手段和解决途径，能够驱动物理装配空间和虚拟装配空间进行虚实交互融合，使实现复杂产品装配模式的转型升级成为可能。

2.2　数字孪生的起源与发展

当前，以物联网、大数据、人工智能等新技术为代表的数字浪潮席卷全球，物理世界和与之对应的数字世界正形成两大体系，平行发展，相互作用。数字世界为了服务物理世界而存在，物理世界因为数字世界而变得高效有序。在这种背景下，数字孪生(又称为数字双胞胎、数字化双胞胎等)技术应运而生。

数字孪生是以数字化方式创建物理实体的虚拟模型，借助数据模拟物理实体在现实环境中的行为，通过虚实交互反馈、数据融合分析、决策迭代优化等手段，为物理实体增加或扩展新的能力。作为一种充分利用模型、数据且集成多学科的技术，数字孪生面向产品全生命周期过程，发挥连接物理世界和数字世界的桥梁和纽带作用，提供更加实时、高效、智能的服务。全球最具权威的 IT 研究与顾问咨询公司 Gartner 在 2019 年十大战略科技发展趋势中将数字孪生作为重要技术之一，其对数字孪生的描述为：数字孪生是现实世界实体或系统的数字化体现。数字孪生最早的概念模型(图 2-1)由当时的 PLM 咨询顾问 Michael Grieves 博士(现任美国佛罗里达理工学院先进制造首席科学家)于 2002 年 10 月在美国制造工程师协会管理论坛上提出。数字孪生这一名词最早出现在美国空军研究实验室 2009 年提出的"机身数字孪生(airframe digital twin)"概念中。2010 年，NASA(National Aeronautics and Space Administration，美国国家航空航天局)在《建模、仿真、信息技术和处理》和《材料、结构、机械系统和制造》两份技术路线图中直接使用了"数字孪生"这一名称。2011 年 Michael Grieves 博士在其新书

《虚拟完美》（*Virtually Perfect:Driving Innovative and Lean Products through Product Lifecycle Management*）中引用了 NASA 先进材料和制造领域首席技术专家 John Vickers（现任马歇尔中心材料与工艺实验室副主任和 NASA 国家先进制造中心主任）所建议的数字孪生这一名词,作为信息镜像模型的别名。2013 年,美国空军将数字孪生和数字线程作为游戏规则改变者列入《全球科技愿景》。

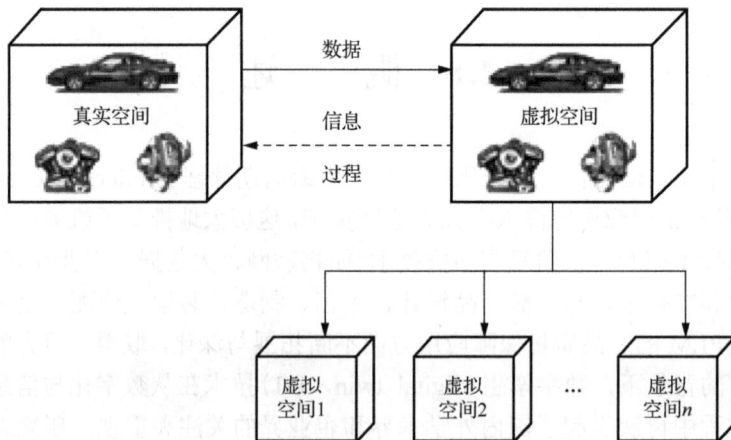

图 2-1　数字孪生的最初概念模型

2.3　数字孪生的定义与相关概念

　　一项新兴技术或一个新概念的出现,术语定义是后续一切工作的基础。当前,数字孪生备受学术界、工业界、政府部门等多方关注,但对于数字孪生的定义却存在不同的认识,关于数字孪生的定义有很多。北京航空航天大学的陶飞在 *Nature* 杂志的评述中认为,数字孪生作为实现虚实之间双向映射、动态交互、实时连接的关键途径,可将物理实体和系统的属性、结构、状态、性能、功能和行为映射到虚拟世界,形成高保真的动态多维/多尺度/多物理量模型,为观察物理世界、认识物理世界、理解物理世界、控制物理世界、改造物理世界提供了一种有效手段。CIMdata 推荐的定义是:数字孪生(即数字克隆)是基于物理实体的系统描述,可以实现对跨越整个系统生命周期可信来源的数据、模型和信息进行创建、管理和应用。此定义简单,但若没有真正理解其中的关键词(系统描述、生命周期、可信来源、模型),则可能产生误解。

　　表 2-1 概括汇总了对数字孪生概念不同的定义内容及理解,可以看出作为信息物理系统(cyber-physics system,CPS)的关键使能技术之一,数字孪生主要强调在数字虚拟空间中对现实物理空间对象 1∶1 构建模型的实时映射与闭环交互能力,并通过多维度虚拟模型和全要素融合数据驱动,来实现监控、仿真、预测、优化等实际功能服务和应用需求,如产品从功能需求、概念设计、制造装配、运行维护直到报废处理整个产品生产周期的高保真度数字化描述以及涉及产品设计、运行优化、状态监测、故障预测与诊断等方面的智能应用服务,以便为观察、认识、理解、控制、优化、改造物理世界提供一种切实可行的技术手段。需要特别

说明的是，数字孪生作为对物理空间对象的一种表征形式，无法也不可能完全等同于物理空间对象，只能高度近似并趋近于物理空间对象，因此，从工程应用和解决实际问题的角度出发，实际应用过程中不一定要求构建满足与所有理想特征均高度契合的数字孪生模型，能够满足用户及应用场景的具体需要即可。

表 2-1　数字孪生概念的不同定义内容及理解

序号	作者(年份)	研究单位 (国家)	定义内容及理解
1	Shafto 等(2010, 2012)； Glaessge 和 Starge(2012)	NASA (美国)	一个面向飞行器或系统的、集成多物理、多尺度的概率仿真模型，它利用当前最好的可用物理模型、更新的传感器数据和历史数据来反映与该模型对应的飞行实体的状态
2	Tuegel(2012)； Gockel 等(2012)	空军研究实验室 (美国)	机体数字孪生体，作为正在制造和维护的机体超写实模型，可用于对机体是否满足任务需求进行模拟和评估
3	Reifsnider 和 Majumdar(2013)	南卡罗来纳大学 (美国)	面向材料和结构的超高逼真度物理模型(ultra-high fidelity physical models)，用于控制飞行器的使用寿命
4	Grieves(2014)	佛罗里达理工学院 (美国)	作为生产制造实体的虚拟化表达(virtual representation)
5	Schluse 和 Rossmann(2016)	亚琛工业大学 (德国)	真实世界对象的虚拟替代物(virtual substitutes)，这些替代物由虚拟表达和通信交互能力所构建，可充当物联网及其服务中的智能节点
6	Stark 等(2017)	柏林工业大学 (德国)	借助模型、信息和数据来描述特定资产(产品、机器、设备、服务等)的属性、状态和行为的数字化表达(digital representation)
7	Soderberg 等(2017)	查尔姆斯理工大学 (瑞典)	采用物理系统的数字化拷贝(digital copy)实现实时优化
8	Saddik(2018)	渥太华大学 (加拿大)	实体和虚体的数字复制品(digital replications)，使两者的数据能够在物理世界和虚拟世界之间无缝传输
9	庄存波等(2017)； Zhuang 等(2018)	北京理工大学 (中国)	虚拟动态模型(virtual dynamic model)，与现实世界中物理实体完全对应和一致的虚拟模型，能够实时模拟其物理实体对象的属性、行为和性能
10	Qi 和 Tao(2018)； 陶飞等(2019)	北京航空航天大学 (中国)	物理对象的虚拟模型(virtual models)，该虚拟模型采用数字化方式创建并可用于现实世界环境中的行为仿真
11	Kannan 和 Arunachalam(2019)	印度理工学院 (印度)	物理资产的数字化表达，能够用于制造流程的交互与协同，从而可以通过知识共享实现生产力和效率的提升

如今，国内外许多学者和研究机构对数字孪生及其技术做了大量详细的文献分析综述工作，系统性地梳理了数字孪生的定义概念、技术内涵和理论框架以及在不同行业不同领域应用落地的研究。作为影响未来十年的先进制造技术和实践的最佳范式之一，数字孪生制造新范式为智能制造领域提供了很好的解决思路，根据综述性文献可以发现，在智能制造领域，围绕数字孪生的研究工作主要集中在以下三个维度：产品级数字孪生、生产级数字孪生、工厂/车间级数字孪生。其中，产品级数字孪生又可以总结为两个层面，从广义层面上讲，构建产品级数字孪生是面向产品全生命周期的管理和应用服务，侧重于对产品物理实体在面向PLM 的信息空间中的全要素重建及数字化映射，更加注重数字孪生在 PLM 中关键技术的实现；从狭义层面上讲，构建产品级数字孪生是面向装配的产品物理实体多维度、多层次、多

时空的虚拟实现，侧重于对产品物理实体在虚拟装配过程中的全要素重建及数字化映射，更加注重数字孪生在产品装配模型中的应用。

2.4　数字孪生参考模型与技术内涵

2.4.1　数字孪生的概念模型与系统架构

基于数字孪生的文字定义，图 2-2 给出了数字孪生五维概念模型。

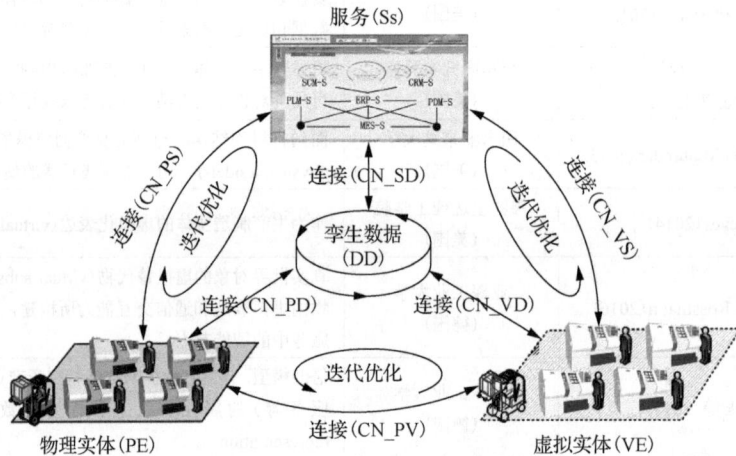

图 2-2　数字孪生五维概念模型

数字孪生五维概念模型首先是一个通用的参考架构，能适用不同领域的不同应用对象。其次，它的五维结构能与物联网、大数据、人工智能等新信息技术集成与融合，满足信息物理系统集成、信息物理数据融合、虚实双向连接与交互等需求。最后，孪生数据(DD)集成融合了信息数据与物理数据，满足信息空间与物理空间的一致性与同步性需求，能提供更加准确、全面的全要素/全流程/全业务数据支持。其中，服务(Ss)对数字孪生应用过程中不同领域、不同层次用户、不同业务所需的各类数据、模型、算法、仿真、结果等进行服务化封装，并以应用软件或移动端 App 的形式提供给用户，实现对服务的便捷与按需使用。连接(CN)实现物理实体、虚拟实体、服务及数据之间的普适工业互联，从而支持虚实实时互联与融合。虚拟实体(VE)从多维度、多空间尺度及多时间尺度对物理实体进行刻画和描述。

基于数字孪生五维概念模型(图 2-2)，并参考 GB/T 33474—2016 和 ISO/IEC 30141：2018 两个物联网参考架构标准以及 ISO 23247(面向制造的数字孪生系统框架)标准草案，给出了数字孪生系统的通用参考架构，如图 2-3 所示。一个典型的数字孪生系统包括用户域、数字孪生体、测量与控制实体、现实物理域和跨域功能实体共 5 个层次。

第 1 层(最上层)是使用数字孪生体的用户域，包括人、人机接口、应用软件，以及其他相关共智孪生体。

第 2 层是与物理实体目标对象对应的数字孪生体。它是反映物理对象某一视角特征的数字模型，并提供建模管理、仿真服务和孪生共智 3 类功能。

第 3 层是处于测量控制域、连接数字孪生体和物理实体的测量与控制实体，实现物理对象的状态感知和控制功能。

第 4 层是与数字孪生体对应的物理实体目标对象所处的现实物理域，测量与控制实体和现实物理域之间有测量数据流和控制信息流的传递。

第 5 层是跨域功能实体。测量与控制实体、数字孪生体以及用户域之间的数据流和信息流的流动传递，需要信息交换、数据保证、安全保障等跨域功能实体的支持。

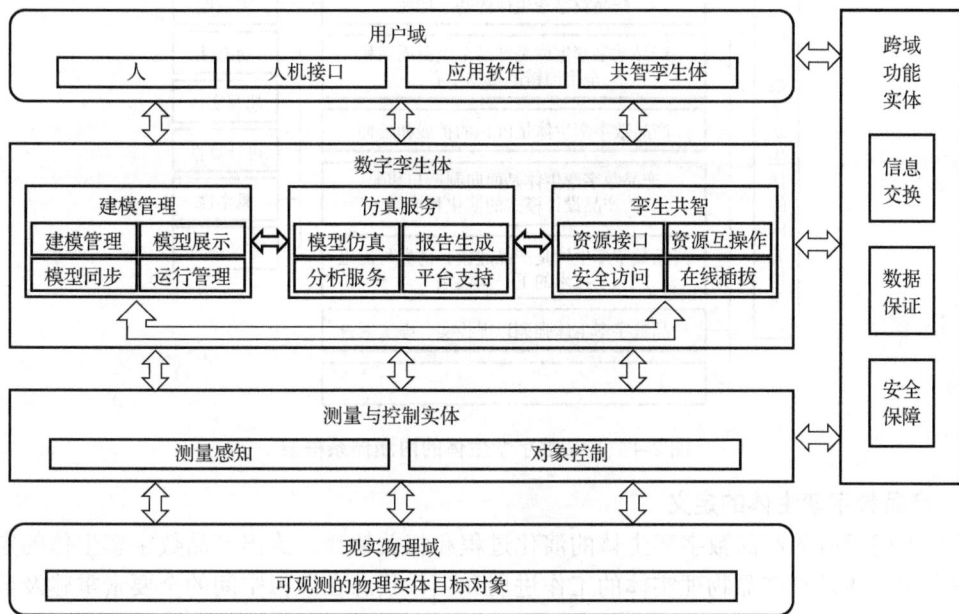

图 2-3　数字孪生系统的通用参考架构

2.4.2　数字孪生的技术内涵

数字孪生是指利用数字技术对物理实体对象的特征、行为、形成过程和性能等进行描述和建模的过程和方法，也称为数字孪生技术。数字孪生体是指与现实世界中的物理实体完全对应和一致的虚拟模型，可实时模拟自身在现实环境中的行为和性能，也称为数字孪生模型。一些学者也将数字孪生体翻译为数字镜像、数字映射、数字孪生、数字双胞胎等。可以说，数字孪生是技术、过程和方法，数字孪生体是对象、模型和数据。数字孪生技术不仅可利用人类已有的理论和知识建立虚拟模型，而且可利用虚拟模型的仿真技术探讨和预测未知世界，以发现和寻找更好的方法和途径、不断激发人类的创新思维、不断追求优化进步，因此，数字孪生技术为当前制造业的创新和发展提供了新的理念和工具。

未来在虚拟空间将存在一个与物理空间中的物理实体对象完全一样的数字孪生体，例如，物理工厂在虚拟空间有对应的工厂数字孪生体，物理车间在虚拟空间有对应的车间数字孪生体，物理生产线在虚拟空间有对应的生产线数字孪生体等。产品数字孪生体作为数字孪生技术在产品研发过程中最重要的应用之一，其研究目前尚处于探索阶段，研究成果相对较少且缺乏系统性。本节总结了国内外关于产品数字孪生体的相关研究成果，并结合多年的研究基础提出产品数字孪生体的内涵体系框架，如图 2-4 所示。

```
                                                          ┌─────────┐
                                                          │  虚拟性  │
                                                          ├─────────┤
                                                          │  唯一性  │
                                                          ├─────────┤
                                                          │ 多物理性 │
                                                          ├─────────┤
                                                          │ 多尺度性 │
              ┌────────────────────────────────┐         ├─────────┤
              │        产品数字孪生体的定义        │         │  层次性  │
              ├────────────────────────────────┤         ├─────────┤
              │       产品数字孪生体的基本特性       │─────────│  集成性  │
    ┌──┐      ├────────────────────────────────┤         ├─────────┤
    │产│      │    产品数字孪生体是产品全生命周期和   │         │  动态性  │
    │品│      │       全价值链的数据中心          │         ├─────────┤
    │数│      ├────────────────────────────────┤         │ 超写实性 │
    │字│      │   产品数字孪生体是PLM的扩展和延伸    │         ├─────────┤
    │孪│──────├────────────────────────────────┤         │  可计算性 │
    │生│      │   产品数字孪生体是面向制造与装配     │         ├─────────┤
    │体│      │    的产品设计模式的演化和扩展      │         │  概率性  │
    │的│      ├────────────────────────────────┤         ├─────────┤
    │内│      │   产品数字孪生体是产品建模、仿真与优化 │         │ 多学科性 │
    │涵│      │        技术的下一次浪潮         │         └─────────┘
    │体│      ├────────────────────────────────┤
    │系│      │  产品数字孪生体强调以虚控实、虚实融合  │
    └──┘      ├────────────────────────────────┤
              │              ...               │
              └────────────────────────────────┘
```

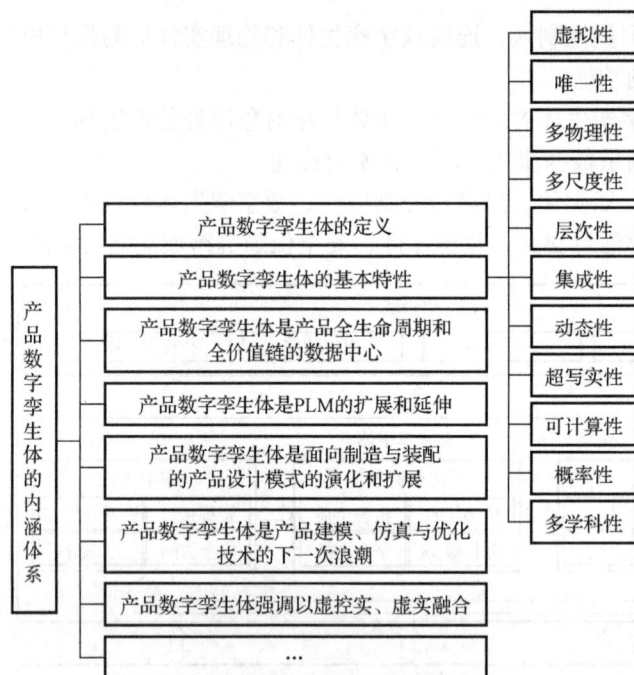

图 2-4　产品数字孪生体的内涵体系框架

1. 产品数字孪生体的定义

综合考虑已有的产品数字孪生体的演化过程和相关解释，给出产品数字孪生体的定义：产品数字孪生体是指产品物理实体的工作进展和工作状态在虚拟空间的全要素重建及数字化映射，是一个集成的多物理、多尺度、超写实、动态概率仿真模型，可用来模拟、监控、诊断、预测、控制产品物理实体在现实物理环境中的形成过程、状态和行为。产品数字孪生体基于产品设计阶段生成的产品模型，并在随后的产品制造和产品服务阶段，通过与产品物理实体之间的数据和信息交互，不断提高自身的完整性和精确度，最终完成对产品物理实体的完全和精确描述。

通过产品数字孪生体的定义可以看出：①产品数字孪生体是产品物理实体在信息空间中集成的仿真模型，是产品物理实体的全生命周期数字化档案，并可实现产品全生命周期数据和全价值链数据的统一集成管理；②产品数字孪生体是通过与产品物理实体之间不断进行数据和信息交互而完善的；③产品数字孪生体的最终表现形式是产品物理实体的完整和精确的数字化描述；④产品数字孪生体可用来模拟、监控、诊断、预测和控制产品物理实体在现实物理环境中的形成过程和状态。

产品数字孪生体远远超出了数字样机（或虚拟样机）和数字化产品定义的范畴，产品数字孪生体不仅包含产品几何、功能和性能方面的描述，还包含产品制造或维护过程等其他全生命周期阶段的形成过程和状态的描述。数字样机也称为虚拟样机，是指对机械产品整机或具有独立功能的子系统的数字化描述，其不仅反映了产品对象的几何属性，还至少在某一领域反映了产品对象的功能和性能。数字样机形成于产品设计阶段，可应用于产品的全生命周期，包括工程设计、制造、装配、检验、销售、使用、售后、回收等环节。数字化产品定义是指对机械产品功能、性能和物理特性等进行数字化描述的活动。从数字样机(或虚拟样机)和数字化产品定义的内涵看，其主要侧重于产品设计阶段的产品几何、功能和性能方面的描述，没有涉及产品制造或维护过程等其他全生命周期阶段的形成过程和状态的描述。

2．产品数字孪生体的基本特性

产品数字孪生体具有多种特性，主要包括虚拟性、唯一性、多物理性、多尺度性、层次性、集成性、动态性、超写实性、可计算性、概率性和多学科性。

(1)虚拟性。产品数字孪生体是产品物理实体在信息空间的数字化映射模型，是一个虚拟模型，属于信息空间(或虚拟空间)，不属于物理空间。

(2)唯一性。一个物理产品对应一个产品数字孪生体。

(3)多物理性。产品数字孪生体是基于物理特性的实体产品数字化映射模型，不仅需要描述实体产品的几何特性(如形状、尺寸、公差等)，还需要描述实体产品的多种物理特性，包括结构动力学特性、热力学特性、应力特性、疲劳损伤特性以及产品组成材料的刚度、强度、硬度、疲劳强度等材料特性。

(4)多尺度性。产品数字孪生体不仅描述物理产品的宏观特性，如几何尺寸，也描述物理产品的微观特性，如材料的微观结构、表面粗糙度等。

(5)层次性。组成最终产品的不同组件、部件、零件等，都可以具有对应的数字孪生体，如飞行器数字孪生体包括机架数字孪生体、飞行控制系统数字孪生体、推进控制系统数字孪生体等，从而有利于产品数据和产品模型的层次化和精细化管理，以及产品数字孪生体的逐步实现。

(6)集成性。产品数字孪生体是多种物理结构模型、几何模型、材料模型等的多尺度、多层次集成模型，有利于从整体上对产品的结构特性和力学特性进行快速仿真与分析。

(7)动态性(或过程性)。产品数字孪生体在全生命周期各阶段会通过与产品物理实体的不断交互而不断改变和完善，例如，在产品制造阶段采集的产品制造数据(如检测数据、进度数据)会反映在虚拟空间的数字孪生体中，同时基于数字孪生体能够实现对产品制造状态和过程的实时、动态和可视化监控。

(8)超写实性。产品数字孪生体与物理产品在外观、内容、性质上基本完全一致，拟实度高，能够准确反映物理产品的真实状态。

(9)可计算性。基于产品数字孪生体，可以通过仿真、计算和分析来实时模拟和反映对应物理产品的状态和行为。

(10)概率性。产品数字孪生体允许采用概率统计的方式进行计算和仿真。

(11)多学科性。产品数字孪生体涉及计算科学、信息科学、机械工程、电子科学、物理等多个学科的交叉和融合，具有多学科性。

3．产品数字孪生体是产品全生命周期和全价值链的数据中心

产品数字孪生体以产品为载体，涉及产品全生命周期，从概念设计贯通到详细设计、工艺设计、制造以及后续的使用、维护和报废/回收等阶段。一方面，产品数字孪生体是产品全生命周期的数据中心，其本质的提升是实现了单一数据源和全生命周期各阶段的信息贯通；另一方面，产品数字孪生体是全价值链的数据中心，其本质的提升在于无缝协同，而不仅是共享信息，这就是一种全价值链的协同，如异地跨区域跨时区厂商的协同设计和开发、与上下游进行装配的仿真、在客户的"虚拟"使用环境中测试/改进产品等。

4. 产品数字孪生体是 PLM 的扩展和延伸

PLM 强调通过产品物料清单(bill of material，BOM)(包括设计 BOM、工艺 BOM、制造 BOM、销售 BOM 等，以及彼此之间的关联)实现对产品全生命周期数据的管理。产品数字孪生体不但强调通过单一产品模型贯通产品全生命周期各阶段信息，从而为产品开发、产品制造、产品使用和维护、工程更改以及协同合作厂商提供单一数据源，而且将产品制造数据和产品服务数据等与产品模型关联，使得企业可以更加高效地利用产品数据来优化和改进产品的设计，同时还可以预测和控制产品实体在现实环境中的形成过程及状态，从而真正形成全价值链数据的统一管理和有效利用，因此产品数字孪生体是 PLM 的扩展和延伸。

5. 产品数字孪生体是面向制造与装配的产品设计模式的演化和扩展

传统的面向制造与装配的设计(design for manufacture and assembly，DFM&A)模式，通过设计和工艺一体化，在设计过程中将制造过程的各种要求和约束(包括加工能力、经济精度、工序能力等)融合至建模过程中，采用有效的建模和分析手段来保证设计结果制造的方便和经济。产品数字孪生体同样支持在产品设计阶段就通过建模、仿真及优化手段来分析产品的可制造性，同时还支持产品性能和产品功能的测试与验证，并通过产品历史数据、产品实际制造数据和使用维护数据等来优化和改进产品的设计，其目标之一也是面向产品全生命周期的产品设计，是 DFM&A 模式的一种演化和扩展。

6. 产品数字孪生体是产品建模、仿真与优化技术的下一次浪潮

在过去几十年间，仿真技术被限制为一个计算机工具，用来解决特定的设计和工程问题。美国在 2010 年及其以后的美国国防制造业计划中，将基于建模和仿真的设计工具列为优先发展的 4 种重点能力之一。近年来，随着基于模型的系统工程(model-based system engineering，MBSE)的出现和发展，产品建模与仿真技术获得了新的发展，其核心概念是"通过仿真进行交流"，目前仿真技术仍然被认为是产品开发部门的一个工具。随着产品数字孪生体的出现和发展，仿真技术将作为一个核心的产品/系统功能应用到随后的生命周期阶段。产品数字孪生体将促进建模、仿真与优化技术无缝集成到产品全生命周期中的各个阶段，例如，通过与产品使用数据的直接关联来支持产品的使用和服务等，促进产品建模、仿真与优化技术的进一步发展。

7. 产品数字孪生体强调以虚控实、虚实融合

产品数字孪生体的基本功能是反映/镜像对应产品实体的真实状态和真实行为，达到虚实融合、以虚控实的目的。一方面，产品数字孪生体根据实体空间传来的数据进行自身的数据完善、融合和模型构建；另一方面，通过展示、统计、分析与处理这些数据来实现对实体产品及其周围环境的实时监测和控制。

值得指出的是，虚实深度融合是实现以虚控实的前提条件。产品实体的生产基于虚拟空间的产品模型定义，而虚拟空间产品模型的不断演化以及决策的生成都是基于在实体空间采集并传递而来的数据开展的。

2.5　数字孪生的成熟度模型

1. 数字孪生模型的生长过程

数字孪生不仅仅是物理世界的镜像，也要接收物理世界的实时信息，更要反过来实时驱动数字孪生模型的生长发育，将经历数化、互动、先知、先觉和共智等几个过程(图 2-5)。

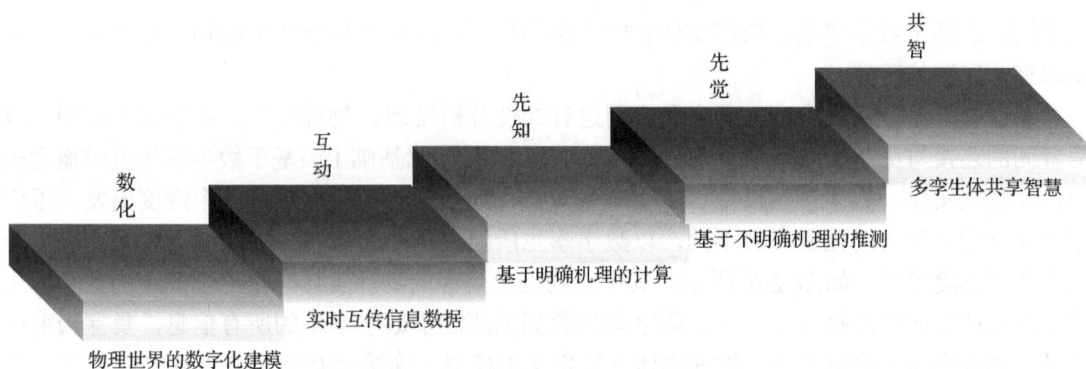

图 2-5　数字孪生成熟度模型

（1）数化。

"数化"是对物理世界数字化建模的过程。这个过程需要将物理对象表达为计算机和网络所能识别的数字模型。建模技术是数字化的核心技术之一，如测绘扫描、几何建模、网格建模、系统建模、流程建模、组织建模等技术。物联网是"数化"的另一项核心技术，主要将物理世界本身的状态变为可以被计算机和网络感知、识别和分析的数据与信息。

（2）互动。

"互动"主要是指数字对象及其物理对象之间的实时动态互动。物联网是实现虚实之间互动的核心技术。数字世界的责任之一是预测和优化，同时根据优化结果干预物理世界，所以需要将指令传递到物理世界。物理世界的新状态需要实时传导到数字世界，作为数字世界的新初始值和新边界条件。另外，这种互动包括数字对象之间的互动，依靠数字线程来实现。

（3）先知。

"先知"是指利用仿真技术对物理世界的动态预测。这需要数字对象不仅表达物理世界的几何形状，更需要在数字模型中融入物理规律和机理。仿真技术不仅要建立物理对象的数字化模型，还要根据当前状态，通过物理规律和机理来计算、分析和预测物理对象的未来状态。

（4）先觉。

如果说"先知"是依据物理对象的确定规律和完整机理来预测数字孪生的未来，那"先觉"就是依据不完整的信息和不明确的机理，通过工业大数据和机器学习技术来预感未来。如果要求数字孪生越来越智能和智慧，就不应局限于人类对物理世界的确定性知识，因为人类本身就不是完全依赖确定性知识来领悟世界的。

（5）共智。

"共智"是通过云计算技术实现不同数字孪生体之间的智慧交换和共享，其隐含的前提是单个数字孪生体内部各构件的智慧首先是共享的。单个数字孪生体是人为定义的范围，多个数字孪生单体可以通过"共智"形成更大和更高层次的数字孪生体，这个数量和层次可以是无限的。

2. 数字孪生的成熟度等级

统计分析现有数字孪生的相关理论研究和应用实践，依据其功能和用途主要可分为以下几类：①基于数字孪生的物理实体设计验证与等效分析；②基于数字孪生的物理实体运行过程可视化监测；③基于数字孪生的物理实体远程运维管控；④基于数字孪生的物理实体诊断与预测；⑤基于数字孪生的物理实体智能决策和优化；⑥基于数字孪生的物理实体全生命周期跟踪、回溯与管理。

通过对上述各类数字孪生研究和应用进行共性分析发现，物理实体、数字孪生模型以及两者间的连接与交互组成了数字孪生的"最小概念"。在此基础上，基于数字孪生五维概念模型，从物理实体、数字孪生模型、数字孪生数据、连接交互和功能服务五个维度出发，根据连接交互方式与自动化程度的不同，以数字孪生所能提供的功能服务为主线，将数字孪生分为六个成熟度等级，如图 2-6 所示。其中，物理空间中的物理实体与信息空间中的数字孪生模型通过两者间的连接进行交互，数字孪生数据则蕴涵了数字孪生的所有信息，贯穿当前—未来、物理空间—信息空间、物理实体—数字孪生模型—连接交互—功能服务。

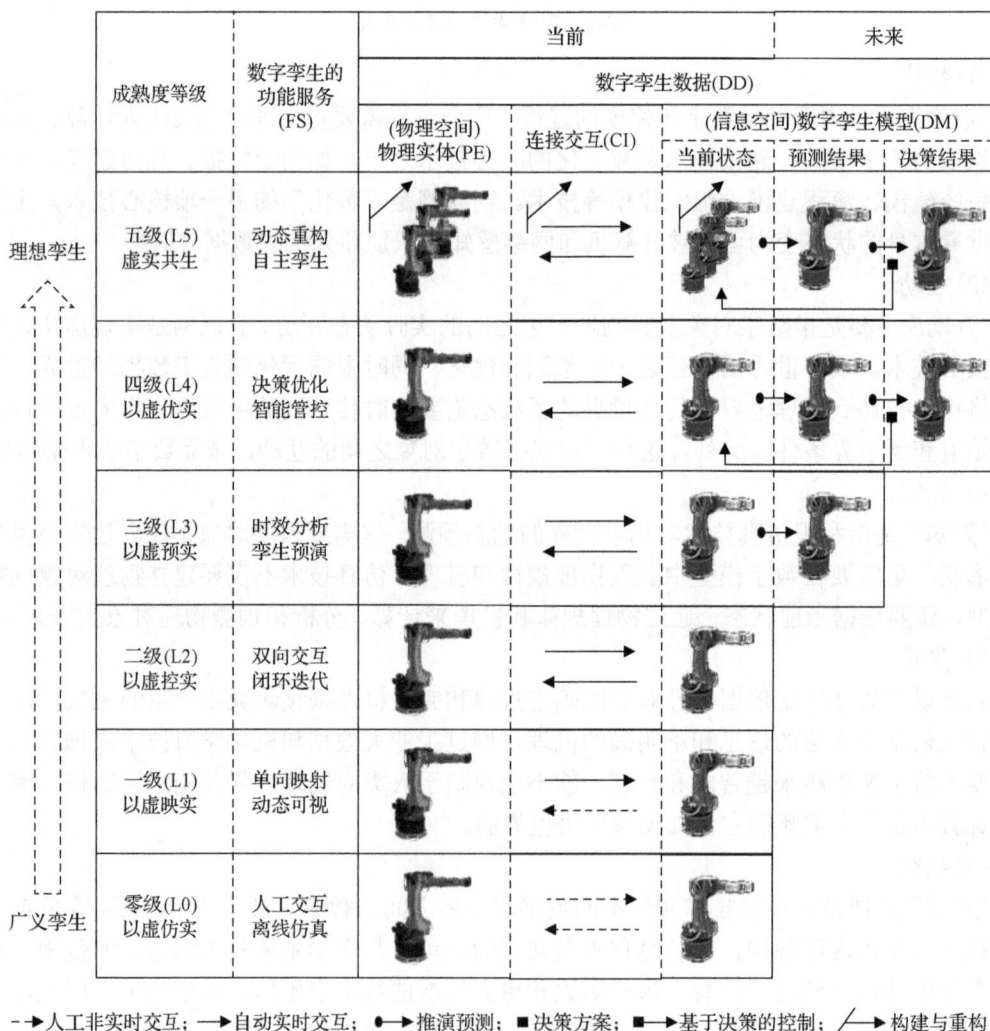

－▸ 人工非实时交互； ⟶ 自动实时交互； ●▸ 推演预测； ■ 决策方案； ■▸ 基于决策的控制； ／▸ 构建与重构

图 2-6　数字孪生成熟度等级

零级（L0）：以虚仿实

以虚仿实指利用数字孪生模型对物理实体进行描述和刻画，具有该能力的数字孪生处于其成熟度等级的第零等级(L0)，满足此要求的实践和应用可归入广义数字孪生的概念范畴。在该等级，数字孪生模型从几何、物理、行为和规则某个或多个维度对物理实体单方面或多方面的属性和特征进行描述，从而在一定程度上能够代替物理实体进行仿真分析或实验验证；但数字孪生模型与物理实体之间无法通过直接的数据交换实现实时交互，主要依赖人的介入实现间接的虚实交互，包括对物理实体的控制和对数字孪生模型的控制与更新等。

一级(L1)：以虚映实

以虚映实指利用数字孪生模型实时复现物理实体的实时状态和变化过程，具有该能力的数字孪生处于其成熟度等级的第一等级(L1)。在该等级，数字孪生模型由真实且具有时效性的物理实体相关数据驱动运行，同步直观呈现与物理实体相同的运行状态和过程，输出与物理实体相同的运行结果，从而在一定程度上突破了时间、空间和环境约束对于物理实体监测过程的限制；但对于物理实体的操作和管控依旧依赖现场人员的直接介入，仍无法实现物理实体的远程可视化操控。

二级(L2)：以虚控实

以虚控实指利用数字孪生模型间接控制物理实体的运行过程，具有该能力的数字孪生处于其成熟度等级的第二等级(L2)。在该等级，信息空间中的数字孪生模型已具有相对完整的运动和控制逻辑，能够接收输入指令并在信息空间中实现较为复杂的运行过程；同时，在以虚映实的基础上，增量建设由数字孪生模型到物理实体的数据传输通道，实现虚实实时双向闭环交互，从而实现物理实体的远程可视化操控，进一步突破空间和环境约束对于物理实体操控的限制。尽管这种控制并不一定是智能的或优化的，但仍可大幅提高物理实体的管控效率。

三级(L3)：以虚预实

以虚预实指利用数字孪生模型预测物理实体未来一段时间的运行过程和状态，具有该能力的数字孪生处于其成熟度等级的第三等级(L3)。在该等级，数字孪生模型能够基于与物理实体的实时双向闭环交互，动态反映物理实体当前的实际状态，并通过合理利用数字孪生模型所描述的显性机理和数字孪生数据所蕴含的隐性规律，实现对物理实体未来运行过程的在线预演和对运行结果的推测，从而在一定程度上将未知转化为预知，将突发和偶发问题转变为常规问题。

四级(L4)：以虚优实

以虚优实指利用数字孪生模型对物理实体进行优化，具有该能力的数字孪生处于其成熟度等级的第四等级(L4)。在该等级，数字孪生不仅能够基于数字孪生模型实时反映物理实体的运行状态，结合数字孪生数据预测物理实体的未来发展，还能够在此基础上，利用策略、算法和前期积累沉淀的知识，实现具有时效性的智能决策和优化，并基于实时交互机制实现对物理实体的智能管控。

五级(L5)：虚实共生

虚实共生作为数字孪生的理想目标，指物理实体和数字孪生模型在长时间的同步运行过程中，甚至是在全生命周期中通过动态重构实现自主孪生，具有该能力的数字孪生处于其成熟度等级的第五等级(L5)。在该等级，物理实体和数字孪生模型能够基于双向交互实现实时感知和认知更新，并基于两者间的差异，利用 3D 打印、机器人、人工智能等技术实现物理实体和数字孪生模型的自主构建或动态重构，使两者在长时间的运行过程中保持动态一致性，从而保证可视化、预测、决策、优化等诸多功能服务的有效性，实现低成本、高质量、可持续的数字孪生。

2.6　数字孪生的关键技术

从数字孪生五维概念模型(图2-2)和数字孪生系统(图2-3)可以看出：建模、仿真和基于数据融合的数字线程是数字孪生的三项核心技术。

2.6.1　数字化建模技术

数字化建模技术起源于20世纪50年代，建模的目的是将我们对物理世界或问题的理解进行简化和模型化。数字孪生的目的或本质是通过数字化和模型化，消除各种物理实体，特别是复杂系统的不确定性。所以建立物理实体的数字化模型或信息建模技术是创建数字孪生、实现数字孪生的源头和核心技术，也是"数化"阶段的核心。数字孪生模型的建立分为4个阶段，这种划分代表了工业界对数字孪生模型发展的普遍认识，如图2-7所示。

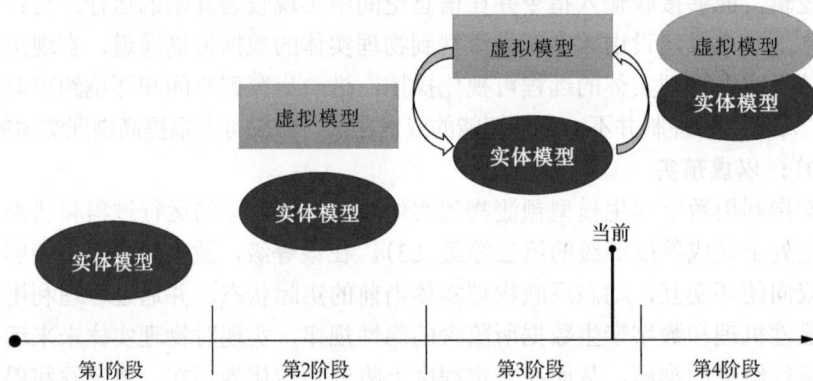

图2-7　数字孪生模型建立的4个阶段

第1阶段是实体模型阶段，没有虚拟模型与之对应。在太空飞船飞行过程中，NASA会在地面构建太空飞船的双胞胎实体模型，这套实体模型曾在拯救Apollo 13的过程中起到了关键作用。

第2阶段是实体模型有其对应的部分实现的虚拟模型，但它们之间不存在数据通信。其实这个阶段不能称为数字孪生的阶段，一般准确的说法是实物的数字模型。另外，虽然有虚拟模型，但这个虚拟模型可能反映的是它的所有实体，如设计成果二维/三维模型，同样使用数字形式表达了实体模型，但两者之间并不是个体对应的。

第3阶段是在实体模型的生命周期里，存在与之对应的虚拟模型，但虚拟模型是部分实现的，这个就像是实体模型的影子，也可称为数字影子模型，在虚拟模型和实体模型间可以进行有限的双向数据通信，即实体状态数据采集和虚拟模型信息反馈。当前数字孪生的建模技术能够较好地满足这个阶段的要求。

第4阶段是完整数字孪生阶段，即实体模型和虚拟模型完全一一对应。虚拟模型完整表达了实体模型,并且两者之间实现了融合,实现了虚拟模型和实体模型间的自我认知和自我处置,相互之间的状态能够实时保真地保持同步。

值得注意的是,有时候可以先有虚拟模型,再有实体模型,这也是数字孪生技术应用的高级阶段。

不同的建模者从某一个特定视角描述一个物理实体的数字孪生模型似乎应该是一样的,但实际上可能有很大差异。一个物理实体可能对应多个数字孪生体。差异不仅是模型的表达方式,更重要的是孪生数据的粒度。例如,在智能机床中,通常人们通过传感器实时获得加工尺寸、切削力、振动、关键部位的温度等方面的数据,以此反映加工质量和机床运行状态,不同的建模者对数据的取舍肯定不一样。一般而言,细粒度数据有利于人们更深刻地认识物理实体及其运行过程。

2.6.2　数字化仿真技术

从技术角度看,建模和仿真是一对伴生体:如果说建模是模型化我们对物理世界或问题的理解,那么仿真就是验证和确认这种理解的正确性和有效性。所以,数字化模型的仿真技术是创建和运行数字孪生体、保证数字孪生体与对应物理实体实现有效闭环的核心技术。

仿真是将包含了确定规律和完整机理的模型转化成软件的方式来模拟物理世界的一种技术。只要模型正确,并拥有了完整的输入信息和环境数据,就基本可以正确地反映物理世界的特性和参数。

仿真兴起于工业领域,作为必不可少的重要技术,已经被世界上众多企业广泛应用到工业各个领域中,是推动工业技术快速发展的核心技术,是工业 3.0 时代最重要的技术之一,在产品优化和创新活动中扮演不可或缺的角色。近年来,随着工业 4.0、智能制造等新一轮工业革命的兴起,新技术与传统制造的结合催生了大量新型应用,工程仿真软件也开始与这些先进技术结合,在研发设计、生产制造、实验运维等各环节发挥更重要的作用。

随着仿真技术的发展,这种技术被越来越多的领域所采纳,逐渐发展出更多类型的仿真技术和软件。按照这样的发展态势,物理世界(含人类社会)可以像电影《黑客帝国》那样,被事无巨细地仿真和模拟。

针对数字孪生紧密相关的工业制造场景,梳理其中所涉及的仿真技术(图 2-8),有以下几种。

(1)产品仿真:系统仿真、多体仿真、物理场仿真、虚拟实验等。

(2)制造仿真:工艺仿真、装配仿真、数控加工仿真等。

(3)生产仿真:离散制造工厂仿真、流程制造仿真等。

(a)　　　　　　　　　　　　　　　(b)

图 2-8　制造场景下的仿真示例

数字孪生是仿真应用的新巅峰。在数字孪生成熟度的每个阶段,仿真都扮演着不可或缺的角色:"数化"的核心技术——建模总是和仿真联系在一起,或是仿真的一部分;"互动"

是半实物仿真中司空见惯的场景；"先知"的核心技术本色就是仿真；很多学者将"先觉"中的核心技术——工业大数据视为一种新的仿真范式；"共智"只有通过不同孪生体之间的多种学科耦合仿真才能让思想碰撞，才能产生智慧的火花。数字孪生也因为仿真在不同成熟度阶段中无处不在而成为智能化和智慧化的源泉与核心。

2.6.3　数字线程技术

　　一个与数字孪生紧密联系在一起的概念是数字线程(digital thread)。数字孪生应用的前提是各个环节的模型及大量的数据，那么类似于产品的设计、制造、运维等各方面的数据，其如何产生、交换和流转？如何在一些相对独立的系统之间实现数据的无缝流动？如何在正确的时间把正确的信息用正确的方式连接到正确的地方？连接的过程如何可追溯？连接的效果如何实现可评估？这些正是数字主线要解决的问题。国际知名 PLM 研究机构 CIMdata 推荐的定义是：数字线程是指一种信息交互的框架，能够打通原来多个竖井式的业务视角，连通设备全生命周期数据(也就是其数字孪生模型)的互联数据流和集成视图。数字线程通过强大的端到端的互联系统模型和基于模型的系统工程流程来获得支撑和支持，图 2-9 是其示意图。

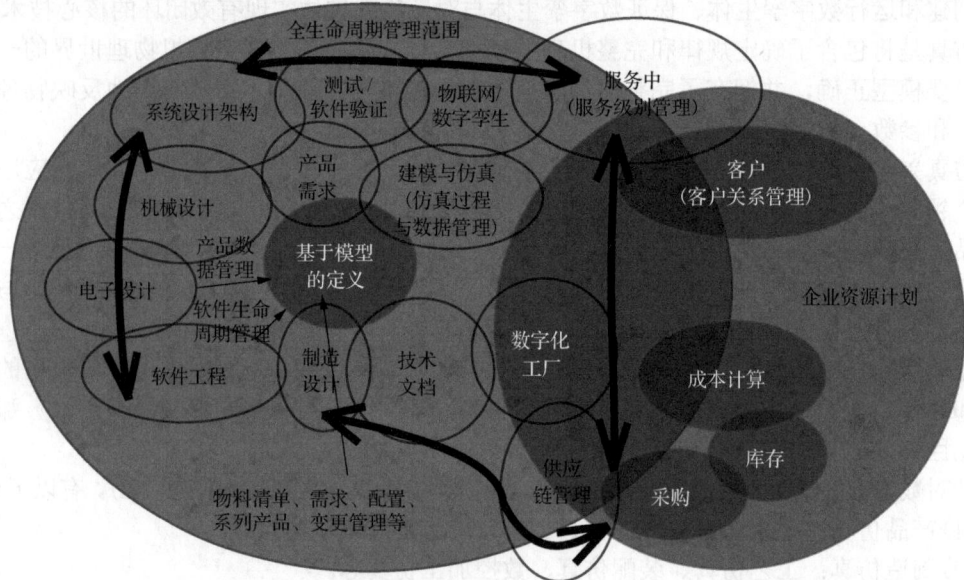

图 2-9　数字线程示意图

　　数字线程是某个或某类物理实体对应的若干数字孪生体之间的沟通桥梁，这些数字孪生体反映了该物理实体不同侧面的模型视图。数字线程和数字孪生体的关系如图 2-10 所示，可以看出，能够实现多视图模型数据融合的机制或引擎是数字线程技术的核心。

　　数字孪生环境下，实现数字线程有如下需求：

　　(1)能区分类型和实例；

　　(2)支持需求及其分配、追踪、验证和确认；

　　(3)支持系统跨时间尺度各模型视图间的实际状态记实、关联和追踪；

　　(4)支持系统跨时间尺度各模型间的关联以及其时间尺度模型视图的关联；

(5) 记录各种属性及其随时间和不同视图的变化；

(6) 记录作用于系统以及由系统完成的过程或动作；

(7) 记录使能系统的用途和属性；

(8) 记录与系统及其使能系统相关的文档和信息。

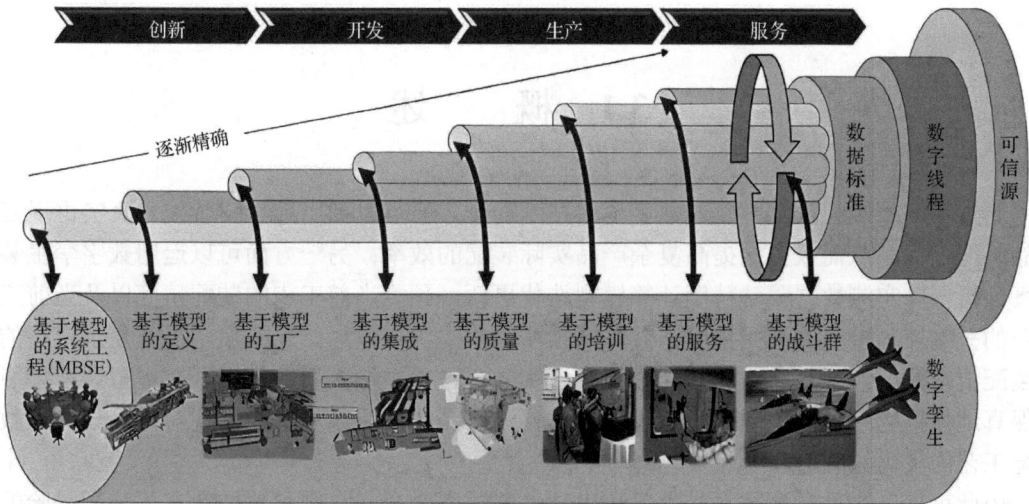

图 2-10　数字线程与数字孪生体的关系

　　数字线程必须在全生命周期中使用某种"共同语言"才能交互。例如，在概念设计阶段，就有必要由产品工程师与制造工程师共同创建能够共享的动态数字模型，据此模型生成加工制造和质量检验等生产过程所需要的可视化工艺、数控程序、验收规范等，不断优化产品和过程，并保持实时同步更新。数字线程能有效地评估系统在其生命周期中的当前和未来能力，在产品开发之前，通过仿真的方法及早发现系统性能缺陷，优化产品的可操作性、可制造性、质量控制，在整个生命周期中应用模型实现可预测维护。

思 考 题

1. 简述数字孪生的五维概念模型。

2. 简述数字孪生的技术内涵，并针对产品数字孪生体阐述具体的应用价值。

3. 简述数字孪生的成熟度模型以及成熟度等级，并阐述当前智能制造系统的发展愿景。

4. 结合具体的应用案例，简述数字孪生的关键技术在其中发挥的作用。

第3章 数字孪生驱动的产品高精度装配技术体系

3.1 概　述

通过在产品装配技术中引入数字孪生技术，一方面可以利用数字孪生技术真实再现复杂产品装配过程，从而极大地提高复杂产品实际装配的效率；另一方面可以运用数字孪生装配仿真分析，以实测数据驱动精度计算模型迭代更新，预测当前工步的装配精度以及当前工步所在的关键控制节点的装配精度，并依据预测结果提供高效的修配方案，提高复杂产品的一次装配成功率，实现复杂产品装配过程"虚实融合、以虚控实"的效果，在虚拟装配环境中高保真地模拟物理环境中的装配流程，通过预测产品的装配精度进而实现对产品设计参数和装配工艺的优化与改进。

由此可见，产品装配技术与数字孪生技术的深度融合，在继承传统数字化装配经验的同时，突破了原有束缚，实现了真正意义上的产品装配技术革新与装配性能提升。因此，以装配精度分析与预测为主线，进一步开展数字孪生驱动的产品高精度装配技术研究是当前复杂产品/装备制造领域的重要发展方向和研究热点之一，这对于提升产品整机装配性能、提高装配效率和装配质量以及降低产品研制成本等具有重要的现实意义。

3.2 数字孪生驱动的产品高精度装配总体框架

3.2.1 面向高精度装配的数字孪生参考模型

从产品装配过程涉及的内容可以看出，产品装配的两大核心要素分别为装配对象(主要包括零部件、原材料/辅料/中间物料等对象)和装配工艺(主要包括装配工艺路线/流程、装配过程数据、装配制造资源以及相互之间形成的装配规则或约束条件等信息)，其中，产品装配对象的最小单元为零件，产品从零件、组件、部件到完整装配体的过程，体现了产品装配对象的过程演变特性；而产品装配工艺主要用于描述装配活动，也能够反映装配工艺信息伴随产品装配过程与装配模型演变而不断变更的特点，同样具有过程演变特性。因此，产品装配过程实质上是随着装配工艺信息的递增而使产品装配对象不断演变而最终形成产品装配体的过程。

如今，随着计算机辅助设计(computer-aided design，CAD)、计算机辅助工艺规划(computer-aided process planning，CAPP)等数字化手段的广泛普及与应用，以及基于模型的定义(model-based definition，MBD)、模型轻量化、基于精度和物理的建模仿真等技术的日臻完善，在开展实际装配活动之前的产品装配工艺设计阶段，一般都是采用基于 CAD 的产品装配结构设计与基于 CAPP 的装配工艺规划相结合的形式，在虚拟空间中实现基于理论模型的产品零件设计、装配设计以及装配工艺的设计规划与仿真，而在产品实际装配阶段，首先通过加工装备在加工工艺驱动下将零件 CAD 模型演变为实物零件模型，并在此基础上，进一步通过装配工艺装备以及装配测量与检测设备在实做装配工艺引导下将装配 CAD 模型演变为实物装配模型，从而在物理空间中实现基于实物模型的产品装配。从上述分析可知，无论从产品模型演变角度（CAD 模型到实物模型），还是从产品装配空间维度（虚拟空间到物理空间），均存在由于理论模型与实物模型之间的差异而导致基于理论模型的装配工艺仿真结果与基于实物模型的产品装配不一致的情况，根本原因之一就是虽然在开展实际装配工作前基于理论模型进行了装配工艺设计、规划与仿真，也得到了较为合适的产品装配工艺参数，但是在产品实际装配阶段，由于存在产品零部件制造误差、装配配合定位误差以及变形误差等几何量/物理量且上述误差随着装配过程不断传递与累积，使得产品的实际装配状态与基于理论模型的装配工艺仿真结果之间存在较大的差异，从而无法保证产品的装配质量。

　　近年来，DT 技术得到了国内外学术界和企业界的高度关注与广泛研究，大家对 DT 技术内涵的认知可以归纳概括为：通过数字技术与数字化手段等方式，借助数据模型与物理实体进行数据交互与信息传递，构建与物理实体的特征、状态、行为和性能等完全对应和一致的虚拟模型，进而可以支持产品研发、生产及管理等全业务流程的科学分析与优化决策，从而实现面向 PLM 的产品模型、信息及数据的动态集成与高效管理。因此，DT 可以作为解决当前复杂产品装配问题的一种切实可行的技术手段，通过面向现场装配的实物测量、检测与反馈等方式来获得真实的装配数据和装配状态，在基于理论模型的装配工艺设计结果的基础上，构建与产品现场装配过程相互映射且完全一致的虚拟模型，用于实时模拟仿真与预测分析产品装配过程中的装配质量，实现产品装配精度预测与控制，从而为高效指导现场装配操作、保证装配质量一致性与准确性及提升装配效率等提供有效且可靠的解决方案。将上述 DT 技术的核心思想与产品装配工艺过程相结合，可以扩展得到面向装配的产品数字孪生模型参考架构，如图 3-1 所示。

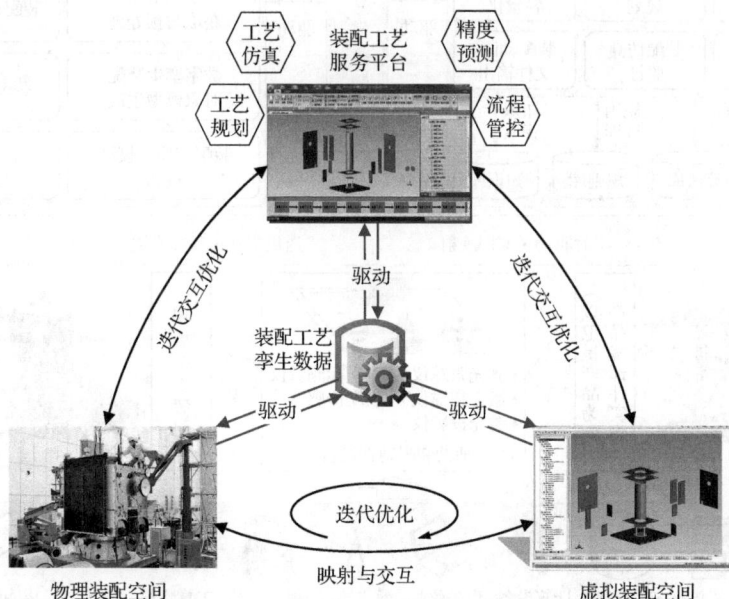

图 3-1　面向装配的产品数字孪生模型参考架构

3.2.2 数字孪生驱动的产品高精度装配实施体系

从复杂产品装配工艺演变过程可以知道，经由产品装配工艺设计得到的装配工艺信息流将经历装配生产调度、装配工艺执行、装配工艺现场反馈等阶段，可以将现场装配工艺执行数据和实测数据用于反馈、迭代并更新基于理论模型的装配工艺模型，从而形成完整的装配工艺信息数据集合，用于指导装配工艺活动。借助基于装配过程的全数字量协调传递方式，并根据面向现场装配的产品装配工艺数据流向，进一步提出了一种适用于现场装配的复杂产品数字孪生装配模型总体实施框架，其结构示意图如图 3-2 所示，主要由虚拟装配空间层和物理装配空间层两部分构成，两者之间通过中间连接通信层完成虚实装配过程的关联与映射。其中，物理装配空间层通过与物理产品之间的现场实物装配的实测数据采集和装配工艺过程信息交互，不断更新和迭代基于理论模型生成的装配工艺模型，从而实现对应物理产品的真实装配状态和行为的镜像；而虚拟装配空间层则是在复杂产品数字孪生装配工艺服务平台下，借助装配工艺规划、装配精度预测等服务，在装配工艺设计阶段以及装配工艺执行阶段模拟仿真和预测控制物理产品在现场装配过程中的形成过程，从而实现产品装配过程"虚实融合、以虚控实"的效果。

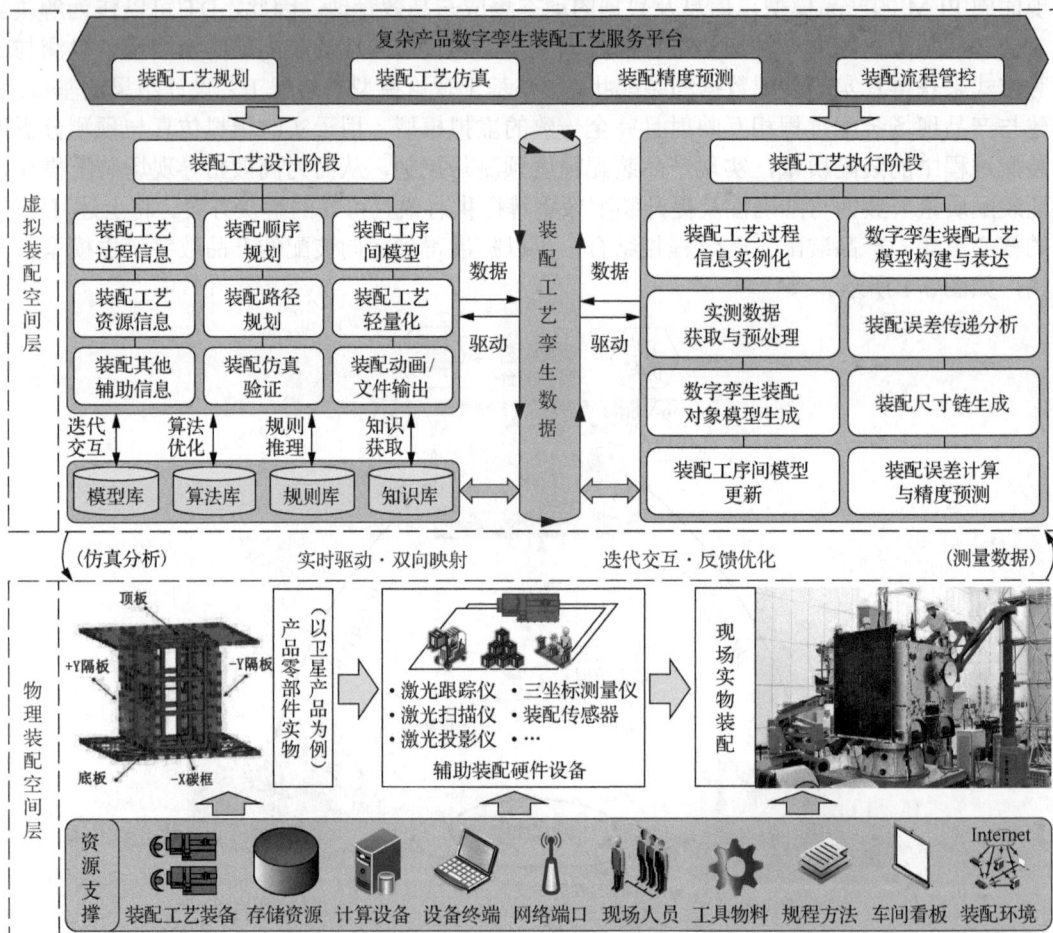

图 3-2 复杂产品数字孪生装配模型总体实施框架

从上述分析可知，数字孪生驱动的产品高精度装配可以分为装配工艺设计、实测数据获取、装配精度预测、修配方案推荐四个阶段。其中，装配工艺设计阶段包含三维装配工艺模型构建；实测数据获取阶段包含零部件制造误差获取与实际装配精度获取；装配精度预测阶段包含几何尺寸公差模型构建、装配误差传递模型构建、装配精度分析与计算；修配方案推荐阶段包含装配误差敏感性分析与装配过程仿真优化。

在三维装配工艺过程中，获取零部件的制造误差，进行预装配精度仿真。首先，对当前零部件进行装配精度预测和关键控制节点进行精度预测，若当前零部件装配精度预测结果不满足装配要求，则对关键控制节点已装配的零部件进行误差敏感性分析、关键装配环节辨识和修配方案推荐，并根据推荐结果模拟修配已装配的零部件，对当前零部件装配精度进行迭代预测。

当迭代预测结果满足装配要求时，对关键控制节点进行精度预测，优先考虑修配当前节点内未装配的零部件，进行误差敏感性分析和修配方案推荐，若无法通过修配未装配的零部件使关键控制节点的装配精度满足要求，则对节点内所有零部件进行误差敏感性分析、关键装配环节辨识、修配方案推荐，对相关零部件进行模拟修配，对关键控制节点精度进行迭代预测。当迭代预测结果依然不满足关键控制节点精度要求时，通过反馈源头对装配工艺进行优化；当迭代预测结果满足关键控制节点精度要求时，对相关零部件进行修配并进行实际装配，同时获取实际装配精度，更新装配过程模型直至完成整个三维装配工艺过程，如图 3-3 所示。

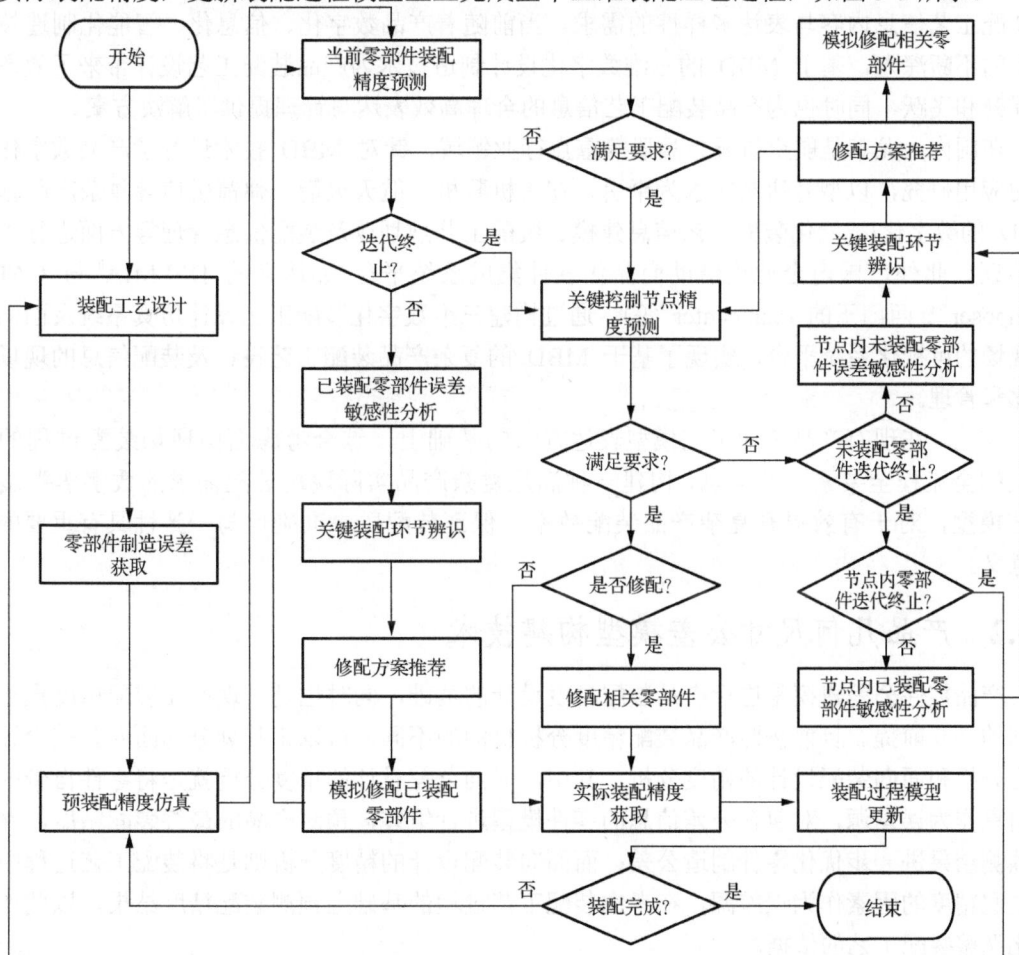

图 3-3　数字孪生驱动的产品高精度装配实施流程

3.3　数字孪生驱动的产品高精度装配关键技术

3.3.1　产品三维装配工艺模型构建技术

装配工艺模型构建是产品数字化装配的前提,也是影响产品装配精度预测与控制的基础。作为产品工程信息中不可或缺的重要组成部分,产品装配工艺信息是连接面向装配的产品设计、加工制造、质量检验、管理协调等环节的桥梁,能否构建有效、全面、准确的产品装配工艺模型将直接影响产品数字化装配系统的实用性,同时,良好的产品装配工艺模型也对装配前的预仿真分析、装配过程中的装配精度控制以及最终装配精度保障有着积极作用。

装配工艺信息是伴随着产品装配过程而动态变化的,它不仅涉及描述产品的几何尺寸和公差(geometric dimensioning and tolerancing,GD&T)以及属性等信息,更重要的是对从起始基准零件到最终产品装配体的演变过程所涉及的所有要素进行准确的描述,这样才能够满足产品装配设计、装配工艺设计、装配精度仿真、装配工装设计以及装配调整优化等不同活动对装配工艺信息内容与表达多样性的需求。当前随着产品数字化、信息化、智能化制造技术应用的不断深入,基于 MBD 的三维数字化设计制造技术为产品装配工艺设计带来了效率上的提升和飞跃,同时也为产品装配工艺信息的合理高效表达与管理提供了解决方案。

在国内,尤其是航空航天、兵器等重点行业领域,针对 MBD 技术进行了产品数字化装配的应用研究,以型号研制需求为牵引,在飞机整机、航天火箭、弹箭引信等复杂产品基于 MBD 的数字化/智能化装配工艺信息建模、装配工艺规划以及装配信息管理等方面进行了应用验证。此外,国内企业也借助商品化软件集成系统平台(如达索的 DELMIA® 与 CATIA Composer®、西门子的 Teamcenter® 等),通过构建三维数字化装配工艺设计仿真系统及面向生产现场的可视化系统平台,实现了基于 MBD 的复杂产品装配工艺设计及装配信息的现场可视化和管理。

因此,在现有产品装配工艺模型表达方法的基础上,综合考虑面向现场装配过程的虚实装配全流程全要素工艺信息,构建一种满足复杂产品实际现场装配需求的数字孪生装配工艺模型,对于有效提升复杂产品装配效率、保证装配质量准确性与一致性具有重要的工程意义。

3.3.2　产品几何尺寸公差模型构建技术

产品零件公差建模是进行产品装配精度设计的基础,同时也是实现产品装配精度预测与控制的必要前提。目前按照产品装配精度分析目的的不同,可以将其划分为面向公差设计的精度分析和面向装配设计的精度分析。其中,面向公差设计的精度分析就是将零件自带的公差信息作为误差源,对包含公差信息的零件模型进行组装,预测产品的最终装配精度,并依据预测结果进一步优化零件制造公差;而面向装配设计的精度分析则是将装配工艺过程中影响装配精度的因素作为误差源,在考虑装配工艺过程的基础上预测装配精度结果,以此作为优化调整装配工艺的依据。

面向公差设计的精度分析在很大程度上取决于用来描述零件公差带的数学语言或物理模

型以及评价零件公差对产品装配功能需求(assembly functional requirement，AFR)影响的分析方法。自 20 世纪 80 年代以来，国内外许多学者围绕零件公差建模和公差分析的相关方法进行了卓有成效的研究工作，取得了大量的研究成果，零件公差建模与分析也一直以来都是计算机辅助公差(computer-aided tolerancing，CAT)设计研究的热点问题。

零件公差建模的主要目的是对零件设计标注公差或零件制造误差进行准确表达，并对其具体的工程语义采用抽象的数学语言以及具体的计算机表达模型做出正确合理的解释。大体上，零件公差模型可以划分为公差表示模型、公差信息模型以及公差数学模型三大类，现阶段适用于产品装配分析的比较常见的公差表示模型主要包括拓扑与工艺相关联表面(topologically and technologically related surface，TTRS)模型、矩阵(matrix)模型、矢量环(vector loop)模型、旋量(torsor)模型、雅可比(Jacobian)模型、GapSpace 模型、公差图(tolerance-map，T-Map)模型、多面体(polytopes)模型等，并在上述部分模型的基础上，通过进一步改进衍生了一系列新的扩展模型。虽然上述方法在一定程度上提高了零件模型仿真精度和模拟效率，但其模拟结果与真实零件表面特征之间依然存在一定的差距，这在很大程度上影响了虚拟零件模型用于复杂产品装配精度预测与仿真的置信度。因此，研究面向真实零件表面特征的零件非理想表面建模方法是构建高保真度虚拟零件模型的基础，对于有效提高复杂产品的装配精度及装配质量尤为重要。

3.3.3　产品装配误差传递与精度分析技术

1. 产品装配误差传递与误差累积建模技术

复杂产品装配精度预测的前提是需要获知产品装配误差源及装配误差传递与误差累积规律，因此全方位构建考虑装配误差源的产品装配误差传递与误差累积模型是计算产品装配精度的必要条件之一。零部件加工制造与装配过程难以避免地会引入加工与装配误差，随着产品装配过程的动态演变，零部件的加工误差将进行传递与累积，从而影响产品的最终装配精度。从零部件装配误差传递的角度分析可知，影响产品装配精度的误差源大致可以分为以下三类：零部件的加工误差、装配过程中产生的配合误差和定位误差、装配过程导致的零部件变形误差，其中，装配过程中引起的误差统称为装配误差。因此，如何定量描述复杂产品装配过程的误差传递流，并在此基础上揭示加工误差和装配误差在装配过程中的误差传递与误差累积规律，一直以来都是复杂产品装配精度预测与控制面临的关键科学问题之一。

当前，产品装配过程的误差传递与误差累积建模一直以来都是产品装配公差分析的热点研究内容之一，主要是用于研究产品零部件 GD&T 在装配过程中的相互作用，以及在装配配合、定位、连接等约束条件下的累积效果，从而预测零部件几何尺寸偏差对 AFR 或关键功能特性的影响。根据产品装配过程误差传递分析可知，可以将装配过程分为两种类型：一是根据零部件加工制造的配合特征实现零件装配，即通过将零件预定义的配合特征形成结合面，从而使零件组装起来；二是根据已定义好的"基准流链"(datum flow chain)将定位在工装夹具上的零件通过焊接、铆接或其他连接方式组合在一起，从而形成完整的装配体。

对于产品装配误差传递与误差累积建模技术，目前大多数研究以刚性零部件装配配合为主，部分学者以汽车车身钣金件、飞机壁板蒙皮等薄壁件装配为研究对象，考虑刚柔混合装配中零部件变形问题对产品装配误差传递建模的影响作用，但依然处于起步研究阶段，在当前的产品装配精度分析过程中，只是将零部件加工误差与装配误差设定为相互独立的因素，且往往忽略实作装配工艺参数(如装配顺序、装配位置等)对装配精度的影响，这就导致装配精度预测与实际情况之间存在差距，这一问题俨然已成为影响产品装配精度的瓶颈。因此，综合考虑零部件加工误差、装配误差以及面向现场装配的实作装配工艺等多维度误差源耦合因素影响，探索符合实际装配过程的装配误差传递与误差累积规律，对于准确预测及有效提高产品装配精度预测质量方面可以提供重要的理论依据。本书基于新一代产品几何技术规范(Geometrical Product Specifications，GPS)国际标准体系，综合考虑多维度误差源在不同装配传递路径下的误差产生与传递模型，揭示误差传递机理。

2. 产品装配精度分析与预测技术

复杂产品的装配精度将直接影响到产品的整机性能，其装配精度预测与控制是保证复杂产品装配质量的核心关键问题。一般地，装配精度预测是指根据影响产品装配精度的误差源几何变动解析，实现对产品最终装配精度的预测；而装配精度控制则是指通过监测装配过程的异常情况进一步针对装配误差源进行控制，以获得最优的产品装配精度。对于复杂产品机械结构而言，其整机装配精度保障不仅受到来自零部件、夹具工装等加工误差以及装配工艺过程中引起的装配误差等因素的共同影响，还需要通过面向现场装配的测量、调整等装配工艺实现对装配精度的控制。因此，明确产品装配过程中影响装配精度的输入因素，溯源装配误差来源，并在此基础上构建装配精度分析模型以及实现装配精度有效预测与控制已成为国内外学者研究关注的热点问题之一。

当前，产品装配精度分析(也称为装配误差分析)主要有以下三个方面的目的：①用于装配精度校核的精度预测输出；②用于零部件、工装夹具等公差设计/分配的精度控制输入；③用于产品零部件结构、装配工艺过程的优化调整。在基于 ISO(International Organization for Standardization)新一代 GPS 以及 ASME Y14.5-2018 最新标准的前提下，根据目前的研究现状，国内外学者提出了许多典型三维公差表示模型，用于零件装配成功率计算、装配精度预测等装配分析中。常见的产品装配精度分析方法主要有极值法和统计分析法。其中，极值法假设装配尺寸链中每个零件尺寸处于最大或最小极限尺寸位置，在装配误差分析中将造成封闭环出现较大的误差波动范围，导致出现装配干涉或配合间隙较大等情况；统计分析法假设零件 GD&T 遵循特定分布规律，采用概率统计理论对装配误差进行仿真分析，其中蒙特卡罗模拟法是目前统计分析法中使用最为广泛的方法之一。根据产品装配空间计算维度，可以将产品装配精度分析分为基于一维/二维尺寸公差以及基于三维几何公差的产品装配精度预测方法。相较于基于一维/二维尺寸公差的产品装配精度预测方法，基于三维几何公差的产品装配精度预测方法在三维空间装配误差变动解析和传递方面具有更为清晰且有效的表达模型，同时可以结合零部件的 GD&T 信息、加工误差、装配误差(如配合误差、定位误差和变形误差)等耦合关系，使得产品装配精度分析结果更加准确。

另外，CAT 分析软件也在产品装配精度预测方面发挥着重要作用，通常用来预测产品最终 AFR 或计算关键功能特性的变动量，并通过灵敏度分析获取各变量的贡献度，同时还可以在保证装配质量的前提下进行公差优化/综合以降低制造成本。现有以下不同的公差分析软件，如 VisVSA、CETOL、3DCS、CATIA.3D FDT 和 FT&A、MECAmaster、Mechanical Advantage、eM-TolMate、Analytix、PolitoCAT/Politopix 等，其中，较为常见的 CAT 分析软件是将前述的公差表示模型集成至主流 CAD 系统中以实现复杂的装配公差分析处理与精度预测，如 PTC

公司的 Creo Parametric^{TM} 中的 Tolerance Analysis Extension 模块 (CETOL 6 sigma^{TM})，Dassault Systèmes 公司的 Solidworks 中的 TolAnalyst^{TM} 模块，Siemens 公司的 Tecnomatix 中的误差分析 VisVSA 模块，因此，基于 CAT 的产品装配精度预测技术已经成为复杂产品装配误差分析的重要组成部分。然而，在实际零件装配过程中，仍然难以将制造过程、装配过程(装配顺序/路径/方向、工装夹具等)、测量结果以及制造/装配中的零件变形等融入 CAT 分析软件中，从而无法高效准确地实现基于实际装配流程的装配精度预测以及装配过程监控。

3.3.4　产品修配仿真与方案生成推荐技术

修配法是指在装配过程中，通过修配装配尺寸链中某一组成环的尺寸，使封闭环满足装配精度要求的一种装配补偿方法，其中，要修配的组成环称为修配环，修配的尺寸称为修配量。现场修配时，由于无法事先预知修配量与修配区域，工艺人员缺乏明确的修配指导，故往往凭经验通过反复拆卸试装的方式使装配精度满足要求，效率低、盲目性强。通过对修配补偿方法的研究，可知常用的方法有：通过分析装配尺寸链，求解出修配环尺寸与修配量极值；建立关联尺寸链的公差成本优化模型，解决多种不同的统计公差成本优化问题；基于困难系数与拉格朗日因子的尺寸公差分配方法，定量评价制造难度。为保证产品的尺寸误差满足要求，目前常见的修配量计算方法主要以装配尺寸链为基础进行分析，但计算结果是零件的修配尺寸范围，难以事先确定装配件上的具体修配区域以及修配量大小，缺乏定量化的科学指导。

敏感度是修配方案中的重要参考指标，公差因子的敏感度是指公差数值变化对目标精度影响的敏感程度，反映了误差传递路径上各种几何要素的几何误差对目标要素几何误差影响的重要程度。若公差分析工具能提供公差因子的敏感度队列，则设计者就可以以此为依据对几何要素的公差数值及公差方案进行优化。

现有的敏感度分析方法是局部敏感度分析方法，即只针对两个要素装配场合下的公差因子进行计算，因此不适合复杂装配情况，有一些全局敏感度分析方法是基于变动仿真的，而且集中在输出分布的二阶矩分析上，并没有落实到公差因子上。敏感度分析方法的另一个挑战是现有的分析方法只能针对特定已知的误差传递链建立数学公式求解敏感度指标，方法本身没有通用性，更不能实现自动分析，这也是现有公差分析工具的敏感度分析结果存在问题的原因。

思　考　题

1. 简述数字孪生驱动的产品高精度装配的总体框架。
2. 数字孪生驱动的产品高精度装配的关键技术涉及哪些内容？
3. 试通过查阅文献资料，寻找数字孪生驱动的产品高精度装配最新的前沿技术与方法，并简要介绍其中一类关键技术。

第4章 产品三维装配工艺模型构建

4.1 概　述

  装配工艺建模是装配工艺设计的重要环节，完整、准确地表达装配信息是装配工艺建模的首要条件。装配工艺模型应具备完整清晰的层次信息，零部件、机构之间的连接关系信息，以及装配操作信息。另外，构建的装配工艺模型需要能为装配工艺的设计及评价过程提供所有必备信息。产品装配工艺模型的质量好坏会对 CAPP 系统后续设计工作的效率产生直接影响，因此构建一个集成度高、信息完备的装配工艺模型具有重要的意义。

  三维装配工艺模型构建是利用 CAD 和 CAPP 等先进技术，将产品的装配工艺过程以三维模型的形式进行描述和展示的一项关键技术。随着制造业的复杂性和精度要求不断提高，传统的二维装配工艺设计方法已经无法满足现代制造业的需求。三维装配工艺模型不仅能够提供精确的几何信息和装配关系，还能够实现装配过程的仿真和优化，提高生产效率和产品质量。三维装配工艺模型构建技术的应用涵盖了从设计到生产的各个阶段，促进了信息的完整传递和跨部门的协同工作。本章将详细介绍三维装配工艺模型构建的理论、方法和实际应用，包括基于模型的定义技术、三维装配工艺模型的结构以及基于产品层次结构的三维装配工艺建模机制，旨在帮助读者系统掌握相关技术，提高装配工艺设计和优化能力。

4.2　基于 MBD 的产品三维装配工艺规划技术

  基于 MBD 的产品三维装配工艺规划技术是以产品三维模型为基础，融入工艺内容、工艺参数、工艺尺寸标注、工装模型、操作语义等信息的工艺技术，其中工艺信息不仅以三维形式表达，还关联于产品的三维模型，可在产品装配的动态演变过程中基于三维模型进行工艺信息展示，操作者能够非常直观地了解设计意图和工艺要求。在数字化技术的推动下，目前已形成了基于模型的产品数字化定义技术的数字化三维装配工艺规划，其特点是产品设计不再发放传统的二维图样，而是发放产品设计工程物料清单(engineering bill of material, EBOM)和三维设计数模，建立产品工艺物料清单(process bill of material, PBOM)，制定装配工艺协调方案，划分工艺分离面，并进行全流程装配工艺仿真，最终形成经过装配仿真验证的产品制造物料清单(manufacturing bill of material, MBOM)顶层结构，将此 MBOM 发放到下游的工装设计、专业制造和检验检测等部门，同时工艺部门完成详细的工艺设计并进行仿真验证，编制三维装配指令(assembly order)。

  相对于传统的装配，基于 MBD 的三维装配工艺规划采用集成化三维数字模型来完整表达产品的定义信息，并使其作为装配过程的唯一依据，其不仅定义了传统装配模型的三维模型、BOM 信息、层次关系，还完整定义了特征、约束关系、公差信息等。因此，基于 MBD 的产品三维装配工艺规划能够以三维的形式生成现场作业指导文件，使得工人在生产现场可以以直观的形式准确无误地理解操作技术规范，从而使产品满足技术要求。在实际装配阶段，虽然使用了大量的数字化检测设备与装配工装设备，实现了对几何量的精准控制与调节，但是由于产品形变、工装设备定位误差等物理量的存在及其状态变化不断累积等，产品的实际装配状态与理论数值之间存在差异，基于理论模型的工艺仿真结果与实际现场情况不具有一致性，装配质量无法满足现代复杂产品高性能、高协调精度与长寿命等制造与使用要求。

4.2.1　MBD 技术基础

1. MBD 技术内涵

数字化产品定义是实现数字化制造的基础，它是以数字量方式对产品进行准确描述的。采用 MBD 技术后，需要对数字化产品的定义信息按 MBD 的要求进行分类组织管理，完整地反映出产品零部件本身的几何形状、尺寸公差、工艺要求、质量检测以及其他管理属性等信息，保证产品设计过程中几何信息与非几何信息的一致性，同时满足制造过程各阶段对数据的需求。

MBD 是一个用集成的三维实体模型来完整表达产品定义信息的方法体，它详细规定了三维实体模型中产品尺寸、公差的标注规则和工艺信息的表达方法，MBD 建立的产品三维实体模型如图 4-1 所示。MBD 将产品定义信息中的几何形状信息与尺寸、公差、工艺信息通过一个完整的三维实体模型来表达，改变了传统由三维实体模型来描述几何形状信息，而用二维工程图来定义尺寸、公差和工艺信息的分步产品数字化定义方法。同时，MBD 使三维实体模型作为生产制造过程的唯一依据，改变了传统以工程图为主要制造依据，而三维实体模型仅为辅助参考依据的制造方法。MBD 在 2003 年被美国机械工程师学会(ASME)批准为机械产品工程模型的定义标准，是一个以三维实体模型作为唯一制造依据的标准体。

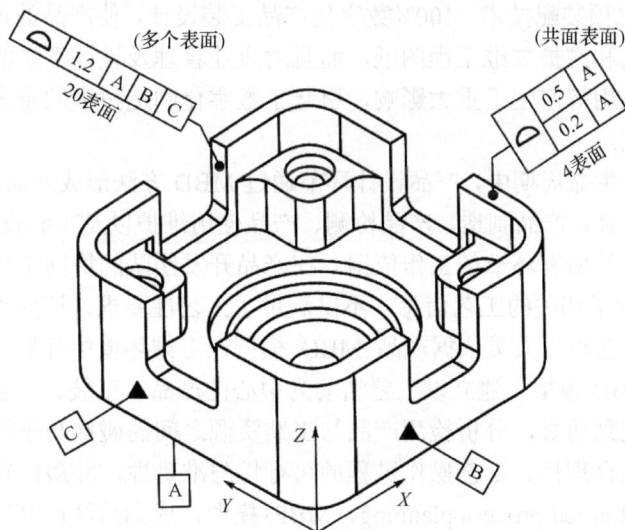

图 4-1　MBD 三维实体模型

MBD 数据模型通过图形和文字表达的方式,直接地或通过引用间接地揭示一个物料项的物理和功能需求。MBD 数据模型的组织定义如图 4-2 所示,它分为 MBD 装配模型与 MBD 零件模型两部分。MBD 零件模型由以简单几何元素构成的、用图形方式表达的设计模型和以文字符号方式表达的标注、属性数据组成。MBD 装配模型则由一系列 MBD 零件模型组成的装配零件列表及以文字符号方式表达的标注和属性数据组成。零件设计模型以三维方式描述了产品几何形状信息;属性数据表达了产品的原材料规范、分析数据、测试需求等产品内置信息;而标注数据包含了产品尺寸与公差范围、制造工艺和精度要求等生产必需的工艺约束信息。

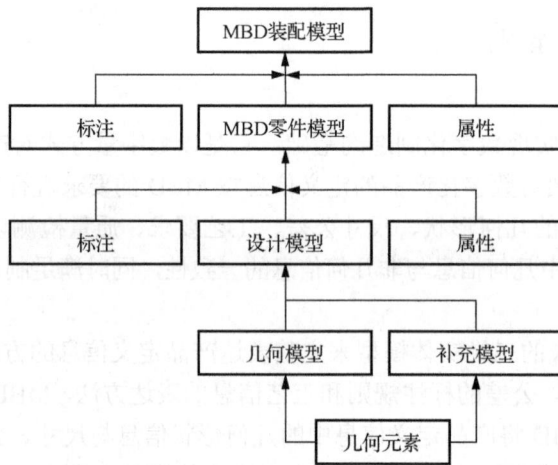

图 4-2　MBD 数据模型的组织定义

2. MBD 技术的应用流程

MBD 技术用一个集成化的三维数字化实体模型表达完整产品定义信息并完全替代了二维工程图纸,成为制造过程中的唯一依据。MBD 技术不仅实现了全机 100%的数字化产品定义、100%三维数字化预装配技术、100%数字化产品工装设计,使产品的设计方式发生了根本变化,不再需要生成和维护二维工程图纸,而且对企业管理及设计下游的工作,包括工艺规划设计、车间生产应用等产生了重大影响,引起了数字化制造技术的重大变革,真正开启了三维数字化制造时代。

在产品研发的全生命周期中,产品设计环节通过 MBD 方法形成产品 MBD 模型,其成为后续包括工艺设计仿真、产品制造、产品检测、产品使用维护以及工装设计、工装工艺设计、工装制造、工装检测等所有环节的工作依据。在产品开发团队的协同工作过程中,形成的产品 MBD 模型,包含了相关的工艺信息,不仅满足了工艺性要求,还成为工装人员开展工装设计的直接依据。工艺设计人员依据产品 MBD 模型在三维环境中开展工艺设计,结合工装 MBD 模型和设备 MBD 模型,建立以工艺活动为中心的产品、工装、工艺数据组织模型,对产品制造过程进行规划仿真,分析检测产品与工装资源之间的碰撞与干涉情况,确保产品结构与工装结构设计的合理性、工艺操作过程的可行性与准确性,并最终输出各类基于模型的三维工艺设计(model based process planning,MBP)模型,成为后续产品制造、检测和使用维护环节的操作依据。同时,对于工装工艺设计,也有相同的设计过程,并形成工装 MBP 模型,成为工装制造和检测的操作依据。因此，在基于模型的数字化制造工程中，结构 MBD 模型和工艺 MBP 模型贯穿产品研发的全生命周期(图 4-3)，是 MBD 和 MBP 模型的生成、传递与使用的全过程，并通过基于模型的数字化定义技术、基于模型的工艺设计仿真技术进一步驱动并实现了基于模型的制造技术、基于模型的检测技术及基于模型的维修技术。

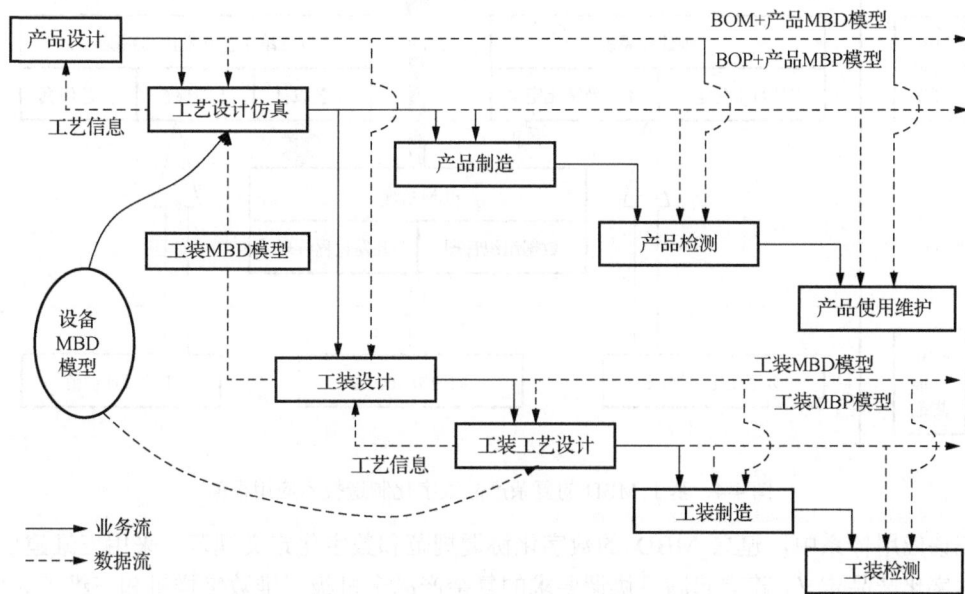

图 4-3　基于模型的产品全生命周期

因此，通过研究 MBD 技术的内涵，采用满足协调要求的三维数字化产品定义技术，利用数字化加工设备制造出外形与尺寸满足设计要求的复杂产品零件和工装零件，并利用便携式三坐标测量仪和激光跟踪仪进行工件的检验以及工装和产品的检验安装，用数字量传递的方式实现全机数字化协调；通过研究以工艺活动为中心的新型数字化工艺数据组织和管理方法，把工艺及相关数据以三维、可视化等多媒体方式全面有效地组织管理起来；借助于数字化测量设备，实现在线数字化测量装配；同时，把复杂产品结构设计数据、工艺数据、工装数据、操作参数等相关数据通过工艺信息集成管理系统集成起来，并通过网络终端设备传递到车间生产现场，解决现场操作对数字化工艺数据的需求，实现数字化产品、工艺、工装信息的集成应用。

3. MBD 技术的应用框架

通过把基于 MBD 的复杂产品数字化产品定义和协调系统、以工艺活动为中心的数字化工艺数据组织与管理系统、数字化工艺现场应用系统和在线数字化测量系统各部分有机整合起来，形成一个完整的基于 MBD 的复杂产品数字化制造技术体系，完全采用数字量协调，真正实现全数字化、无图纸设计制造技术。因此，在复杂产品制造过程中采用 MBD 技术，将彻底改变产品数据定义、生成、授权与传递的制造模式，实现三维数字化定义、三维数字化工艺开发和三维数字化数据应用，完整的基于 MBD 的复杂产品数字化制造技术应用框架如图 4-4 所示。

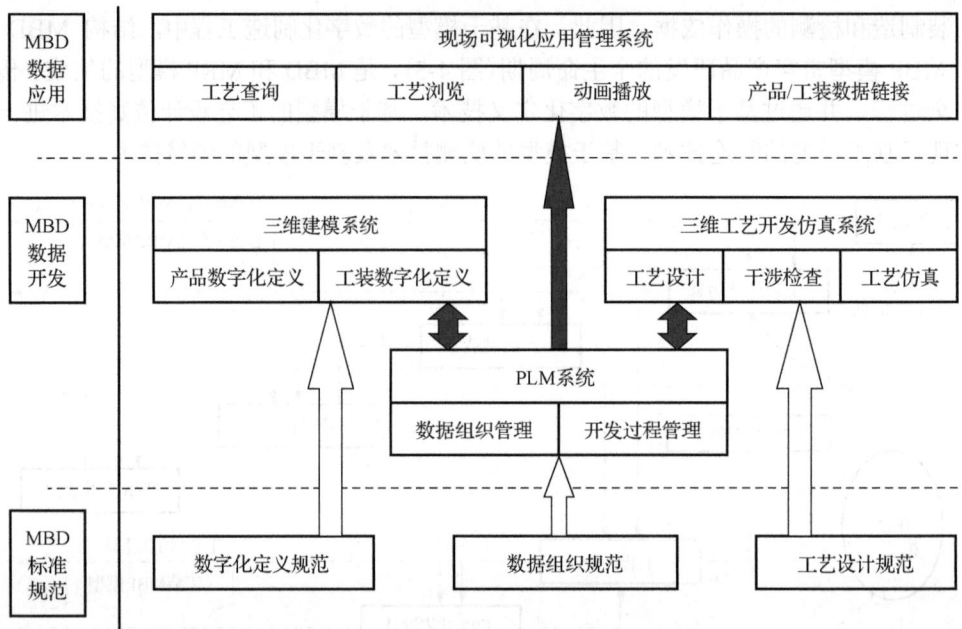

图 4-4　基于 MBD 的复杂产品数字化制造技术应用框架

在该应用体系中，建立 MBD 的数字化协调规范和数字化定义规范，采用三维建模系统进行数字化产品定义，建立起满足协调要求的复杂产品全机级三维数字样机和三维工装模型，进行三维数字化预装配。工艺人员在工艺设计规范的指导下，直接依据三维实体模型开展三维工艺开发工作，改变了以往同时依据二维工程图纸和三维实体模型来设计产品装配工艺和零件加工工艺的做法。依据数字化装配工艺流程，建立起三维数字化装配工艺模型，通过数字化虚拟装配环境对装配工艺过程进行数字化模拟仿真，在工艺工作进行的同时及复杂产品实物装配之前，进行制造工艺活动的虚拟装配验证，确认工艺操作过程准确无误后再将装配工艺授权发放，在生产现场指导实物装配。在数字化装配工艺模拟仿真过程中生成装配操作过程的三维工艺图解和多媒体动画数据，结合装配工艺流程建立起数字化装配工艺数据，为数字化装配工艺现场应用提供依据。根据产品开发规范和数据组织规范，所有产品工程设计、工艺设计、工装设计等开发过程及其产生的工程数据、工艺数据、工装数据通过 PLM 系统实现全生命周期管理。

本节仅对 MBD 技术基础做了简要的介绍，对于具体详细的 MBD 技术相关内容，读者可参考其他参考文献，这里不再赘述。

4.2.2　基于 MBD 的产品装配工艺模型定义

基于 MBD 的产品装配工艺模型主要由设计几何模型、工序模型和工艺属性三部分组成，因此，可以将基于 MBD 的产品装配工艺模型 PM 定义为

$$PM = DM \cup \sum_{i=1}^{n} PDM_i \cup \sum_{j=1}^{m} A_j \tag{4-1}$$

式中，DM 为设计几何模型，是基于 MBD 的产品装配工艺模型的载体；PDM_i 为第 i 道基于

MBD 的工序模型，是产品装配过程中第 i 道工序所对应的模型，主要包括当前装配工序的几何模型及其工艺信息；A_j 为工艺属性，是指产品装配的工艺规划信息和工艺设计信息，如装配的分工路线、工艺规程等信息。

　　基于 MBD 的工序模型，要求不仅包含该工序下的零部件以及零部件间的约束关系，还要包含装配顺序、装配方法等非几何信息。因此，将基于 MBD 的工序模型定义为

$$\text{PDM} = \sum_{i=1}^{n}\text{Part}_i \cup \sum_{j=1}^{m}C_j \cup \sum_{k=1}^{r}\text{AM}_k \cup \sum_{l=1}^{t}\text{Ar}_l \tag{4-2}$$

式中，Part_i 为工序中第 i 个基于 MBD 的零件工艺信息模型；C_j 为零部件间的约束关系；AM_k 为装配要求，如装配顺序、装配路径、装配方法等；Ar_l 为工序属性，如工序名称、工序编号等属性信息。

　　在装配模型中，装配体大多由多个约束共同构成，因此，将零部件间的约束关系 C_j 进行如下定义：

$$C_j \in C, \quad C = \left\{ C_q, C_d, C_p \right\} \tag{4-3}$$

式中，C_q 为齐平约束；C_d 为对齐约束；C_p 为匹配约束。

　　AM 为装配要求，包括装配顺序、装配路径等，其数学定义如下：

$$\text{AM} = \left\{ S, R, M, \cdots \right\} \tag{4-4}$$

式中，S 为装配顺序；R 为装配路径；M 为安装方法。

　　根据上述定义建立基于 MBD 的工序模型框架，如图 4-5 所示。

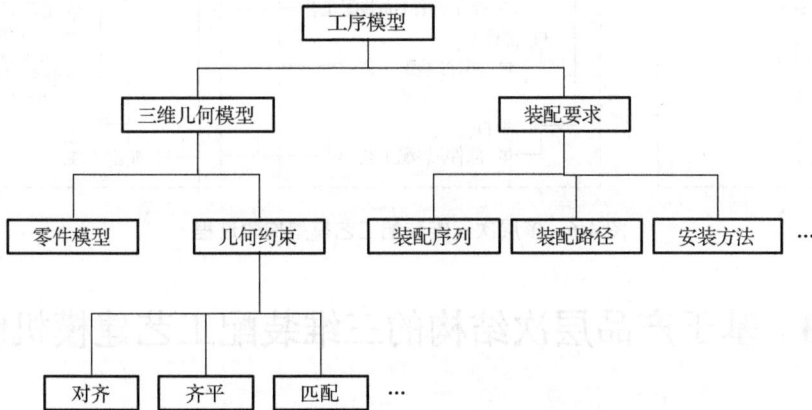

图 4-5　基于 MBD 的工序模型框架

　　该模型框架由三维几何模型、装配要求两部分组成。三维几何模型是工序下的产品三维数字化模型，包括零件模型形状与几何约束信息。装配要求是蕴涵在约束信息中的安装信息，包括装配序列、装配路径、安装方法等信息，以注释方式添加到三维几何模型上，并与相关约束信息相关联。

　　生动直观是 MBD 的最大特点，基于 MBD 的工序模型将三维几何模型与装配要求集成在一起，将工艺信息与三维几何模型关联起来，工人在装配现场通过阅读该模型，可以直观地理解产品的三维形状、尺寸约束关系以及装配方法等信息，消除了二维图纸生涩难懂、理解歧义等弊端，提高了装配效率。

4.2.3 基于 MBD 的产品装配工艺模型结构

装配工艺设计本质上就是 EBOM 向 PBOM 的映射过程,由于整个产品的装配过程可以分为整装、部装,大型产品装配过程需要分成多个级别的部装。为了适应实际装配过程中层次性的需要,可以采用多层次三维装配工艺设计模式,将整个装配过程按照 EBOM 的树形层次分解为多个子装配过程,最终生成产品、部件、子部件的装配工艺节点,并作为模型的属性节点添加到相应的节点下,从而将 EBOM 映射为 PBOM。产品/部件/子部件的装配工艺节点分别为一个完整的装配工艺模型,装配工艺模型中包括了装配步骤、装配对象、装配活动、工艺资源、装配尺寸、装配工艺要求等信息,其信息结构如图 4-6 所示。

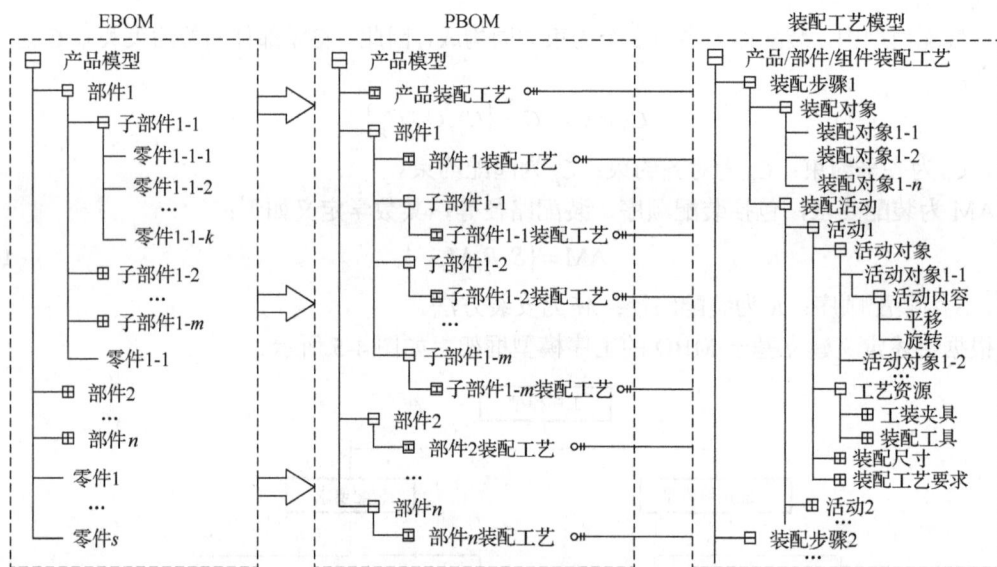

图 4-6　多层次三维装配工艺模型构建过程

4.3　基于产品层次结构的三维装配工艺建模机制

4.3.1　装配工艺建模流程概述

产品信息模型所描述的产品对象处于"已装配"状态,且系统提供的装配工艺设计方案为"先拆后装、拆后重装"。根据该方案,可以将装配工艺设计过程分为两个阶段:拆卸工艺设计阶段、装配工艺完善阶段,其具体流程如图 4-7 所示。

1)拆卸工艺设计阶段(也称为第一阶段)

该阶段的主要任务是创建拆卸工艺模型,并映射成粗装配工艺模型,其步骤可概括如下。

Step 1:根据调整后的产品结构树,将需要进行装配工艺设计的部件(或整个产品)映射成对应的任务节点,保留部件之间的层次关系,得到拆卸工艺模型的任务结构树。

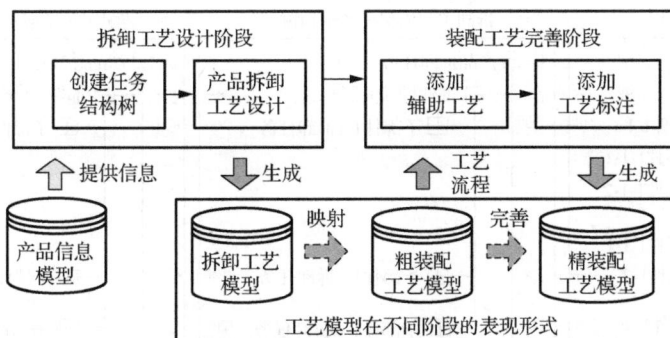

图 4-7　装配工艺建模流程

Step 2：按照由顶层至底层的顺序，分别对任务结构树的各任务节点进行拆卸操作，记录合理的零部件拆卸顺序及路径。

Step 3：待所有的零部件拆卸完成后，便得到了拆卸工艺模型。通过指定的算法将拆卸工艺模型映射成粗装配工艺模型，该模型主要记录了零部件的装配序列及路径。

2) 装配工艺完善阶段(也称为第二阶段)

该阶段的主要任务是通过对粗装配工艺模型进行工艺信息的添加，最终得到精装配工艺模型，其步骤可概括为：单步演示粗装配工艺，并在演示过程中添加辅助工艺及工艺标注等信息。

待粗装配工艺工步编辑完善后，便得到了精装配工艺模型。该模型具有较完善的工艺信息，既包含了装配序列及路径，又包含了装配辅助工艺及工艺标注信息，可以用于装配仿真或直接生成工艺文件。

为了节约系统资源，提高工作效率，上述拆卸工艺模型、粗装配工艺模型及精装配工艺模型是同一个工艺模型在不同阶段的表现形式，它们有着相同的框架结构。为了便于表达，下面将拆卸工艺模型、粗装配工艺模型及精装配工艺模型统称为工艺模型。

4.3.2　装配工艺模型信息详述

1. 工艺模型整体表达

1) 工艺模型的任务结构树

产品中的每一个部件都是由零部件装配而成的，该装配过程可以看作一个任务。根据系统采用的装配工艺设计方案可知：系统中的任务在第一阶段体现为拆卸任务，在第二阶段体现为装配任务。

任务结构树是由任务节点按照一定层次关系构成的，其创建方法可以概述为：将调整后的产品结构树中的每一个部件单元(包括产品本身)映射为一个任务节点，并保留部件之间的层次关系。

如图 4-8 所示，拆卸工艺模型与粗(精)装配工艺模型的任务结构树相同，只是在进行任务遍历时顺序不同，前者是 Top-Down 的顺序，而后者是 Down-Top 的顺序。

工艺模型的任务结构树在一定程度上体现了装配序列，能够大大降低工艺规划难度。

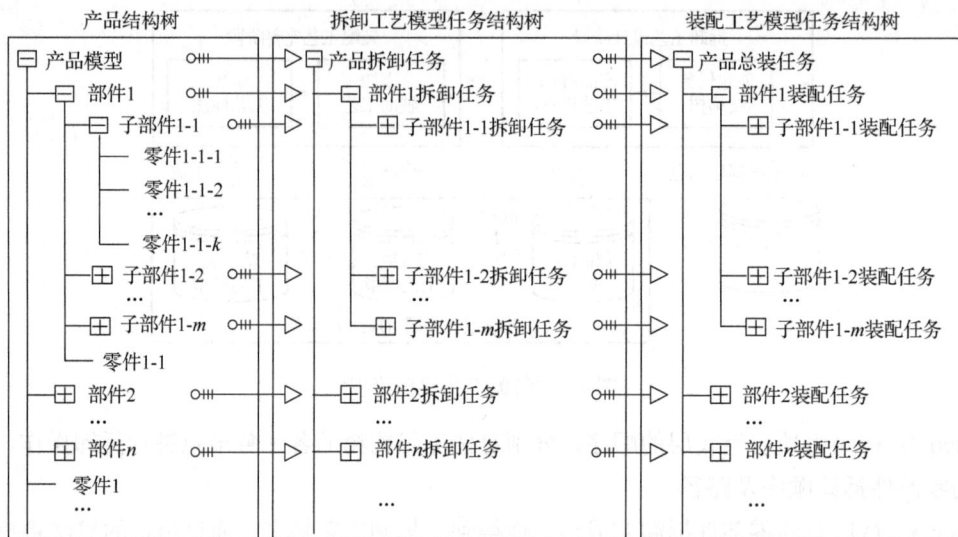

图 4-8　产品结构树与工艺模型任务结构树的映射关系

2)任务节点信息

工艺模型的任务结构树主要用于表达任务之间的顺序关系，每一个任务节点都记录了具体的工艺过程。任务节点主要包含的信息有任务对象列表、关联任务列表及工序列表。

任务对象列表与映射出该任务节点的部件单元的子级零部件列表(pChildrenList)相同，为该任务所包含的具体工序提供操作对象。列表中的子部件均处于锁定状态(即子部件不可拆，视为超零件)。

关联任务列表记录了任务对象列表中部件对应的任务。在装配任务中，需要先完成关联任务列表中的任务，所以称其为预先装配任务列表；同理，拆卸任务中称其为后续拆卸任务列表。

工序列表由一系列工序组成，描述了子零部件的具体操作过程，是任务节点的核心内容。工序可细分为工步、活动。其中工序、工步与实际工程中的定义相同，而活动是指对零部件的基本操作的组合。在同一个工步内，同时被选中的一个或多个零部件的连续运动视为一个活动。引入活动的概念能够表达出最底层的零部件运动，且活动中记录了零部件的运动路径。

拆卸任务与装配任务的具体信息及映射关系如图 4-9 所示，其映射关系可以表达如下。

(1)拆卸任务与装配任务中的对象列表一致。

(2)预先装配任务列表与后续拆卸任务列表相对应。

(3)在对应的装配任务和拆卸任务中，工序的顺序相反。

(4)同样，工步、活动及活动内具体的运动方案都满足反序规则。

(5)操作语义列表中的语义可以视为工步的活动。当工步中同时存在语义及活动时，语义与活动之间的顺序也要相应变换。

3)精装配工艺模型所包含的信息

精装配工艺模型与拆卸工艺模型并非完全对应。如图 4-10 所示，精装配工艺模型中的任务节点包含两种工序：装配工序和辅助工序。装配工序用于记录装配操作信息，由拆卸工艺模型映射而成(在 4.3.3 节详细介绍)；辅助工序用于记录辅助工艺，是工艺设计人员在第二阶段手动添加的，具体包含的信息将在 4.3.4 节详细介绍。与拆卸工步相比，装配工步中添加了标注信息列表，用于记录工艺标注信息。

拆卸任务

拆卸任务××
  拆卸任务对象列表
    部件××1
    ...
    部件××n
    ...
    零件××m
  后续拆卸任务列表
    部件××1的拆卸任务
    ...
    部件××n的拆卸任务
  拆卸工序01
  拆卸工序02
  ...
  拆卸工序s

拆卸工序

拆卸工序××
  拆卸工序对象列表
  拆卸工步1
    工步对象列表
    操作语义
    拆卸活动1
      活动对象列表
      活动内容
        复合运动
        旋转
        平移
    ...
    拆卸活动m
  ...
  拆卸工步n

装配任务

装配任务××
  任务对象列表
    部件××1
    ...
    部件××n
    ...
    零件××m
  预先装配任务列表
    部件××1的装配任务
    ...
    部件××n的装配任务
  装配工序01
  装配工序02
  ...
  装配工序s

装配工序

装配工序××
  工序对象列表
  装配工步1
    工步对象列表
    操作语义
    装配活动1
      活动对象列表
      活动内容
        平移
        旋转
        复合运动
    ...
    装配活动m
  装配工步n

◆◇——◇ 表示工序内容指向; ●⊪——○ 表示关联任务与任务对象的对应关系;
●——■ 表示操作节点(工序、工步及活动节点)在不同阶段的对应关系

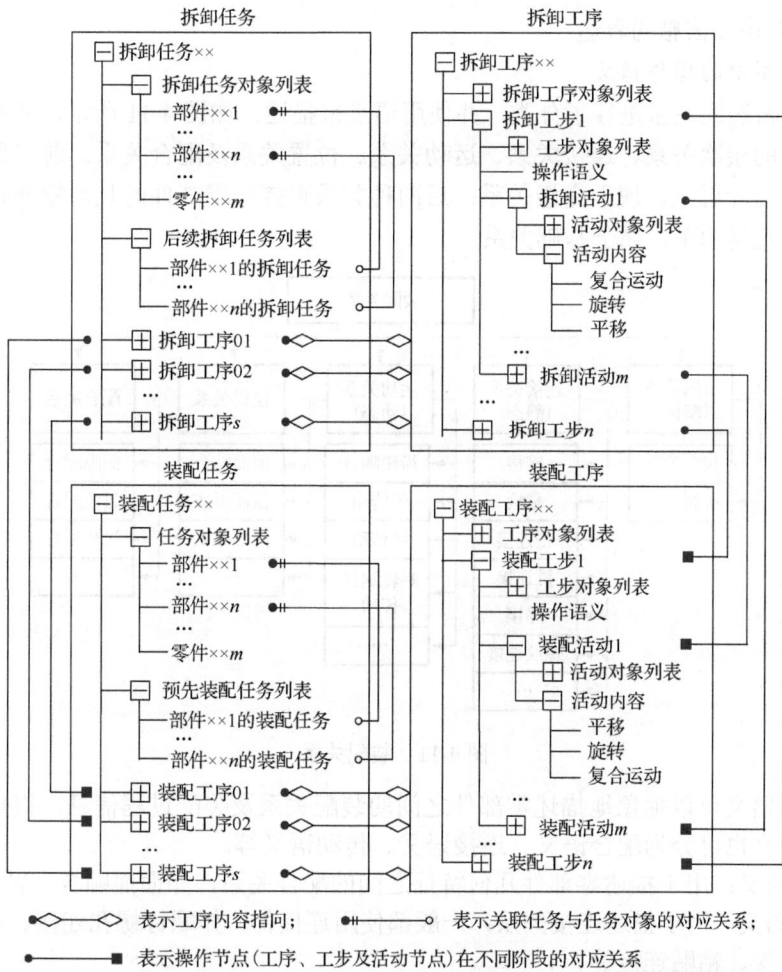

图 4-9 拆卸任务与装配任务的具体信息及映射关系

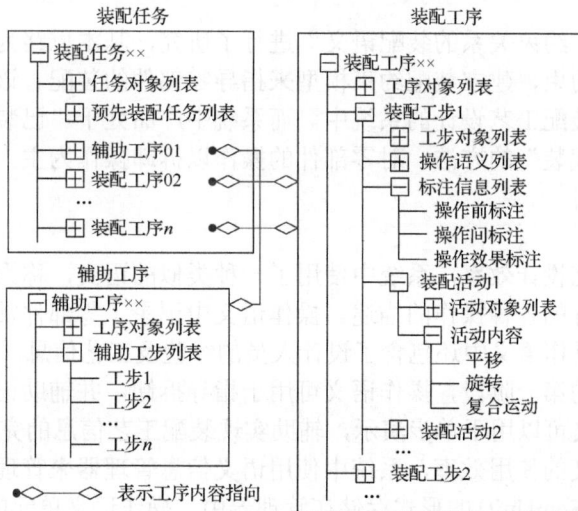

装配任务

装配任务××
  任务对象列表
  预先装配任务列表
  辅助工序01
  装配工序02
  ...
  装配工序n

装配工序

装配工序××
  工序对象列表
  装配工步1
    工步对象列表
    操作语义列表
    标注信息列表
      操作前标注
      操作间标注
      操作效果标注
    装配活动1
      活动对象列表
      活动内容
        平移
        旋转
        复合运动
    装配活动2
  装配工步2
  ...

辅助工序

辅助工序××
  工序对象列表
  辅助工步列表
    工步1
    工步2
    ...
    工步n

●◆——◇ 表示工序内容指向

图 4-10 装配任务及装配工序

2. 零部件操作信息的表达

1) 工艺模型中的操作语义

很多学者将装配关系进行了分类，并使用语义来描述。如图 4-11 所示，装配关系主要包括零部件之间的层次关系、连接关系、运动关系、位置关系及配合关系。前三种关系体现出产品的功能及设计思维，属于高级关系；后两种关系直接与零部件的几何特征相关，体现了零部件之间的几何约束，属于基础关系。

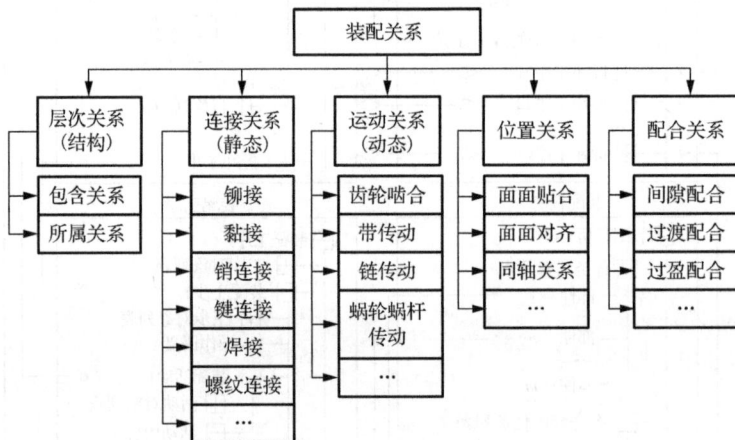

图 4-11　装配关系

使用装配语义可以抽象地描述零部件之间的装配关系及装配过程信息。根据装配关系的分类，装配语义也可分为配合语义、连接语义、传动语义等。

① 配合语义：用于描述零部件几何特征之间的配合关系，如面面贴合、轴孔配合等。

② 连接语义：用于描述连接关系，一般都使用连接件，如螺钉螺孔连接、键连接、销连接、铆接、焊接、粘贴连接等。

③ 传动语义：用于描述装配零部件之间的传动关系，如齿轮传动、蜗轮蜗杆传动、链传动、带传动等。

很多学者对"基于约束关系的装配语义"进行了研究，基本思路为：通过装配语义来描述零部件之间的物理约束，建立装配约束模型来指导零部件的装配。该方案更偏向于应用在对离散的零部件进行装配工艺设计的系统中。而系统中产品处于"已装配好"的状态，装配工艺设计采用"以拆代装"的方法，对零部件的操作以拆卸操作为主。所以，上述装配语义在装配系统中并不实用。

(1) 操作语义。

为了提高装配工艺设计效率，系统中使用了一种类似的语义，称为操作语义。操作语义是对某一类零部件进行的各种操作的描述。操作语义中记录了零部件常用的操作方法及特殊零部件的处理方法。操作语义中还包含了设计人员的经验及工艺信息。

在装配工艺设计的第一阶段，操作语义可用于指导拆卸，并辅助记录拆卸的相关信息；在第二阶段，操作语义可以用于单步演示，辅助实现装配工艺信息的完善。

为了提高操作语义的使用效率，系统中使用语义信息管理器来管理操作语义。操作语义以操作语义单元(OperSemUnit)的形式存储在管理器中。操作语义单元的基本组成如下：

<OperSemUnit> = (<ID>, <SemName>, <DocComponentList>, <OperSemRulerIns>)

① ID 是语义单元的标识，具有唯一性。

② SemName 表示操作语义的名称，具有直观性，能简要概括语义单元的作用。其基本组成可以表示为

$$<SemName> = (<ObjectType>, <StateModel>, <AuInfo>)$$

ObjectType 是指操作对象的类型，与规则库中的操作对象类型对应；StateModel 是指当前的工艺设计阶段；AuInfo 表示辅助信息，用于提示操作对象的数量及环境。

③ DocComponentList 是操作对象列表，用于记录操作语义包含的所有零部件对象。

④ OperSemRulerIns 是根据语义规则创建的操作实例，记录了具体的操作信息，是操作语义单元的核心内容。

(2)语义规则。

根据操作对象类型及具体操作方案的不同，可以对操作语义进行分类。系统对每一种类型的操作语义都制定了相应的规则，称为语义规则。语义规则的基本组成如下：

$$< OperSemRuler> = (< ObjectType >, <OperMethod>, <Discretion>)$$

① ObjectType 表示操作对象的类型，是用户选择语义规则的依据。

② OperMethod 是语义规则的核心内容，用于记录语义对应的操作方法。常见的操作方法包括添加工艺标注，设置干涉机制，添加专用操作手柄，设置操作对象的显示方案，自定义活动等。

③ Discretion 详细解释了语义规则中的 OperMethod，为用户选择语义规则提供参考。

(3)操作语义单元。

语义规则用于记录通用的操作方法，其操作对象是一个虚拟对象。创建语义单元时，需要根据语义规则创建操作实例(OperSemRulerIns)，其目的是将规则中的虚拟对象与当前被激活的操作对象(集)关联。

操作语义单元是在装配工艺设计第一阶段创建的，初始记录的是零部件的拆卸方法。在第二阶段，会根据算法将操作语义单元的信息进行变换，主要包括更改语义名称、调整操作实例(OperSemRulerIns)中的操作顺序。操作实例中具体的显示方案及自定义活动在两个阶段中的顺序相反。

下面列举了几个实例用于说明操作语义在不同阶段的具体内容。

【实例一】　铆钉的操作语义单元。

铆钉的铆接属于形变安装，需要在工艺设计过程中指出，并制定出特定的表现形式。具体信息如表 4-1 所示。

表 4-1　铆钉的操作语义单元

拆卸模式		装配设计模式	
SemName	铆钉(组)拆卸	SemName	铆钉(组)安装
DocComponentList	铆钉_1,…, 铆钉_n	DocComponentList	铆钉_1,…, 铆钉_n
OperSemRulerIns 中的具体操作		OperSemRulerIns 中的具体操作	
S1　注释	此操作为铆钉操作	S1　注释	此操作为铆钉操作
S2　干涉机制	忽略与其他零部件的干涉	S2　干涉机制	忽略与其他零部件的干涉
C1　显示方案	将被操作的铆钉高亮，然后慢慢透明直至消失	C1　显示方案	单个铆钉及铆钉个数的指示从放置处消失
C2　自定义活动	将所有铆钉的位姿矩阵设为统一值(即将模型重叠并远离产品处)	C2　自定义活动	恢复各铆钉原先的位姿矩阵(使铆钉出现在需要铆接的位置，仍处于不显示状态)
C3　显示方案	显示单个铆钉模型及被拆卸铆钉的个数	C3　显示方案	所有铆钉慢慢显示，并高亮渲染提示

【实例二】 螺钉的操作语义单元。

螺钉的操作是一个简单的旋出(或旋进)操作，且属于基本操作，可以使用平移代替，从而节省系统资源。具体信息如表 4-2 所示。

表 4-2　螺钉的操作语义单元

拆卸模式			装配设计模式		
SemName		螺钉(组)拆卸	SemName		螺钉(组)安装
DocComponentList		螺钉_1,…, 螺钉_n	DocComponentList		螺钉_1,…, 螺钉_n
OperSemRulerIns 中的具体操作			OperSemRulerIns 中的具体操作		
S1	注释	此操作为螺钉操作	S1	注释	此操作为螺钉操作
S2	干涉机制	忽略与其他零部件的干涉	S2	干涉机制	忽略与其他零部件的干涉
C1	显示方案	将被操作的螺钉高亮	C1	显示方案	单个螺钉及螺钉个数的指示从放置处消失，并将所有螺钉高亮(此时螺钉仍然重叠放置)
C2	自定义活动	将所有螺钉沿着轴线并指向螺钉帽的方向平移一倍螺钉身长	C2	自定义活动	恢复各螺钉原先的位姿矩阵(使螺钉出现在需要安装的位置)
C3	自定义活动	将所有螺钉的位姿矩阵设为统一值(即将模型重叠并远离产品处)	C3	自定义活动	将所有螺钉沿着轴线并逆向螺钉帽的方向平移一倍螺钉身长
C4	显示方案	撤销高亮渲染，显示单个螺钉模型及被拆卸螺钉的个数	C4	显示方案	撤销螺钉的高亮

【实例三】 轴(孔)的操作语义单元。

轴孔配合一般会涉及配合公差，且需要辅助工具，可以在轴(孔)操作语义中给予提示。具体信息如表 4-3 所示。

表 4-3　轴(孔)的操作语义单元

拆卸模式			装配设计模式		
SemName		轴(孔)拆卸	SemName		轴(孔)安装
DocComponentList		××轴	DocComponentList		××轴
OperSemRulerIns 中的具体操作			OperSemRulerIns 中的具体操作		
S1	注释	此操作为轴(孔)操作，需要辅助工具，并保证配合精度	S1	注释	将注释添加到装配工步标注信息列表中，并记为"操作前标注"
S2	标注	在标注管理器中查询关于该孔和轴配合的公差，并与该语义关联	S2	标注	将标注添加到装配工步标注信息列表中，并记为"操作效果标注"
S3	干涉机制	忽略与它配合的零部件的干涉	S3	干涉机制	忽略与它配合的零部件的干涉
S4	操作手柄	获取轴零件的轴线，并在轴线上添加专用的操作手柄(沿轴线拖动)	S4	操作手柄	无

在实际操作时，工人有可能需要同时对不同类型的零部件进行操作，如常见的螺栓螺母的安装，需要将螺栓螺母同时相对旋进。在这种情况下，工艺设计人员可以为同一类零件创建单独的操作语义单元，然后将所有的操作语义单元设置为"必须同步"。例如，可以分别对螺栓(组)及螺母(组)创建操作语义单元，然后将这两个操作语义单元设置为"必须同步"，这样就实现了同时操作所有被选中的螺栓螺母。

2) 工艺模型中的操作活动

在实际情况中，一个工步可能涉及多个零部件的操作，而这些操作中有些必须按照一定的先后顺序进行，也有些可以同步进行。针对这种工步内零部件操作情况的复杂性，书中提出一种解决方法：使用操作活动管理具体动作，并对操作活动进行排序。操作活动的具体形式可以细分为表 4-4 所示。

表 4-4　操作活动的具体形式

方案	操作活动对象	运动类型	具体运动形式	备注
方案一	单个零部件	单一运动	① 轴向平移 ② 绕轴旋转 ③ 平面移动 ④ 旋转、平移的复合运动	复合运动是指同时进行平移、旋转，在记录活动时记录了两个动作，但它们被设置为"必须同步"
方案二	单个零部件	连续运动	多个单一运动的串联	多个单一运动的串联是指将单一的运动形式按照先后顺序连接在一起，中间没有间断
方案三	多个零部件	单一运动	① 轴向平移 ② 绕轴旋转 ③ 平面移动 ④ 旋转、平移的复合运动	多个零部件的操作活动与单一零部件类似；且同一活动中所有操作对象的路径都相同
方案四	多个零部件	连续运动	多个单一运动的串联	

在拆卸工步中，操作活动表现为拆卸活动，记录了拆卸的路径；在装配工步中，操作活动表现为装配活动，为零部件的装配提供了路径。

3. 工艺辅助信息的表达

1) 装配工艺模型中的标注信息

系统中使用了标注信息管理器来存储管理产品信息模型的标注信息。工艺人员在工艺设计过程中添加的标注信息也是以标注信息单元的形式存储在标注信息管理器中的。

为了有效地增强标注信息与工艺流程的关联性，提出了如下解决方案：将标注信息单元添加到装配工步的标注信息列表中，并设置标注信息显示及隐藏的时刻。通过该方法可以使得标注信息在适当的时刻显示在适当的位置。根据标注信息在工艺流程中的作用，可以将其分为三类：操作前标注、操作间标注、操作效果标注，具体描述见表 4-5。

(1) 操作前标注：在装配工步进行之前显示，用于提示操作环境、技术要求等，让装配人员对装配操作有详细的了解，为具体操作做好准备工作。一般以工艺注释的形式展现。

(2) 操作间标注：在装配操作过程中，用于实时反映操作对象之间的位置关系，或用于标注装配过程中的重要参数。为了保证装配质量，很多情况下并非一步安装到位，需要先安装至某一中间状态，使用操作间标注便可以直观地描述这一状态。例如，安装螺栓螺母时的预紧力及安装轴承时的预留量都可以以操作间标注的形式记录到工艺模型中。

(3) 操作效果标注：在装配工步结束后显示，标注在零部件之间，是装配质量检测的依据，一般包括配合公差、尺寸标注、尺寸链标注、装配功能检测等。

使用上述三种标注形式，可以将常见的装配工艺信息内容以标注的形式集成到装配工艺模型中。产品信息模型中的标注信息一般都属于操作前标注或操作效果标注。操作间标注是工艺设计人员在装配工艺设计的第二阶段添加的，是工艺设计人员根据经验及产品需求制定的，对装配操作有很好的指导作用。

表 4-5　标注信息分类

工艺标注类型	显示策略		用途	主要包含信息
	显示时刻	隐藏时刻		
操作前标注	工步开始时	工步结束后	提前告知相关信息，为具体装配操作做准备	简易预处理；辅助材料；技术要求
操作间标注	装配活动中设置的起点	装配活动中设置的终点	实时反映操作对象之间的位置关系；记录装配中间状态	中间尺寸；预紧力；装配预留量
操作效果标注	工步结束后	工序结束后	用于验证装配质量	配合公差；尺寸标注；尺寸链标注；装配功能检测

2) 装配工艺模型中的辅助工艺

在实际工程中，零部件装配之前一般需要进行预处理，主要包括零件去毛刺与飞边、清洗、防锈、防腐、涂装、干燥等。当部件安装完成后，有时还需要进行一些后处理，主要包括对装配体进行的性能检测、公差检测、分级等。

上述预处理及后处理不会涉及零部件的装配操作，但会影响产品的装配质量，是装配工艺不可或缺的信息。粗装配工艺模型中并不包含这些信息，需要工艺设计人员手动添加。

工艺设计中一般对同一种处理方法制定一道辅助工序。辅助工序包括的信息主要有工序对象列表、辅助工步列表。工序对象列表中记录了待处理的零部件，辅助工步列表一般以工艺注释的形式记录了工步所需的设备、辅助材料等。辅助工序在装配任务中的位置与操作工序平级。

为了能够实现辅助工艺信息重用，可以制定辅助工艺库来管理常见的辅助工序。设计人员可以根据实际需求，从库中选择合适的工序进行快速添加。

4.3.3　拆卸工艺模型的创建

1. 任务结构树的创建流程

工艺设计的首要任务是创建任务结构树，该结构树可以为装配工艺设计的两个阶段服务，其具体创建流程如图 4-12 所示。

1) 单个任务节点的创建步骤

Step 1：设计人员选中需要进行装配工艺设计的部件。

Step 2：将该部件所有的子部件锁定，并将所有子零部件添加到任务对象列表中。

Step 3：对每一个被锁定的子部件分别创建对应的任务，并添加到关联任务列表中。注：此时子部件的任务是"虚任务"，任务节点并未创建，需要与后续创建的"实任务"关联。

2) 任务结构树的创建步骤

工艺设计人员可以对整个产品或其中某些部件进行装配工艺设计，因此，任务结构树可以是由整个产品结构树或其中部分部件单元映射而成的。任务结构树的创建过程可分为三步。

Step 1：标记出产品结构树中需要进行装配工艺设计的部件单元。若待拆部件 A 中包含子部件 B 和 C，其中，部件 B 需要进行装配工艺设计，而部件 C 不需要，则只需标记出部件 A、B。

Step 2：深度遍历产品结构树，按照自顶层至底层的顺序，依次为每一个待拆部件创建任务节点。

Step 3：将新创建的任务节点与父级任务节点的关联任务列表中对应的虚任务相关联。

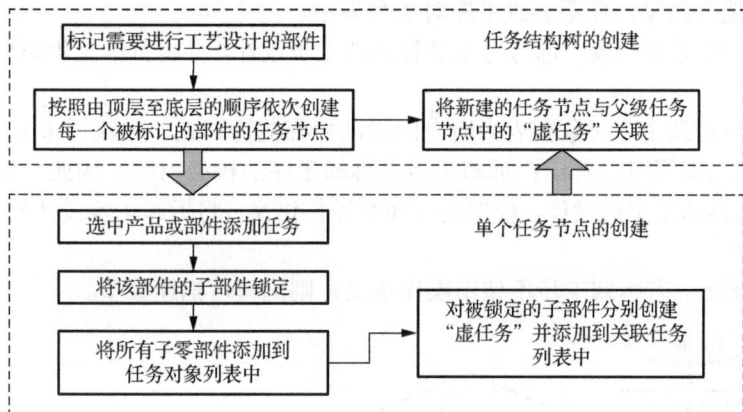

图 4-12　任务结构树的创建流程

2. 拆卸任务的详细设计

上述映射方法所创建的任务节点中只包含了任务对象列表及关联任务列表，并不包含具体的工序，需要通过后续对任务进行具体设计来实现工序的添加。

在装配工艺设计的第一阶段，任务设计是指拆卸任务设计。如图 4-13 所示，拆卸任务设计的流程为：首先，从拆卸任务对象列表中选择对象进行拆卸工序设计；然后，将拆卸工序添加到拆卸任务的工序列表中；最后，直至拆卸任务对象列表中所有的零部件都被拆卸完，则该拆卸任务设计完成。

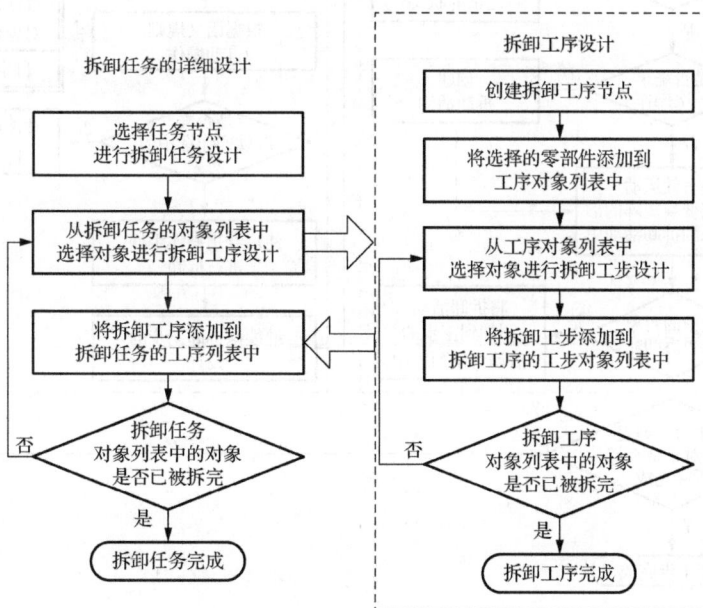

图 4-13　拆卸任务的详细设计

由上述流程可以看出：拆卸工序是拆卸任务的核心内容，拆卸工序设计的具体流程可以描述如下。

Step 1：创建拆卸工序节点。

Step 2：将选择的零部件添加到工序对象列表中。

Step 3：从工序对象列表中选择对象进行拆卸工步设计，并将拆卸工步添加到拆卸工序的工步对象列表中。

Step 4：直至拆卸工序对象列表中所有的零部件都被拆卸完，则该拆卸工序设计完成。

同样，由上述流程可以看出：拆卸工步是拆卸工序的核心内容。因此，拆卸任务的设计可以最终归结为拆卸工步的设计。根据是否使用操作语义，将拆卸工步设计的方法分为两类。

1) 直接拆卸

如图 4-14 所示，若拆卸工步不使用操作语义，则流程可描述如下。

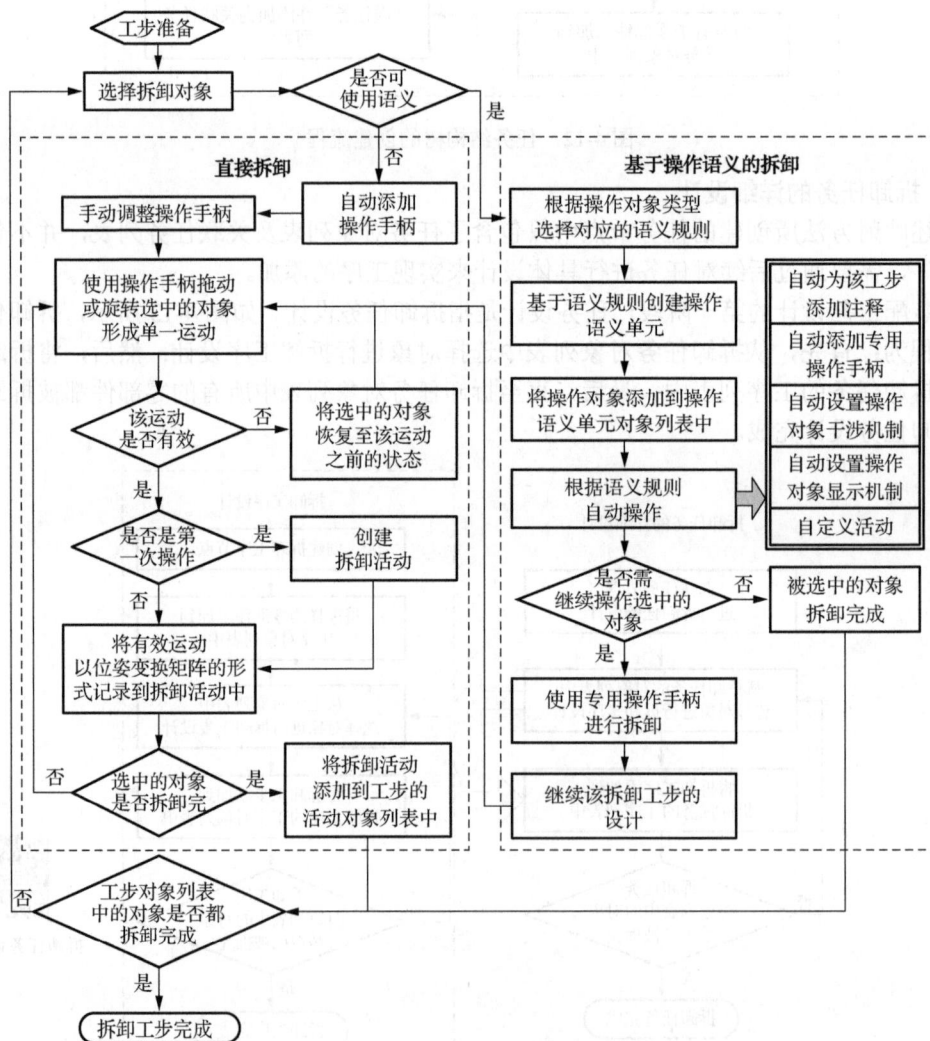

图 4-14 拆卸工步设计

Step 1：选择拆卸对象，添加操作手柄(操作手柄是三维系统中常用的工具，形状类似三维坐标系，用户可以利用它对零件进行操作)。由于在实际工程中，可能需要同时操作多个零部件，所以系统必须提供对象多选的功能。

Step 2：操作手柄的默认放置位置是所选零部件集的包围盒中心。实际拆卸时，零部件的拆卸方向不一定完全按照局部坐标系的坐标轴。因此，需要提供操作手柄的调整功能。可以通过捕捉零部件的特征平面或特征轴来放置操作手柄。

Step 3：待操作手柄位置调整后，工艺人员便可使用操作手柄来拆卸零部件。零部件的运动形式在上面介绍操作活动时已经详述。当零部件发生运动时，可以与静止的零部件之间进行动态干涉检测。设计人员根据实际情况判断干涉是否可以忽略。若能忽略，则该运动有效，否则该运动被认为无效。对于零部件的每一个有效的单一运动(复合运动除外)，都会记录下对应的位姿变换矩阵。当运动无效时，零部件将返回前一个有效运动后的状态。

Step 4：当新的拆卸对象发生运动后，需要创建拆卸活动，并将运动对应的位姿变换矩阵添加到该拆卸活动中。当拆卸对象保持不变时，所有的连续有效运动都以位姿变换矩阵的形式记录到同一个拆卸活动中。这样就形成了单个拆卸活动。直至拆卸对象发生变化时，才创建新的拆卸活动。

Step 5：所有的拆卸活动都会添加到拆卸工步的活动对象列表中，并根据实际情况，为可以同步或需要同步的拆卸活动设置同步性。

在实际工程中，虽然有些零部件的拆卸活动不同，但仍可以或需要同时被拆卸。例如，拆卸螺栓螺母时，螺栓跟螺母运动方向相对，按照拆卸活动的定义规则，需要对螺栓和螺母的操作分别创建拆卸活动。但实际操作时，螺栓跟螺母是同时被拆卸的。因此，需要提供设置拆卸活动同步性的功能，以允许不同的拆卸活动同时发生。

为了保证所有拆卸活动之间互不影响，被同步的拆卸活动之间需要满足一定的约束：在同一个拆卸工步内，不包含同样的零部件，且同步的活动对象在拆卸活动对象列表中的顺序相邻。

2)使用操作语义进行拆卸

在工步设计的过程中，如果使用操作语义，可以提高设计效率，还能解决一些特殊问题。其流程如图 4-14 所示，具体步骤可描述如下。

Step 1：设计人员首先根据操作对象类型选择或制定合适的语义规则。

Step 2：基于语义规则创建操作语义单元。操作语义单元由语义信息管理器统一管理，同时与当前工步关联。

Step 3：将新建的操作语义单元添加到工步语义列表中，同时记录该操作语义在操作活动中的顺序位置。

Step 4：设置操作语义的名称，并将操作对象添加到语义单元对象列表中。

Step 5：根据语义规则的具体方案自动操作对象。具体操作包括添加注释、添加专用操作手柄、设置操作对象干涉及显示机制、自定义活动等。

Step 6：一般连接件根据操作语义可以完全拆除，但有些零部件需要将操作语义与拆卸活动相结合才能完成拆卸。当使用操作语义创建专用操作手柄时，一般都需要后续拆卸活动。

操作语义单元具有较强的使用灵活性，可以在拆卸工步设计的任意阶段进行创建。每一个语义单元等同于一个拆卸活动。工步中的所有语义单元与活动都有特定的顺序。单个工步可以包含多个操作语义单元。

3. 从拆卸工艺到粗装配工艺模型的映射方法

在拆卸工艺设计阶段将部件拆卸完成后，得到了拆卸工艺模型。该模型的层次结构体现了零部件的拆卸序列，工步信息记录了零部件的拆卸路径。基于"先拆后装"的原则，保持任务节点不变，将任务所包含的工序反序，将工序包含的工步反序，将工步包含的活动反序，将同一活动内的连续运动反序且对位姿变换矩阵求逆，就形成了粗装配工艺模型。

粗装配工艺模型的层析结构记录了装配的顺序，工步信息记录了零部件具体的装配路径。

4.3.4 装配工艺模型的信息完善

传统的装配工艺信息一般以工序作为最小的组织单位。一个完整的产品装配工艺由多个工序组成，且每个工序中包含了大量的工艺信息。而粗装配工艺模型中的工序只包含了装配的顺序及路径，缺少大量的工艺信息。为此，需要进行装配工艺信息的完善。

装配工艺信息的完善主要包括辅助工序的添加、工艺标注信息的添加、同级节点的同步性设置。

1. 辅助工序的添加

辅助工序的添加可以在装配工艺完善阶段的任何时刻进行，且只与装配工序节点位置及工序对象列表相关。其步骤可以描述如下。

Step 1：选中装配工序中的操作对象，为其添加预处理工序或后处理工序。在装配任务的工序对象列表中，会将辅助工序添加到该装配工序之前或之后。

Step 2：将选中的对象添加到辅助工序的对象列表中。

Step 3：依次选中列表中的对象，添加相应的辅助处理说明。辅助处理说明以文本注释的形式展现，详细记录了辅助材料、处理方法等，且每一个辅助处理说明记为一个辅助工步。

2. 工艺标注信息的添加

工艺标注信息被添加到工步的标注信息列表中，具体方法为：按顺序逐步演示工步包含的操作语义单元及装配活动，检查装配的合理性，并在演示过程中添加标注信息。操作语义单元和拆卸活动的信息管理机制不同，在信息完善过程中采用了不同的处理方法，具体流程如图4-15所示。

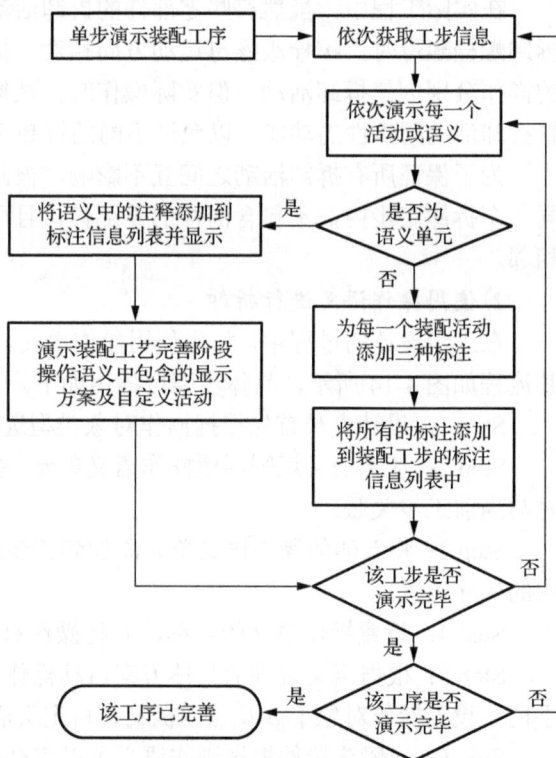

图4-15　工艺标注信息的添加

1）操作语义单元中的标注信息提取

操作语义单元中包含了较完善的工艺信息，为了便于标注信息的统一管理，需要将语义单元中的标注信息提取出来，添加到工步标注信息列表中。语义单元中的文本注释一般都属于操作前标注，而尺寸公差标注一般都属于操作效果标注。

单步演示时，语义单元中的操作对象（集）需要根据具体操作方案进行演示，包括显示方案及自定义活动。

2）拆卸活动中的标注信息添加

根据演示流程，将工步分成三种状态：工步演示前、工步演示过程中及工步演示完。同样提出操作活动的三种状态：活动演示前、活动演示过程中及活动演示完。工步演示前是指工步的第一个活动或操作语义单元演示之前；工步演示完是指工步的最后一个活动或语义单元演示完成；其他的活动状态都属于工步演示过程中。

由于拆卸活动中可能包含多个具体运动，因此，可以将拆卸活动的演示拆分为多个具体运动的演示。每一个具体运动演示完成后，默认进入工艺编辑状态。此时，工艺设计人员可以添加工艺标注信息。设计人员也可在整个活动或工步演示完成后再添加工艺标注信息。此外，设计人员需要指定标注的显示及隐藏时刻，即指定该标注在哪一个具体运动之后显示，又在哪一个具体运动之后消失。

为了方便设计人员操作，系统对操作前标注及操作效果标注制定了默认的显示及隐藏时刻，工艺设计人员只需为操作间标注添加显示及隐藏时刻。

3．同级节点的同步性设置

在装配工艺模型中，装配任务、装配工序、装配工步及装配活动之间满足严格的先后顺序，但有些情况下，同级节点之间是可以同时或必须同步进行的。例如，螺栓和螺母的装配是需要同时进行的，不同螺栓螺母组之间是可以同时进行的。

为了能在工艺模型中描述同级节点之间的这种关系，提出了同级节点的三种关系：不可同步、可以同步、必须同步。

任务结构树中同一层的任务节点之间默认是可以同步的，同一个装配任务的工序之间、同一个装配工序的工步之间、同一个装配工步的活动之间默认都是不可同步的。

通过同步性的设置，可以实现非线性的装配流程。

4.4　产品三维装配工艺模型实例

产品三维装配工艺设计是基于"先拆后装、拆后重装"的设计准则进行的，即先拆卸装配体产品，得到产品的拆卸过程，然后将拆卸过程的逆过程作为装配过程。

装配工艺模型实例

1．拆卸序列的规划

在进行装配工艺设计时，单击右下角的"工艺视图"，进行产品的装配工艺序列规划。首先需要添加一个新的工艺"装配工艺 1"，在"装配工艺 1"中添加产品的装配工序。在每一道装配工序中首先要右击选中"添加零部件"，可以在模型视图中选择零件或者在产品结构视图中选择零件，选中的模型会被高亮显示，随后右击完成即可添加好零件，这时装配对象下面就会出现已被选中的零件名称，如图 4-16 所示。

图 4-16　添加装配对象

设置好装配对象后，开始进行装配路径的规划。右击装配工序，在快捷菜单中选择"工序设计"，然后为对应的装配对象指定相应的路径。完成的路径规划在工艺视图中以装配工步显示，如图 4-17 所示。按照以上方法，将该工序中所有需要装配的零件设置好路径后即可完成装配工序 1 的设计。完成所有装配工序的设计后即完成了拆卸序列的规划。

图 4-17　装配工序设计

2. 拆卸路径的规划

工艺设计人员在拆卸零部件的过程中，会涉及零部件的平移及旋转运动，故在该系统中涉及操作手柄。设计人员在选择好所要拆卸的零部件后，就要根据相应的模型位姿生成相对应的操作手柄，其中，各轴表示可以在选中后沿其所在的直线做平移运动，而操纵平面则可以控制操纵模型在其平面空间内做平面平移运动，拖动旋转圈可以控制模型沿该旋转轴旋转，如图 4-18 所示。

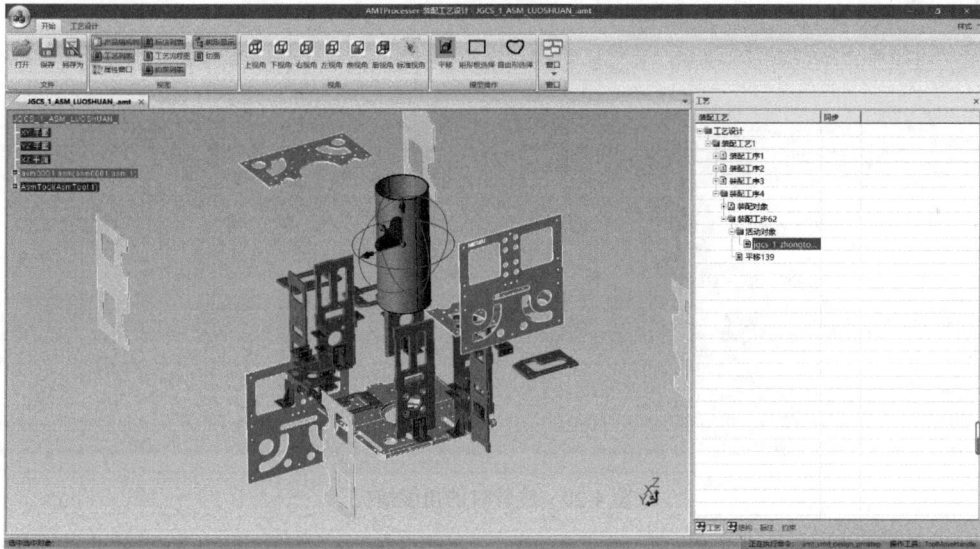

图 4-18 零件的选取及对应操作手柄的生成

若所生成的操作手柄不能满足用户的方向选择需求，则可以对操作手柄进行位姿调整，直至满足可行的拆卸方向，如图 4-19 所示。

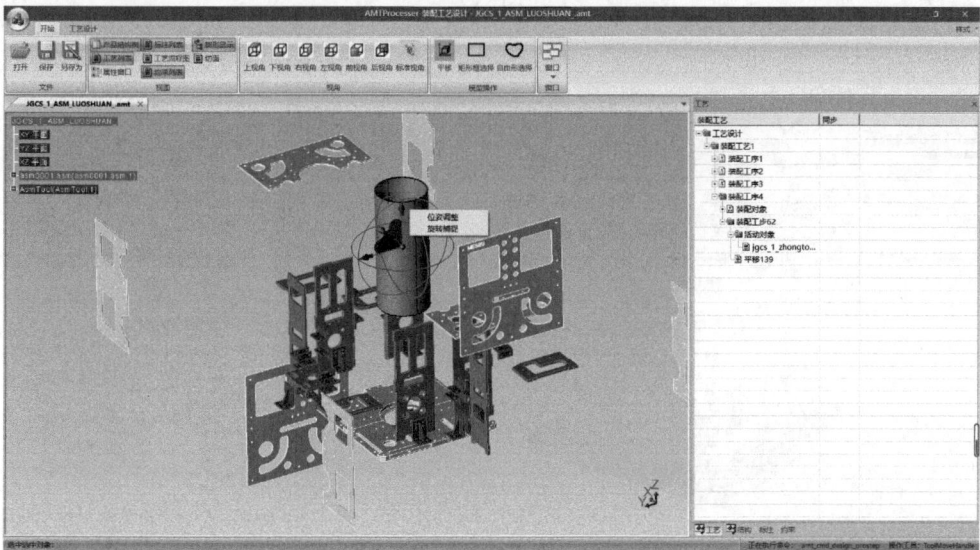

图 4-19 操作手柄位姿调整

　　在零件拆卸过程中，可能需要进行适当的旋转以满足可行的拆卸需求，但用户不知道旋转角度的量，此时系统可以根据用户设定的捕捉角度间隔适时地在旋转过程中捕捉到特殊角度，方便用户的操作，如图 4-20 所示。

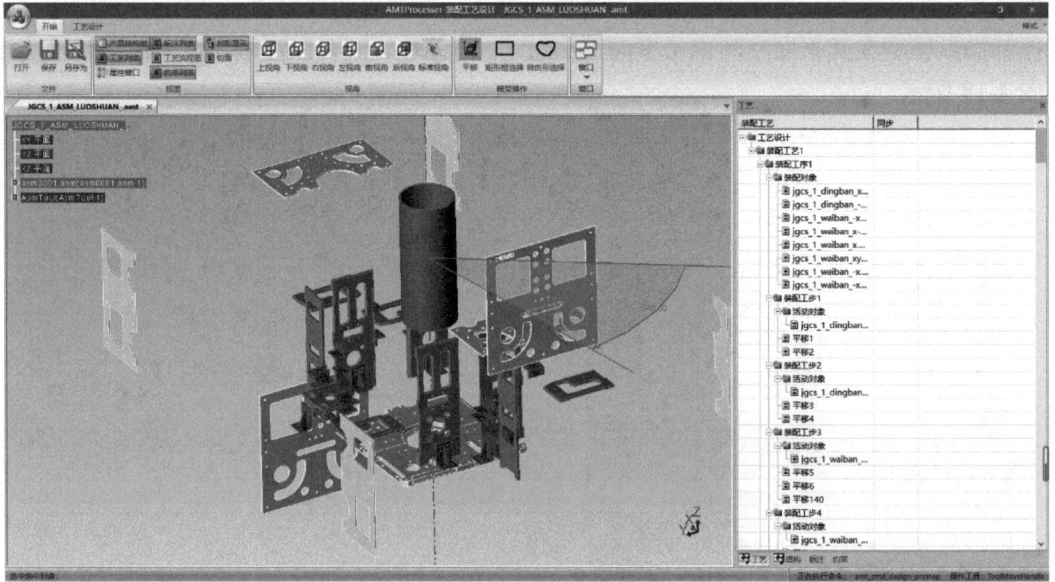

图 4-20　旋转时的角度捕捉

　　在工艺人员进行零部件的拆卸路径规划时，为了更好体现零件的装配关系，实现并行装配，可以选中相邻工步，右击"设置同步"，使同种零件的拆卸同步进行，简化装配流程，如图 4-21 所示。

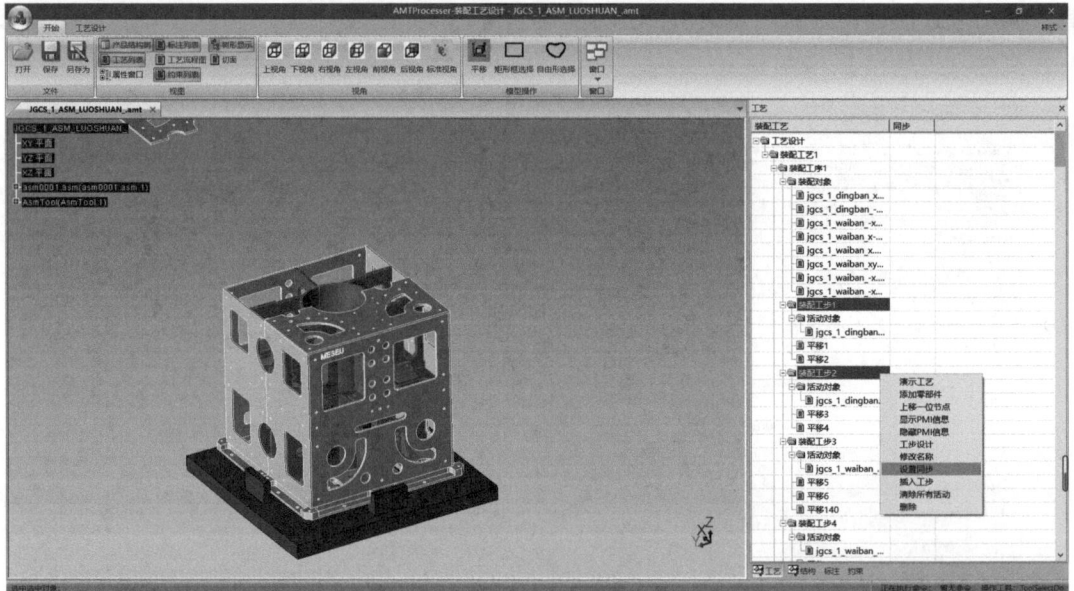

图 4-21　设置工步同步

3. 装配工艺仿真验证

在工艺人员进行零部件的拆卸路径规划时，为避免与装配环境中的其他零部件或工艺装备之间发生干涉，使规划的路径合理可行，必须在规划前设置相应的干涉检测控制选项，并依据所设置的选项进行实时动态干涉检测。本实例中的干涉检测控制选项设置如图 4-22 所示，可以检测所选的零部件集合相对整个装配中所有其他零件的干涉情况，也可以指定两个选择集进行干涉检测等，可以根据用户的需要进行设定，避免了漫无目的地进行所有检测，可大大提高碰撞检测效率。

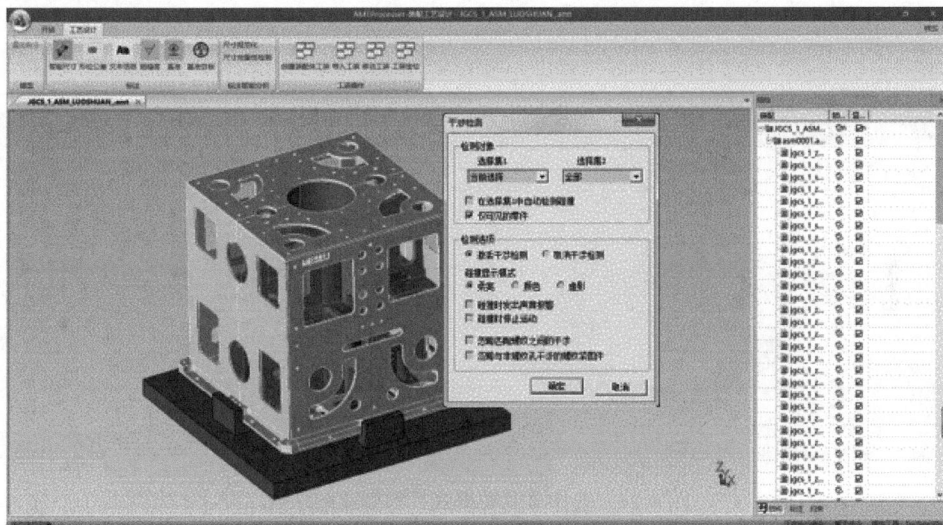

图 4-22　路径规划过程中的干涉检测控制选项

如图 4-23 所示，中筒零件在沿其拆卸方向运动时与侧板零件发生干涉，此时中筒与侧板均为高亮显示，并且以不同的颜色进行区分，提示用户对拆卸路径进行相应的调整。

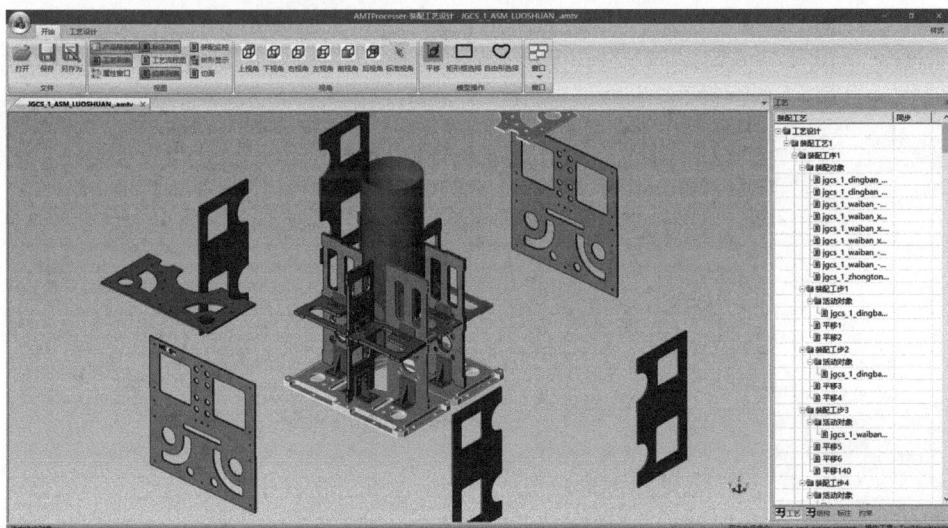

图 4-23　路径规划时的干涉检测

4. 逆序得到装配序列和路径

工艺人员重复步骤 1.～3.，按照生成的拆卸序列节点顺序逆序编排装配工艺，直至完成最后一个装配活动对象。另外，根据工步间的串并行关系设置同步，得到串并行序列，最后右击"工艺设计"根节点，在弹出的选择列表中选择"发布模式"，系统自动将装配工艺树逆序编排，生成按照装配序列自上而下的装配工艺树结构，如图 4-24 所示。

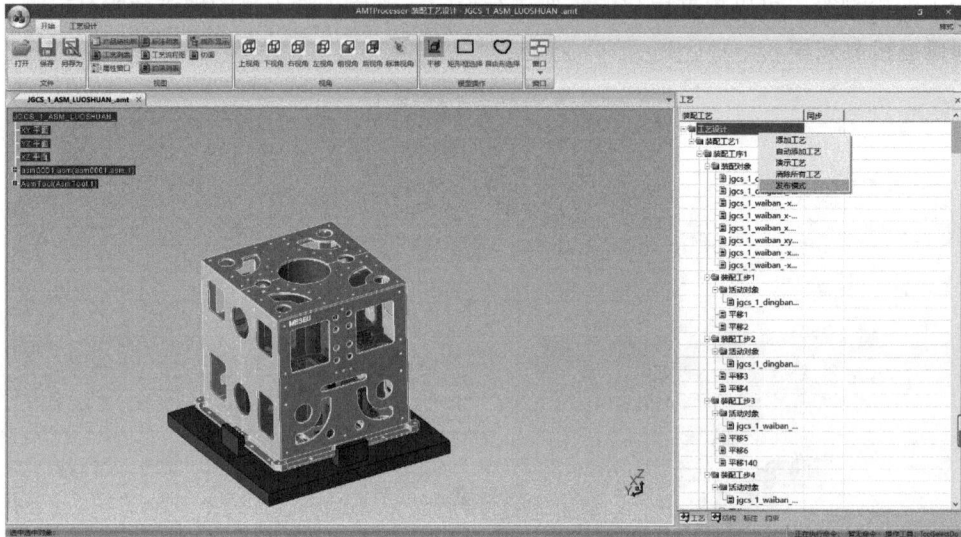

图 4-24　选择"发布模式"得到装配序列

5. 装配工艺信息标注

完成装配体的装配序列和路径设计后，根据实际装配需求，在对应工步节点上增加工艺信息标注说明，包括智能尺寸、形位公差、文本信息、粗糙度、基准以及基准目标，如图 4-25 所示。完成所有工步的工艺信息标注后，即可完成装配体的三维工艺设计。

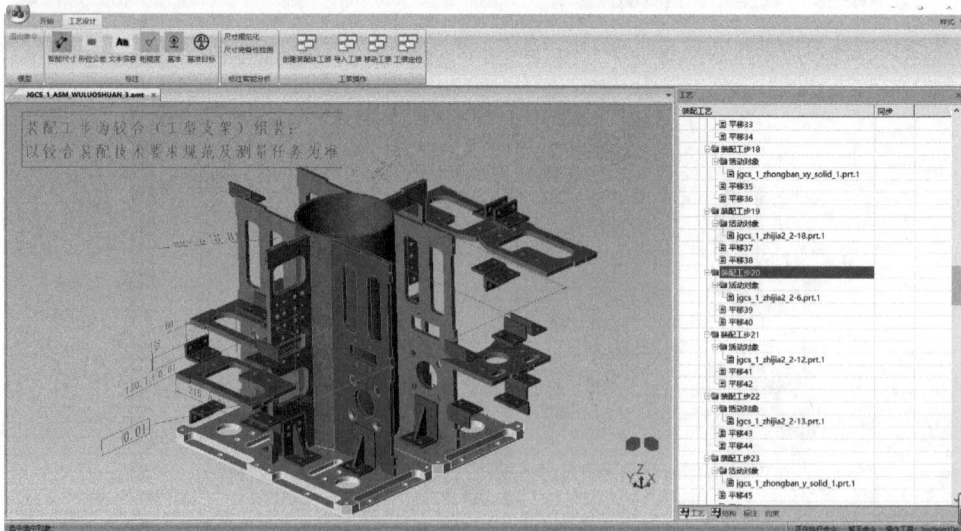

图 4-25　装配工艺信息标注

思 考 题

1. 简述 MBD 的技术内涵。
2. 简述三维装配工艺模型结构的本质。
3. 简述三维装配工艺建模机制，并介绍具体的建模流程。

第 5 章　产品装配精度信息模型构建

5.1　概　　述

产品装配精度信息模型构建是装配精度分析预测的基础，需要将装配层次模型信息、装配工艺信息、几何尺寸信息、公差信息、装配约束信息等装配数据进行提取、整理和归纳，为后续的装配尺寸链自动生成和精度分析预测提供数据支撑。

产品装配精度信息模型构建技术旨在确保制造和装配过程中零部件的几何精度符合设计要求，其核心在于通过科学的方法和工具，对零部件的几何尺寸公差进行合理设定、分析和优化，从而保证产品的整体质量和功能。产品装配精度信息模型的构建通常从公差设计开始。在设计阶段，工程师根据产品的功能要求和装配关系，定义每个零部件的尺寸公差、形位公差等，公差设计需要综合考虑制造工艺能力、材料特性以及装配环境等因素，以确保公差既满足设计需求，又具有可制造性。在模型构建过程中，几何尺寸和公差(GD&T)模型方法被广泛应用，GD&T 提供了一套标准化的符号和规则，用于描述零部件的几何特征及公差要求，这种方法不仅使公差定义更清晰、准确，而且便于在设计和制造过程中进行沟通和传递。

本章首先将产品装配体按照层次结构关系逐层解析，得到相应的尺寸公差信息和装配约束信息，随后结合装配序列信息完成产品装配精度信息单元的构建(包括尺寸公差单元和装配约束单元)，并对装配精度信息单元的关联对象进行补充和升级，最后，根据新一代 GPS 标准体系，围绕产品零件非理想表面模型的构建方法，完成基于肤面形状模型的零件非理想表面模型的生成，为后续的装配误差传递与高精度装配分析奠定了基础。

5.2　产品装配精度信息模型组成与构建

5.2.1　产品装配精度信息模型组成

通过梳理产品装配模型信息(不包含装配序列信息)，构建了多层次的装配精度信息模型，通过逐层解析装配模型的方式来获得尺寸公差信息和装配约束信息。图 5-1 呈现了多层次的装配精度信息模型的层次结构，以及不同层次的各个要素之间的关联关系。多层次的装配精度信息模型主要包括五个部分。

(1)装配体层：分为总装配体(general assembly)和子装配体(subassembly)，包括装配体的 CAD 模型信息、装配定位约束信息、装配零件信息等。

(2)零件层(part)：包括零件的 CAD 模型信息、装配约束连接信息、关联零件信息、零件尺寸公差信息等。

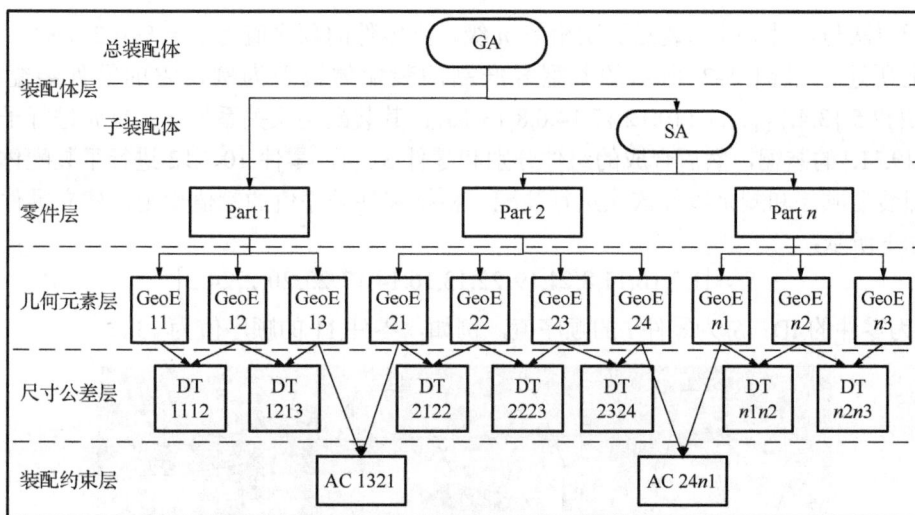

图 5-1　多层次的产品装配精度信息模型结构

（3）几何元素层（geometrical element）：包括几何元素所属零件、几何元素类型与名称、几何元素的 CAD 模型信息、几何元素偏差旋量等。

（4）尺寸公差层（dimension tolerance）：包括尺寸公差类型、所属零件等属性信息；尺寸关联几何要素、尺寸标注几何要素、尺寸方向向量等几何信息；尺寸数值、上下公差值等数值信息。

（5）装配约束层（assembly constrain）：包括装配约束类型、配合零件等属性信息；约束关联几何要素、约束偏移等模型信息；零件配合公差等数值信息。

5.2.2　产品装配序列表达方法

为了实现面向实际装配过程的装配精度预测，所生成的装配尺寸链需要符合产品车间装配工序的实施步骤，因此将装配序列信息纳入装配尺寸链的搜索条件中。装配序列信息包括装配层次信息和装配顺序信息，本章为了充分表达装配序列信息，采用如下所示的表现形式展现装配序列，其中零件用"P_i"来表示，子装配体用"{}"表示，"{}"内的零件为同一层次的零件，相同层次的零件之间通过"，"隔开。

$$\left\{\left\{\left\{P_1, P_2, \cdots, C_{k-1}\right\} C_k, C_{k+1}, \cdots,\right\} C_{n-1}, C_n\right\} \tag{5-1}$$

式中，C_k 为零件或者子装配体。

由于装配尺寸链的生成是以总装配体为对象的，可能会忽略装配体内部的装配层次关系，为了在装配尺寸链搜索时将装配层次关系和装配顺序完整地表现出来，需要给装配体内部的所有零件进行赋值，即零件的顺序值。零件顺序值的赋值规则介绍如下，其中零件 P_1、P_2、P_3 和零件 P_{k-1}、P_k 在装配顺序表达式中均为从左往右的相邻零件。

（1）依据从左往右的零件装配优先级确定最左边零件 P_1 的顺序值 $S_1=1$，然后确定与零件 P_1 属于同一个子装配体且在同一个装配层次内的零件 P_2、P_3 的顺序值，它们的顺序值依次为 $S_2 = S_1 + 1$，$S_3 = S_2 + 1$。

（2）假设零件 P_{k-1} 的顺序值为 S_{k-1}，若零件 P_k 与零件 P_{k-1} 不属于同一个子装配体，且零件

P_k 的装配层次与零件 P_{k-1} 的装配层次相差 m 级，则零件的顺序值为 $S_k = S_{k-1}+2\times m$。

综上所述，以图 5-2 所示的某型号产品的装配体模型为例，它的零件装配顺序为 $\{1,15,17,\{\{2,5,\}3,4,\}\{\{9,11,\}10,12,\}7,14,6,8,13,16\}$；其装配层次关系如下：首先进行子装配体 $\{2,5,\}$ 和 $\{9,11,\}$ 的装配，然后合成的组件分别和零件 3、4，零件 10、12 进行子装配体装配，最后按照装配顺序和剩余零件依次进行装配。根据零件顺序值的赋值规则，建立零件顺序值列表，如下所示：

$$S_i =\left[1,7,10,11,8,21,19,22,13,16,14,17,23,20,2,24,3\right] \tag{5-2}$$

式中，i 为零件的 ID；S_i 为零件 i 的顺序值，例如，零件 11 的顺序值为 13。

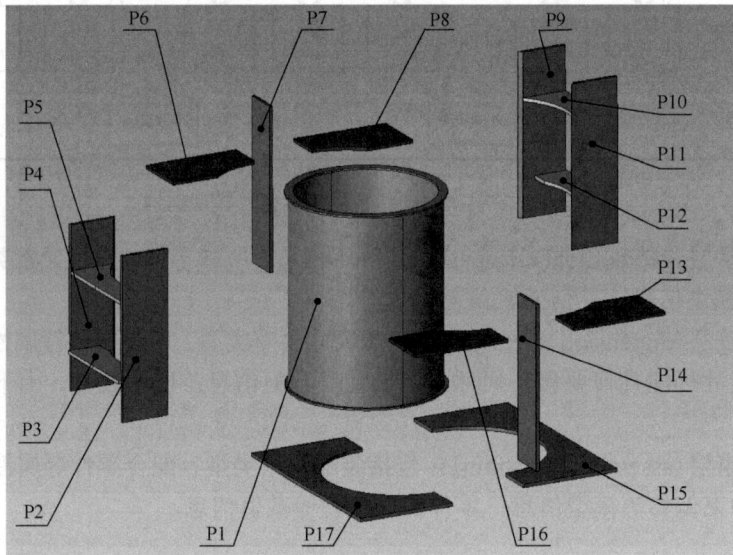

图 5-2　某型号产品的装配体模型结构图

5.2.3　产品装配精度信息单元构建

在建立了多层次的装配精度信息模型之后，为了更完整地表达尺寸、公差、装配约束和装配顺序等装配模型信息，引入了装配精度信息单元概念。根据装配关系传递图自动生成的功能需求，通过提取装配精度信息模型中的尺寸公差信息和装配约束信息，分别构建了尺寸公差单元和装配约束单元。

1. 尺寸公差单元构建

尺寸公差单元表达了单个零件内部单一尺寸的所有信息。尺寸公差单元用 U_{DT} 表示，包括尺寸类型 D_t，尺寸 id，尺寸所属零件 P_{ow}，尺寸关联对象 O_1、O_2，尺寸标注对象 O_3、O_4，尺寸方向矢量 V_{ec}，尺寸数值 V，尺寸上下公差值 T_u、T_d，以及尺寸偏差旋量模型 T_s，其一般表现形式如下所示：

$$U_{DT} =\left\{D_t,\mathrm{id},P_{ow},O_1,O_2,O_3,O_4,V_{ec},V,T_u,T_d,T_s\right\} \tag{5-3}$$

式 (5-3) 中，尺寸类型 D_t 分为距离、角度、直径、半径；尺寸 id 是指该尺寸公差单元在尺寸公差单元列表中的序号；关联对象 O_1、O_2 是指在进行尺寸标注时直接选择的几何元素，标注对象 O_3、O_4 是指与关联对象相关的用来计算尺寸数值的几何元素，两者的表达方法如表 5-1 所示；尺寸方向矢量 V_{ec} 是指尺寸标注的方向矢量，可以通过标注几何元素的坐标、方向和法向等几何信息计算得到；尺寸数值 V 是指设计尺寸大小；尺寸上下公差值 T_u、T_d 是指实际尺寸值的极限偏差量；尺寸偏差旋量模型 T_s 是指零件内部关联几何特征之间的公差变动域。

表 5-1　关联对象和标注对象的表达方法

类型	基本几何元素类型	具体表达方法
关联对象	点	顶点 V_t、圆心 C_p、球心 S_c
	线	直边 S_e、圆弧边 C_e、中心线 C_l
	面	平面 P_a、圆柱面 C_y、圆锥面 C_n、圆环面 T_r、球面 S_p
标注对象	点	顶点 V_t、圆心 C_p、球心 S_c
	线	直边 S_e、圆弧边 C_e、中心线 C_l
	面	平面 P_a、圆柱面 C_y、圆锥面 C_n、圆环面 T_r、球面 S_p

需特别说明的是，若该尺寸公差单元为实测尺寸单元，那么该尺寸公差单元将不包括尺寸上下公差值，尺寸数值改为实测尺寸值，其他所包含的要素不变。

2．装配约束单元构建

装配约束单元表达了装配体内部的单个装配约束的所有信息。装配约束单元用 U_{AC} 来表示，包括装配约束类型 C_t，装配约束 id，装配约束顺序值 V_{seq}，装配约束关联对象 O_1 及其所属零件 P_{ow1}，装配约束关联对象 O_2 及其所属零件 P_{ow2}，装配约束距离 D，约束配合公差 T_f，其一般表现形式如下所示：

$$U_{AC} = \left\{ C_t, \text{id}, V_{seq}, O_1, P_{ow1}, O_2, P_{ow2}, D, T_f \right\} \tag{5-4}$$

式 (5-4) 中，装配约束类型 C_t 分为面面贴合、面面对齐、面面平行、球面配合、锥面配合、轴孔对齐、轴线平行等，如表 5-2 所示，将三维装配模型中面向装配位姿定位的约束转化成上述的装配约束类型；装配约束 id 是指该装配约束单元在装配约束单元列表中的序号；装配约束顺序值 V_{seq} 是指遍历装配关系传递图时的装配约束单元的搜索优先级，其值越小说明该约束单元的优先级越高；关联对象 O_1、O_2 是指在添加装配约束时直接选择的几何元素，其表达方法如表 5-2 所示；装配约束距离 D 是指在添加面面平行或者轴线平行约束时，确定的两个关联对象之间的距离尺寸；约束配合公差 T_f 是指在添加装配约束时，由于几何特征在公差域内变动所产生的装配配合偏差，可以利用配合公差旋量模型来表示。

表 5-2　装配约束类型解析

约束名称	装配约束类型	关联对象 1	关联对象 2	空间位置关系	装配约束距离
重合	面面贴合	P_a	P_a	固定	$D=0$
	面面对齐	P_a	P_a	固定	$D=0$
同轴	轴孔对齐	C_y, C_l	C_y, C_l	漂移	$D=0$
平行	面面平行	P_a	P_a	固定	$D \in R$
	轴线平行	C_y, C_l	C_y, C_l	漂移	$D \in R$
相切	球面配合	S_p	S_p, P_a, C_y, C_n	漂移	$D=0$
	锥面配合	C_n	P_a, C_y, C_n	漂移	$D=0$

需要确定装配约束单元在遍历装配关系传递图时的搜索优先级，以便在遍历装配关系传递图时优先搜索优先级较高的装配约束单元。装配约束单元的优先级是根据装配约束顺序值 V_{seq} 来确定的，顺序值 V_{seq} 越小，在尺寸链搜索中的优先级越高。根据上面提到的零件顺序值，为各个装配约束单元进行赋值。装配约束顺序值的赋值规则介绍如下。

(1)获得装配约束单元 U_{AC} 的关联对象所属零件 P_{ow1}、P_{ow2}，然后从零件顺序值列表中得到零件 P_{ow1} 的顺序值(记为 S_{p1})和零件 P_{ow2} 的顺序值(记为 S_{p2})。

(2)假设 $S_{p1} < S_{p2}$，则装配约束顺序值 $V_{seq} = S_{p1}^2 + (S_{p2} - S_{p1})^2$，若 $S_{p1} > S_{p2}$，则 $V_{seq} = S_{p2}^2 + (S_{p1} - S_{p2})^2$。

3. 装配精度信息单元预处理

在装配尺寸链搜索过程中，因为一些尺寸的缺失会导致尺寸链搜索过程中断，所以需要对缺失尺寸进行补充，又因为尺寸标注不规范会导致相同尺寸出现多种不同的标注方法，所以需要对尺寸公差单元进行规范和完善。本书将利用三维尺寸完备性检查方法，解决三维尺寸标注完备性问题。在完成缺失尺寸补充以及尺寸标注规范化处理后，为了实现装配精度信息单元之间的关系传递，还需要对产品装配模型进行关联对象补全的预处理。

精度信息预处理

1)规范尺寸标注

在进行尺寸标注时，由于选择的关联对象不同，相同尺寸会有多种不同的标注方法，如图 5-3 所示。虽然图 5-3(a)～(c)中的尺寸标注实现的效果相同，却为不同的尺寸公差单元，因此需要对尺寸公差单元进行规范化，将它们的关联对象进行升级。又因为尺寸类型不同，不同尺寸类型的尺寸公差单元的关联对象的升级规则也不相同，设计人员可以利用自定义的关联对象升级规则对所有尺寸公差单元进行规范和完善。

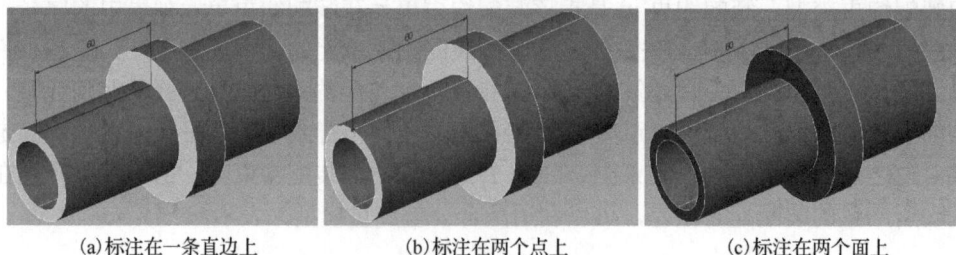

(a)标注在一条直边上　　　　　(b)标注在两个点上　　　　　(c)标注在两个面上

图 5-3　相同尺寸不同的标注方法

2)关联对象补全

在对直径、半径等尺寸进行标注时，一般只选择一个圆柱面或球面作为关联对象，使得在进行尺寸关系传递时遇到这些尺寸往往会出现传递中断，如同一根轴上的两个不同大小的直径尺寸，它们之间没有相同的关联对象，无法实现尺寸关系的传递。因此需要对直径、半径等单一对象的尺寸公差单元进行补全。利用几何造型内核的应用程序编程接口(application programming interface，API)函数得到圆柱面或者球面派生的几何元素，即圆柱面的轴线或者球面的球心，将其作为该尺寸公差单元的第 2 个关联对象。

5.3　面向数字孪生的零件非理想表面模型构建

5.2 节主要介绍了产品装配精度信息模型的构建方法，在已知的产品装配模型信息的基础上，通过逐层解析产品装配层次结构，建立了多层次的装配精度信息模型，通过对尺寸公差信息和装配约束信息的整理和归纳，实现了尺寸公差单元和装配约束单元的构建，并根据装配序列信息对装配约束单元进行了优先级赋值，最后利用尺寸规范化算法完成了装配精度信息单元的预处理。

然而，上述构建产品装配精度信息模型的方法忽略了零件的真实几何误差，导致其无法与 PLM 中的零件制造、装配、检验等环节的模型保持一致性，致使基于理想 CAD 模型的虚拟装配模拟仿真无法真实反映物理装配过程，其装配仿真结果也与实际装配情况存在较大的差异。因此，针对理想 CAD 模型在产品装配建模与仿真应用中存在的问题，为了进一步提高产品装配建模精细化程度以及装配仿真的准确性，本节以产品零件模型为研究对象，融入新一代 GPS 标准体系与 DT 思想，提出一种面向 DT 的零件表面模型表达、重构与生成的一体化建模方法，用于生成与物理实体零件相互映射的零件数字孪生模型，从而为后续创建物理真实产品的装配体数字孪生模型，乃至在此基础上进一步进行装配精度分析与预测提供模型基础。

5.3.1　零件表面模型的相关概念与定义

新一代 GPS 系统，通过参数化及计量数学的方法，实现几何产品的功能规范、设计规范及认证规范的统一，以及"功能描述—规范设计—检验认证"的一致性表达。要实现几何产品在功能、设计、制造与检验各个阶段规范的统一，必须在产品功能描述、规范设计及检验认证中建立一个一致性的几何表达模型——表面模型 (surface model)。

表面模型是指工件和它的外部环境物理分界面的几何模型，它是实现 GPS 系统各阶段规范表达的基础。在设计阶段，设计工程师基于几何产品的功能要求，利用表面模型对实际工件表面进行模拟，对限定要素进行各种操作，确定在满足功能要求的前提下几何要素的最大偏差，用来指导公差设计。在认证(检验)阶段，计量工程师将实际工件与表面模型对应考虑，对与表面模型相对应的要素进行相应操作，确定实际工件的误差大小，最后对实际工件与表面模型进行一致性比较，从而确定实际工件是否符合规范要求以及能否满足产品的功能要求。

1. 表面模型的分类与定义

根据 GPS "功能描述、规范设计、检验认证"的不同阶段将表面模型分为公称表面模型、规范表面模型、认证表面模型，如图 5-4 所示。

1) 公称表面模型

公称表面模型 (nominal surface model，NSM) 是由设计者所定义的在尺寸和形状上完美的表面模型，是由无限个点所构成的连续表面，它是一个理想模型，如图 5-4(a) 所示。

公称表面模型用于零件功能要求的规范，设计者根据产品的功能要求，设计一个能够满足功能要求、在形状和尺寸上都完美的理想零件。

表面模型	公称表面模型	规范表面模型	实际工件表面	认证表面模型
图例	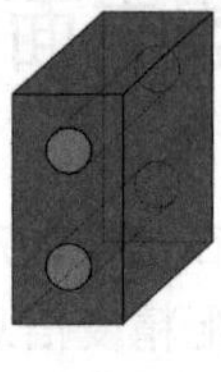 (a)	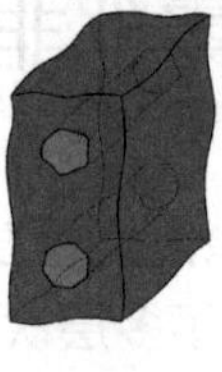 (b)	 (c)	 (d)
GPS阶段	规范设计		加工制造	检验认证

图 5-4　表面模型图例

2) 规范表面模型

规范表面模型(specification surface model, SSM)是设计者想象的几何规范表达, 是一个非完美形状的、模拟真实表面的模型, 如图 5-4(b)所示。

规范表面模型不同于公称表面模型, 也不同于零件真实表面, 而是两者之间的桥梁, 是在规范设计阶段由设计者根据零件制造工艺, 在满足零件功能要求的情况下, 模拟仿真实际零件而得到的非理想表面模型。通过对规范表面模型进行操作, 可以规范零件要素的几何特征变动范围, 即规范要素几何特征的极限值或特征的允许值。

3) 认证表面模型

认证表面模型(verification surface model, VSM)是利用测量仪器对实际工件表面进行采样所得到的测量点构成的轮廓表面模型。

认证表面模型是对实际工件表面(图 5-4(c))测量而得到的非理想表面模型, 它是实际工件表面的替代体, 是一系列有限测量点的集合, 如图 5-4(d)所示。通过对认证表面模型进行操作, 可以获得实际工件几何要素的特征值, 从而评定所获得的特征值或实际偏差值。

2. 表面模型之间的关系

在设计一个零件时, 设计者最初往往把它想象成一个完美的物体, 希望零件没有任何尺寸和形状误差, 而且表面光滑。公称表面模型就是设计者根据功能定义的一个满足工件功能要求的、具有完美形状和尺寸(公称值)的"零件", 该"零件"由理想要素构成。

由于零件制造过程中存在误差, 通过制造加工所得到的实际零件(图 5-4(c))不可能是理想的, 其形状是失真的, 表面是粗糙的, 尺寸也有偏差。即使根据同一张设计图纸, 在同一台高精度机床上, 用同一完善工艺对零件进行加工, 所得到的每一个实际零件都不会完全相同, 即实际零件是变动的。但只要实际零件的这种变动没有超出满足使用功能要求的允许限度, 则可认为该实际零件是合格的。因此, 在几何产品的规范设计阶段要求设计者根据零件的功能要求, 从公称几何量出发, 考虑零件的制造工艺, 进行仿真模拟, 形成规范表面模型, 依据该模型在概念上估计实际零件表面在形状、尺寸、表面质量上的极限变动范围, 从而确定其特征值(公差值), 为零件的制造与检验认证提供依据。

根据零件几何要素的特征规范值进行生产加工, 从而获得实际工件表面(图 5-4(c))。由于实际工件表面是非完美的, 无法对其进行完整表达, 故通过必要的检测和拟合等操作形成实际工件的替代模型——认证表面模型。对认证表面模型进行操作、评定, 获得实际工件几何要素的特征值，并与规范设计阶段规范的要素特征值进行认证，确定实际工件是否合格。

表面模型可以解决产品在"功能描述—规范设计—检验认证"中规范表达统一的难题。

5.3.2　面向数字孪生的零件非理想表面模型表达机制

从数字孪生模型的定义概念和技术内涵出发，可以发现零件数字孪生模型(part digital twin model，PDTM)具备诸多模型特性，如虚拟性、多物理性、多尺度性、超写实性、概率性等，可实现在虚拟空间不同尺度下对零件物理实体以及实际工作状态进行全要素重建和数字化映射。因此，从基于新一代 GPS 的产品规范设计、加工制造和检验认证过程可以看出，PDTM 是具有动态演变特性的。

动态演变特性是指产品零件随着演变过程其模型信息表达所具有的动态变化特性。例如，在产品规范设计阶段，PDTM 是对理想几何要素的尺寸、形状和位置的设计规范，并给出符合功能要求的设计公差以及其他关联属性信息，该模型目前可通过 MBD 技术构建一个全三维标注的理想产品零件模型；在产品加工制造阶段，考虑到零件制造过程存在误差，零件模型的形状是失真的，表面是粗糙的，尺寸也是有偏差的，该阶段的 PDTM 表达是非理想的；而在产品检验认证阶段，为获取非理想表面的实际几何要素，需通过必要的检测和拟合等操作形成可替代实际零件的虚拟模型，从而与规范设计阶段的要素特征值进行对比认证，确定实际零件是否合格。

如图 5-5 所示，面向 DT 的零件表面模型是随着零件演变过程的变化而不断迭代更新所得到的，因此其参考表达模型实质上可看作一种包含真实表面几何形状的三维实体模型。面向 DT 的零件表面模型(digital twin-oriented part surface model，DT-PSM)可分别由公称表面模型(NSM)、规范表面模型(SSM)和认证表面模型(VSM)来表示，将 DT-PSM 的表达形式写为

$$\text{DT-PSM}_t = \begin{cases} \text{NSM}\big|_{t=1} = f\left(\sum_{i=1}^{n} \text{NF}_i\right) = f\left(\sum_{i=1}^{n} P_i \cup \sum_{i=1}^{n} L_i \cup \sum_{i=1}^{n} F_i\right) \\ \text{SSM}\big|_{t=2} = g\left(\sum_{j=1}^{n} \text{SF}_j\right) = g\left(\sum_{j=1}^{n} P_j \cup \sum_{j=1}^{n} L_j \cup \sum_{j=1}^{n} F_j\right) \\ \text{VSM}\big|_{t=3} = h\left(\sum_{k=1}^{n} \text{VF}_k\right) = h\left(\sum_{k=1}^{n} P_k \cup \sum_{k=1}^{n} L_k \cup \sum_{k=1}^{n} F_k\right) \end{cases} \tag{5-5}$$

式中，DT-PSM_t 表示第 t 个阶段下 DT-PSM 表达的信息集合，当 t=1,2,3 时分别表示理想的 NSM、想象的 SSM 以及测量的 VSM 的信息集合；NSM 表示第 i 个零件对应的公称要素 NF_i 由操作算子 f 决定的信息集合；SSM 表示第 j 个零件对应的规范要素 SF_j 由操作算子 g 决定的信息集合；NSM 表示第 k 个零件对应的认证要素 VF_k 由操作算子 h 决定的信息集合；P、L、F 分别表示各几何要素中点、线、面的信息集合。

由此可见，DT-PSM 最终可通过不同阶段的组成要素、导出要素、拟合要素以及提取要素来表达，利用操作算子对产品规范设计阶段和检验认证阶段的表面模型中的几何要素进行分析与一致性比较，从而确定实际零件是否达到设计规范要求，并将检验认证后的表面模型作为实际物理零件的替代模型，它实质上就是 PDTM 的一种几何镜像参考。显而易见，该参考表达模型也是一种虚拟模型，与实际物理零件之间形成虚实映射，拟实度较高，能够准确反映实际物理零件的真实几何状态，并可替代实际物理零件用于产品功能和物理性能测试过程中的高保真度集成模拟、仿真和验证工作。

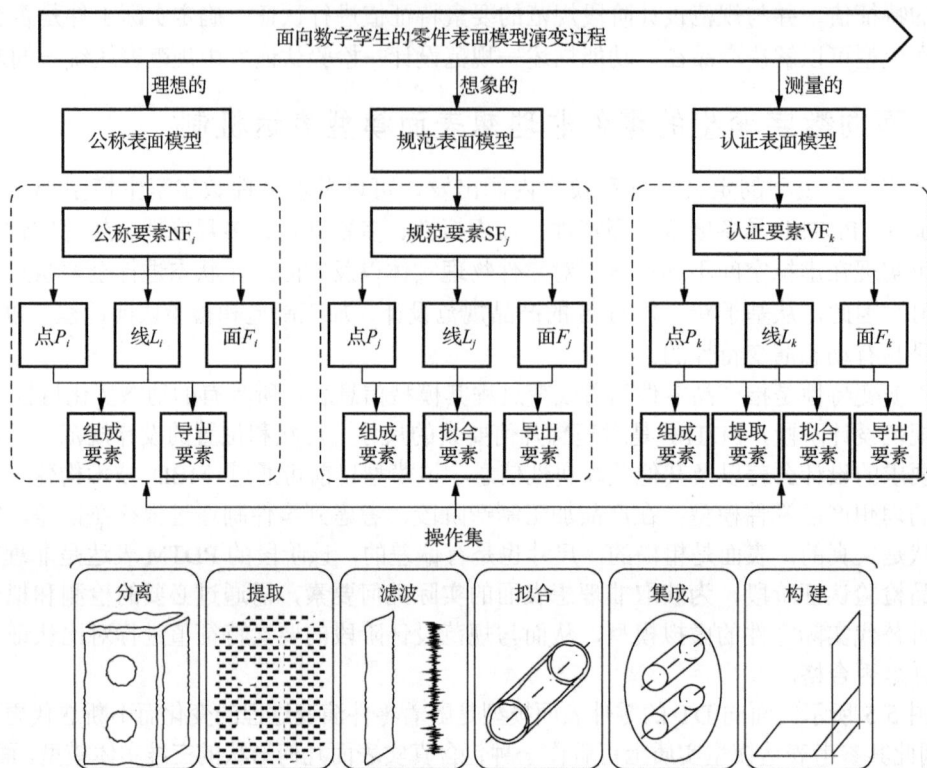

图 5-5　不同阶段下面向数字孪生的零件表面模型信息组成要素

从新一代 GPS 的产品"功能描述—规范设计—加工制造—检验认证"标准链一致性表达的角度，本章将在 DT-PSM 表达机制的基础上，研究零件非理想表面模型的映射生成方法（图 5-6），并提出两种生成零件非理想表面模型的具体方法和流程。由于新一代 GPS 标准体系中设计规范操作过程与检验认证操作过程具有对偶性关系，为方便描述，本章将设计规范操作过程生成非理想表面模型的方法称为规范生成方法，将检验认证操作过程生成非理想表面模型的方法称为认证生成方法。

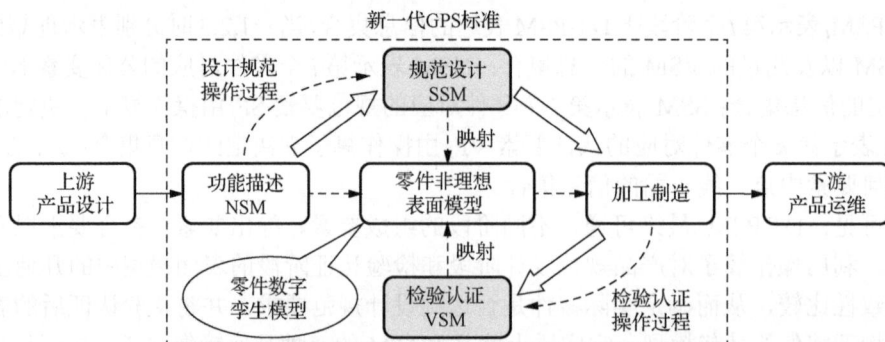

图 5-6　零件非理想表面模型的映射生成方法示意图

5.3.3　肤面形状模型定义与建模方法

1. 肤面形状模型定义

根据新一代 GPS 标准体系中的基本术语与相关概念可知，肤面模型（skin model，SM）主要作为实际产品与其外部物理环境分界的几何表面模型。SM 作为产品设计人员构想出来的符合公差规范要求的非理想表面模型，是由无限个数据点构成的连续表面，可作为连接产品公称表面模型与实际工件真实表面模型之间的桥梁。然而，SM 所具有的无限点集特性却难以通过计算机仿真进行几何偏差描述，由此 Nabil 等进一步提出了肤面形状模型（skin model shape，SMS）的概念，将其作为由 SM 衍生出来的由有限个离散数据点集构成的表面模型，以便采用有限参数来定义零件表面模型的几何形状、方向、位置和尺寸，如图 5-7所示。当前已有文献研究表明，SMS在产品公差分析与综合、装配精度预测等方面有着非常重要的作用。

相比于实际物理工件而言，SMS作为不包含材料和工艺等非几何信息属性的表达模型，能够根据新一代GPS标准体系在产品"功能描述—规范设计—检验认证"不同阶段的几何公差

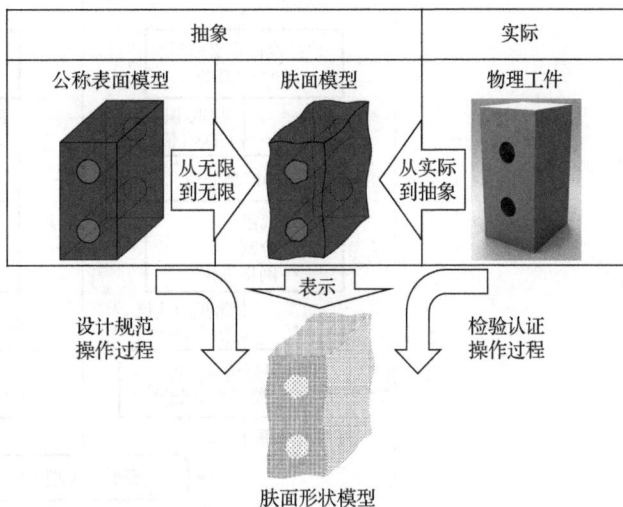

图 5-7　产品公称表面模型、肤面模型、
肤面形状模型及实际工件的表达示意图

规范要求下，对实际零件形状和几何偏差进行计算机模拟仿真，从而实现零件几何偏差在不同维度下（如位置方向误差、形状误差、波纹度、粗糙度等）的变动范围估计。

2. 肤面形状模型生成方法

在新一代 GPS 标准体系框架下，SMS 生成的具体实现流程可总结为图 5-8 所示。首先根据新一代 GPS 标准选定 SMS 建模流程，在设计阶段选择设计规范操作过程对应产品设计定义的 CAD+MBD 模型，而在实测阶段则选择检验认证操作过程对应产品加工制造的实际工件模型；然后分别对应具体的模型对象单独进行规范生成方法或认证生成方法的操作处理；最后将上述得到的具备不同维度下几何偏差项的离散点集叠加至原始公称表面模型上即可生成 SMS。

其中，针对产品设计规范操作过程，可以根据产品零件不同位置/区域的重要性贡献程度，将零件几何公差规范定义在不同的精度层级，并结合产品零件不同的应用场景和使用需求，在不同几何偏差表达粒度下选择常见的建议仿真方法，以实现面向多尺度（multi-scale）或跨尺度（cross-scale）的零件非理想表面模型的构建，如图 5-9 所示。根据不同的零件几何偏差，常见的建议仿真方法有随机噪声法、网格变形法、基于模态的方法（包括谱方法和基函数法）等，仿真方法的具体描述可参考其他文献。

1）规范生成方法

规范生成方法主要是指从产品零件的功能描述出发，考虑产品零件的功能要求、加工制

造工艺以及实际工况等综合影响因素,借助各种理论方法(如主成分分析法、统计形状分析法、随机场理论等)和仿真手段(如蒙特卡罗仿真、有限元仿真等)对产品零件 CAD 模型的几何要素/特征的极限位置进行模拟、仿真与表征,由得到的模拟离散点集叠加生成非理想表面模型,并以此模型作为规范肤面形状模型的基础。

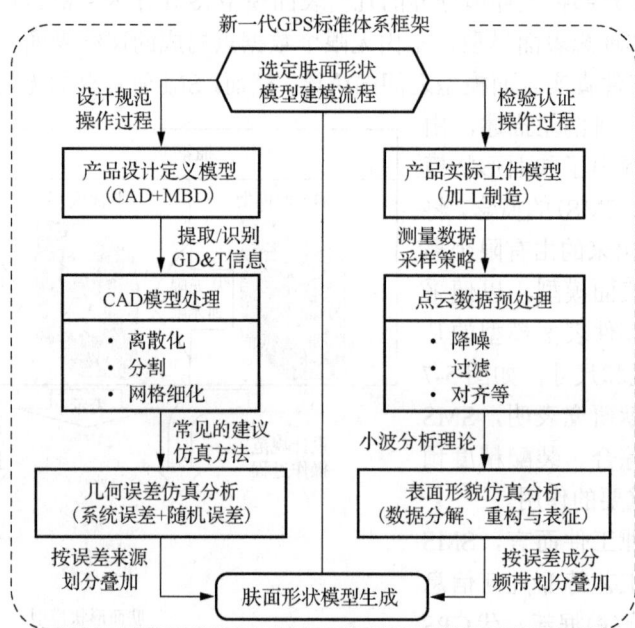

图 5-8　肤面形状模型生成的实现流程

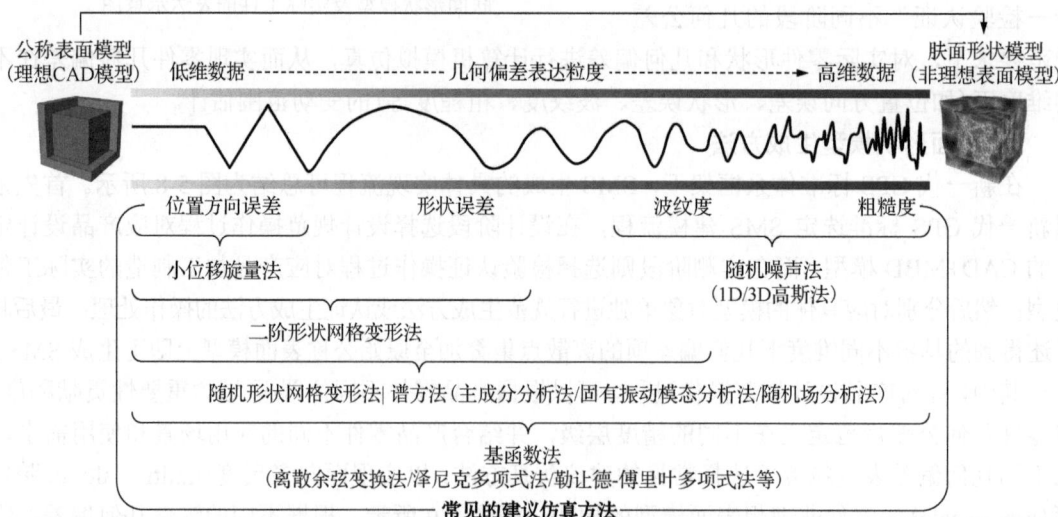

图 5-9　零件非理想表面模型构建常见的建议仿真方法

对于 CAD 模型而言,规范生成 SMS 的具体操作过程如下:提取并识别 GD&T 信息并对其进行离散化操作获得关键表面特征的离散点集,再采用网格生成算法生成网格模型,并适时进行网格细分以避免粗大、不均的网格,随后通过特征分割对每个独立的关键特征表面进行几何偏差仿真分析，并按照几何误差来源将误差项叠加至原始公称表面模型对应的离散点集上，从而实现零件 CAD 模型的非理想表面模型生成，并与零件设计规范的几何要素进行对比，分析模拟仿真生成的表面轮廓是否满足零件几何公差设计规范要求，若满足要求则可用于表征规范肤面形状模型，上述过程的具体实现流程如图 5-10 所示。

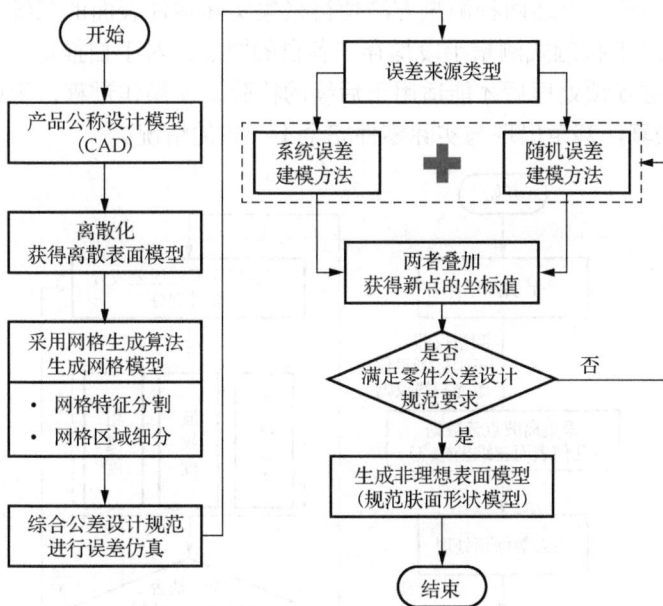

图 5-10　设计规范操作过程生成肤面形状模型的流程图

2) 认证生成方法

认证生成方法主要是指从已加工制造完成的实际零件出发，在测量数据采样策略下利用测量仪器检测并获取实际零件表面的有限个离散点云数据，借助点云数据预处理方法(如数据降噪、噪声滤除、平滑/对齐/补点/缝合、点云精简等)和零件表面形貌多尺度信息提取手段(如小波分析理论等)对实际零件模型的表面几何要素在不同尺度下的空间高度分布进行提取、分离与表征，从而得到包含不同误差成分的离散点集生成的非理想表面模型，并以此模型作为认证肤面形状模型的基础。

对于实际零件模型而言，认证生成 SMS 的具体操作过程如下：通过测量仪器在测量数据采样策略驱动下获取得到实际零件关键特征表面的原始离散点云数据，在对原始点云数据集进行预处理后，将空间表面形貌数据转换至实际零件二维表面高度场，运用小波分析理论对实际零件表面形貌进行多尺度滤波处理与分解重构，再按照误差成分(形状误差、波纹度以及粗糙度)进行频带划分后，提取和分离得到实际零件表面形貌在不同尺度下各误差成分的离散点集，从而实现零件非理想表面模型的逆向重构，并与零件设计规范的几何要素进行对比，分析实际零件表面形貌特征是否满足零件几何公差设计规范要求，经检验认证后的非理想表面模型可用来表征认证肤面形状模型，上述过程的具体实现流程如图 5-11 所示。

为实现实际零件关键特征表面点云数据的采集，可以通过两种方法(即机械探针扫描仪、三坐标测量仪等接触式测量以及光学、超声波、激光扫描等非接触式测量)进行测量。一般地，接触式测量是利用球形测头与实际零件表面发生点触，将接触位置信息传递至计算机测量软件中，并通过不确定度测量与误差补偿计算方法获取实物外形的空间坐标数据，从而实现零件几何尺寸的测量；而非接触式测量大多是采用机器视觉检测技术，如激光三角测距法或结构光法等，通过光学传感器接收并成像被测零件表面反射回来的光束，然后通过设备内部器件之间的几何关系计算出光线发射器与被测零件表面的间距，从而获取得到实际零件上各点的实际空间位置。因此，上述两种测量方法使得采集实际零件表面的三维空间坐标数据成为可能，然而，接触式/非接触式测量手段均存在各自的缺点，对于扫描得到的庞大繁杂的原始离散点云数据需要进行预处理后才能适用于后续的检验认证操作过程，否则将导致逆向重构生成的 SMS 严重失真，甚至出现与实际零件完全不一致的情况。

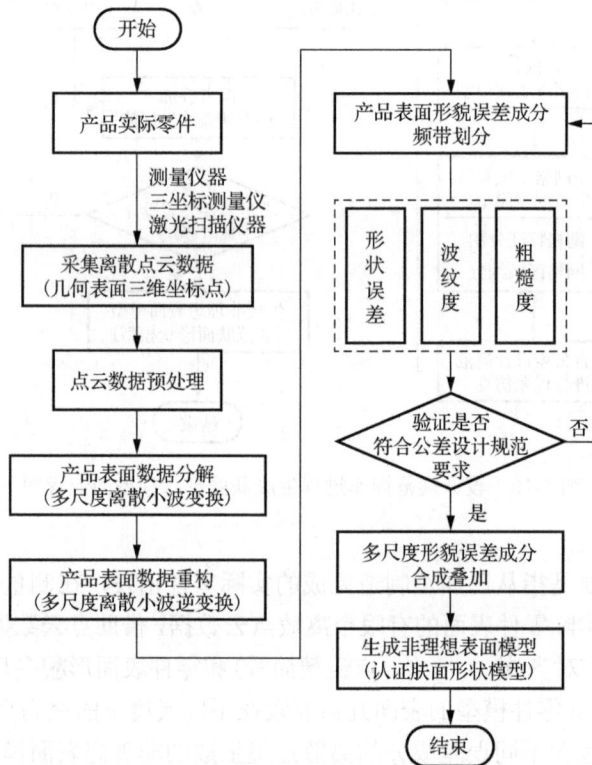

图 5-11　检验认证操作过程生成肤面形状模型的流程图

　　为充分发挥两种测量手段的优势，且避免离散点云数据集的复杂预处理步骤，可综合接触式和非接触式测量方法，选用集成硬测头与激光测头于一体的柔性便携式测量仪器对实际零件各关键特征表面分别进行测量，并根据不同的零件结构特点与应用场合选用适当的测头，从而得到实际零件表面的离散点云数据集。

5.3.4　基于肤面形状模型的零件非理想表面模型生成

　　经由 5.3.3 节关于 SMS 生成方法的描述可知，我们可以得到在零件设计阶段与实测阶段均满足给定几何公差要求的 SMS。为进一步实现从彼此独立的 SMS 到完整的零件非理想表面模型的转变，仍需解决两个关键问题：一方面，针对给定的零件关键几何特征所有的 SMS，它们之间是相互独立的，需要对所有分割表面进行结合操作，以重新构成完整的零件表面模型；另一方面，针对表面结合重新生成的"新"零件，为符合面向 DT 的零件非理想表面模型的表达要求，需要综合考虑实际约束条件(如载荷约束下的受力、变形等情形)对 SMS 进行补偿与修正，以"最佳状态"合理地表达零件非理想表面模型。鉴于此，本节总结出基于 SMS 的零件非理想表面模型生成方法，如图 5-12 所示，以下分别针对上述两个关键问题进行分析和阐述。

1. 肤面形状模型表面结合

无论在零件设计阶段由零件 CAD 模型经规范操作形成 SMS，还是在零件实测阶段由零件实物模型经认证操作形成 SMS，所有关键特征表面形成的 SMS 均是非理想且相互独立的，如图 5-13 所示。与设计公称模型相比，SMS 的各关键特征表面存在几何偏差，将造成表面结合时特征边缘无法实现平滑连接，两个邻域表面特征(以非理想表面与非理想表面结合为例)连接对应点时可能出现间隙(图 5-13(a)～(c))或相交(图 5-13(d))的情况，从而无法构成完整的零件表面模型。

为保证基于 SMS 的零件非理想表面结合时的几何形状精度以及表面特征之间的无缝衔接，常用方法归纳起来大致可以分为两类，如图 5-14 所示。第一种方法是将 SMS 表面特征顶点处于边缘棱边或角点处的偏差矢量在局部法平面上求交集，再采用网格调整方法，如拉普拉斯算子网格调整法、弹簧近似法等，实现存在间隙或相交网格的平滑连接；第二种方法是将 SMS 表面特征上的所有顶点偏差值视作位移边界约束条件，再通过有限元分析(finite element analysis，FEA)，采用拉格朗日乘子法或罚函数法求解位移矩阵，从而得到全局网格节点的实际偏差。

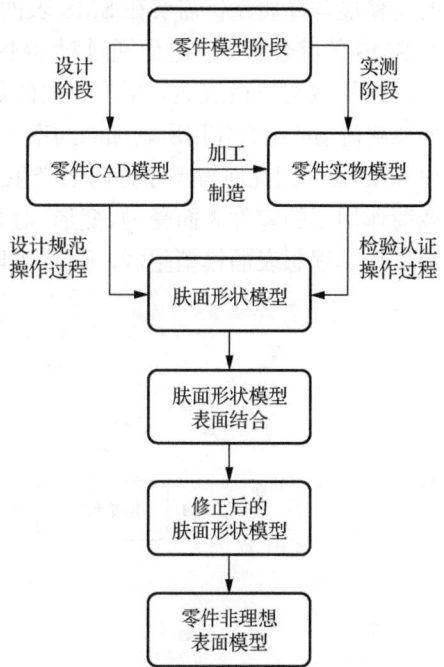

图 5-12　基于肤面形状模型的零件非理想表面模型生成思路

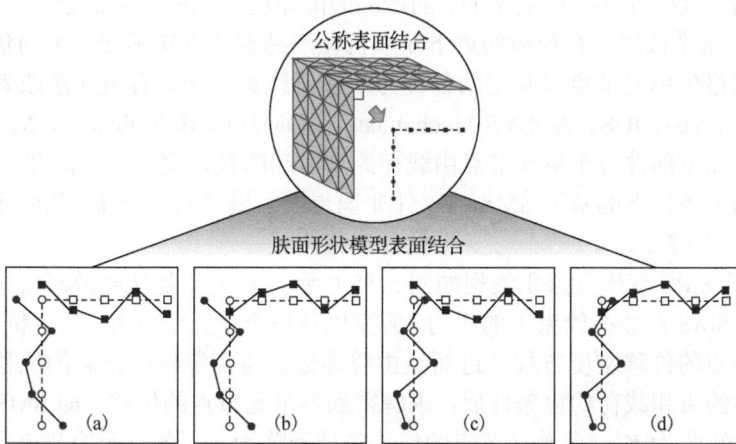

(虚线空白符号为假设的理想表面，实线黑色符号为 SMS 的非理想表面)

图 5-13　基于肤面形状模型的零件非理想表面结合情形

2. 肤面形状模型修正

为高保真地实现基于 SMS 的零件非理想表面模型的生成，确保零件非理想表面模型仿真的高精度与高质量，需要在 SMS 表面结合形成"新"零件的基础上，充分考虑实际约束条件对 SMS 的综合影响，进而通过对 SMS 的补偿与修正，完成基于 SMS 的零件非理想表面模型的最终生成与建模表达。需要指出的是，实际约束条件为零件模型在实际物理环境中受到来自外界载荷场的综合作用所附加的约束条件，如力学场(外力、压强、重力等)以及热/温度场，将导致 SMS 在空间几何与尺寸方向上产生变形偏差。因此，本节将考虑实际约束条件(主要研究在载荷作用下的零件表面受力、变形)对 SMS 进行补偿与修正，不仅可以实现高精度的基于 SMS 的零件非理想表面模型生成，而且可以为后续产品装配精度预测提供高可靠度的模型基础。

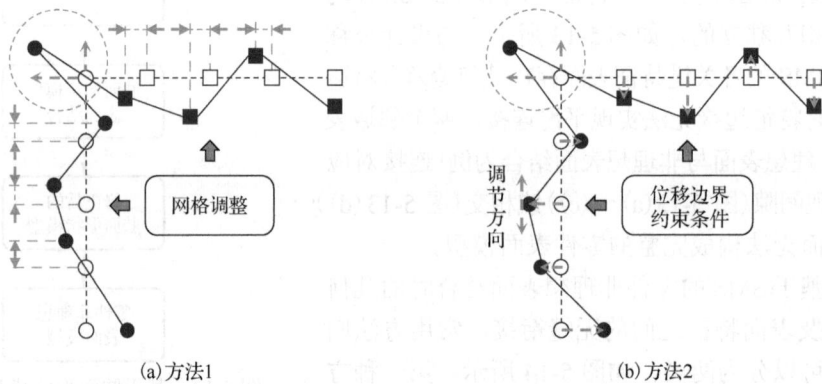

(a)方法1　　　　　　　　　　　　　(b)方法2

图 5-14　基于肤面形状模型的零件非理想表面结合方法对比

目前，已有大量文献研究表明，外部载荷对实际工作状态下零件表面模型变形的影响往往是不能忽略的。无论通过规范生成方法还是通过认证生成方法得到的 SMS，均需要面向载荷约束对 SMS 加以补偿和修正，上述操作可以进一步实现零件加工制造形状误差和零件变形误差的综合考量，以获得更加逼近零件真实状态的零件非理想表面模型，并以此作为 PDTM 的表达基础，为后续研究和探讨基于 DT 的产品装配精度预测提供前提条件。

当前，FEA 常常被用于在载荷约束下获取机械产品零部件实际变形量的仿真分析手段，通过有限离散网格化单元节点以及借助各种力学数值计算方法、有限元法或者常见的经典有限元仿真软件(如 ABAQUS、ANSYS Mechanical、COMSOL Multiphysics、MSC.Nastran 等)，模拟仿真计算得到零部件每个单元节点由载荷约束引起的几何变动量。因此，本节采用 FEA 计算考虑载荷约束条件下的基于 SMS 的零件非理想表面模型的变形量，从而实现面向载荷约束的 SMS 的补偿与修正。

基于 FEA 的 SMS 变形量修正流程如图 5-15 所示，它主要是从离散网格化单元节点分析出发，通过建立 SMS 在载荷约束下的应力、应变以及每个单元节点力、节点位移之间的关系，构成每个单元节点的位移刚度方程，进而经由整体分析得到零件模型总的位移刚度方程，在确定模型的边界约束和载荷约束条件后，求解得到各单元节点的位移，即 SMS 的变形量。假设各单元的刚度矩阵为 $\boldsymbol{K}^e$，各单元节点的位移矢量列阵为 $\boldsymbol{q}^e$，各单元的节点力(载荷)矢量列阵为 $\boldsymbol{P}^e$，可以得到单元节点力与位移之间的刚度方程关系式：

$$\boldsymbol{K}^e \cdot \boldsymbol{q}^e = \boldsymbol{P}^e \tag{5-6}$$

将式(5-6)扩展至整体全局坐标系下,通过坐标变换矩阵 $\boldsymbol{T}^e$ 使各单元刚度矩阵叠加形成零件模型总的刚度矩阵 $\boldsymbol{K}$,并利用零件模型的边界约束条件与载荷约束的力平衡条件,最终形成零件模型的整体节点力(载荷)矩阵 $\boldsymbol{P}$ 与整体节点位移矩阵 $\boldsymbol{q}$ 之间的表达式:

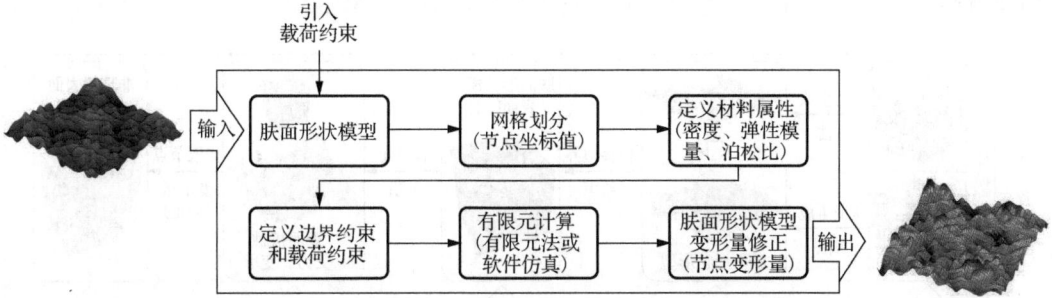

图 5-15　基于有限元分析的肤面形状模型变形量修正流程

$$\boldsymbol{K} \cdot \boldsymbol{q} = \boldsymbol{P} \tag{5-7}$$

$$\begin{cases} \boldsymbol{K} = \boldsymbol{T}^{e\mathrm{T}} \boldsymbol{K}^e \boldsymbol{T}^e \\ \boldsymbol{P} = \boldsymbol{T}^{e\mathrm{T}} \boldsymbol{P}^e \\ \boldsymbol{q}^e = \boldsymbol{T}^e \boldsymbol{q} \end{cases} \tag{5-8}$$

为求解式(5-7)得到零件 SMS 上所有单元节点的整体位移(即节点变形量),可采用有限元法(如拉格朗日乘子法和罚函数法)或直接运用软件仿真。因此,经有限元计算后可以得到 SMS 中各网格节点变动后的坐标值以及对应的变形量,从而可实现面向载荷约束的 SMS 表面修正。如图 5-16 所示,每个单元节点补偿修正后的最终坐标表达式可写成如式(5-9)所示的形式,其中,$\left[C_k^0\right]$ 表示原始生成的 SMS 表面的节点坐标矩阵,$\left[C_k^D\right]$ 表示每个单元节点在载荷约束作用下的变形量,$\left[C_k'\right]$ 表示考虑载荷约束后生成的最终 SMS 表面的节点坐标矩阵。

$$\left[C_k'\right] = \left[C_k^0\right] + \left[C_k^D\right] \tag{5-9}$$

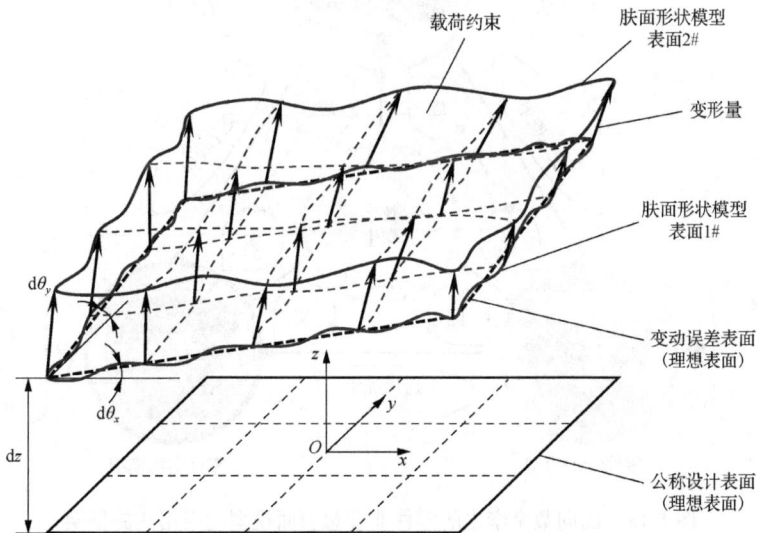

图 5-16　考虑载荷约束的肤面形状模型表面修正

综上所述，在实现 SMS 表面结合后，经由面向载荷约束的零件 SMS 表面修正，对原始 SMS 的非理想表面通过叠加变形修正量进行表面重构，从而生成更加逼近于真实表面形貌且符合实际应用场景的零件非理想表面模型，图 5-17 为基于 SMS 的零件非理想表面模型的完整构建流程。

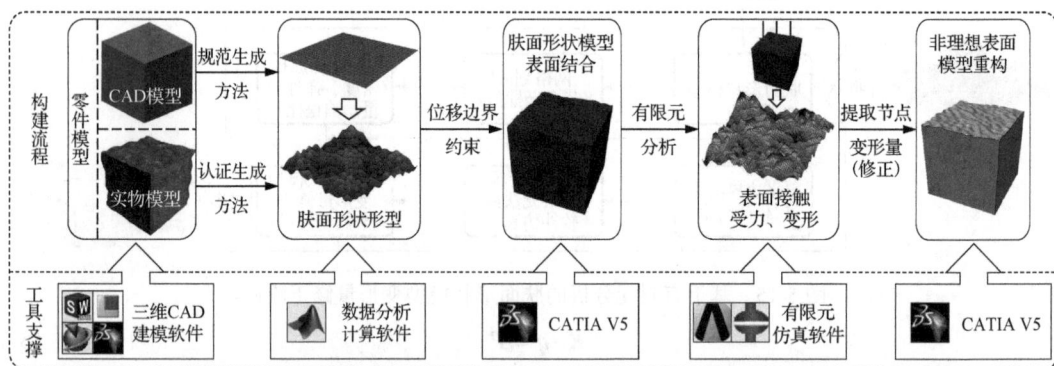

图 5-17　基于肤面形状模型的零件非理想表面模型的构建流程

综上所述，本节可以进一步总结出面向 DT 的零件非理想表面模型的应用实施框架(图 5-18)，通过生成的零件非理想表面模型可以实现零件物理实体与数字虚体之间的虚实融合与交互映射，进而可以在此基础上，根据产品零件所处的不同装配阶段以及装配应用场景需求，选择不同的零件非理想表面模型生成方法获得合理有效的 PDTM，以便为后续预测产品装配精度以及提高零件装配成功率等提供模型基础。

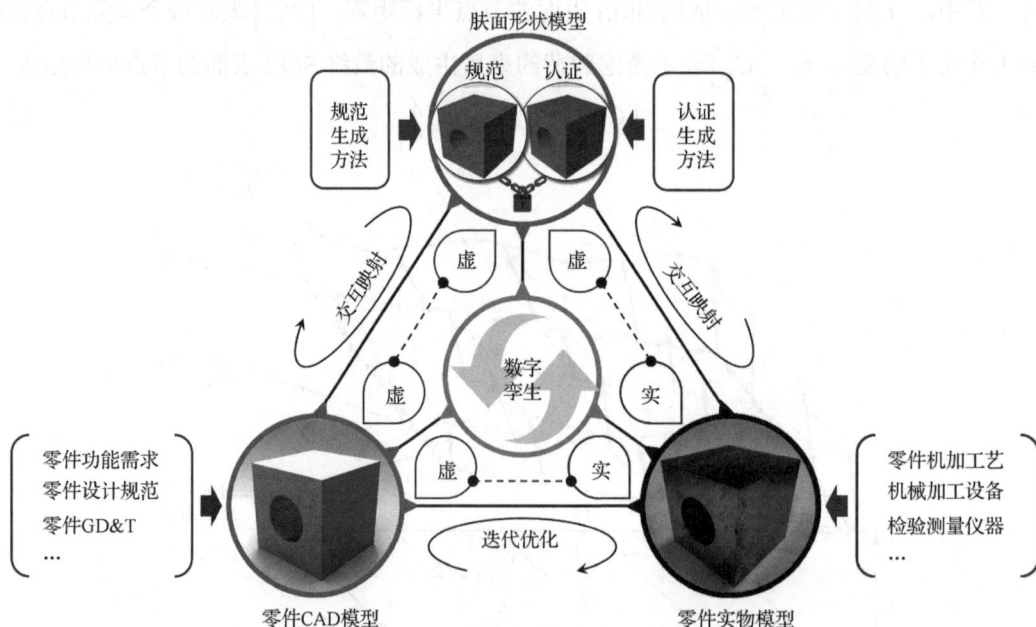

图 5-18　面向数字孪生的零件非理想表面模型的应用实施框架

思 考 题

1. 简述产品装配精度信息模型包括什么内容。
2. 简述新一代 GPS 标准体系对产品装配精度信息模型构建的作用。
3. 简述肤面模型与肤面形状模型的区别。
4. 肤面形状模型的生成方法有哪两种？简述其中一种生成方法。

第6章 产品装配误差传递模型构建

6.1 概　　述

当前，装配尺寸链分析是装配精度分析领域最常见的方法之一，它主要是通过严格定义和分析多个零组件之间的尺寸关系，实现对装配误差的有效控制。不过传统的装配尺寸链通常只考虑尺寸因素，忽略了零部件配合时的装配约束偏差，以及零件几何特征在公差域内的波动，导致尺寸链计算的结果与实际装配情况相差甚远。

产品装配过程中，零件的制造误差和装配过程误差，在误差传递与累积效应作用下，会造成最终的装配精度无法满足要求，通过建立产品装配误差传递模型，揭示误差传递机理，可以为装配精度预测、装配误差敏感性分析与修配方案生成推荐奠定基础。因此，在考虑实际装配过程中多装配顺序、多并联约束条件的基础上，通过解析各类装配精度信息单元，构建零件尺寸公差关联矩阵和装配约束关联矩阵，并生成装配关系传递图，根据装配顺序和自定义的约束选取规则对装配关系传递图进行局部搜索得到装配尺寸链，所得到的装配尺寸链更加符合实际的装配工艺规划。

本章在前述的装配精度信息模型构建的基础上，分别从产品装配尺寸链自动生成与计算、装配特征误差传递关系图建立两个方面进行详细阐述，旨在帮助读者系统掌握相关产品装配误差传递模型构建技术，为后续产品精度预测模型构建和修配方案生成推荐奠定理论基础。

6.2 产品装配尺寸链自动生成与计算

6.2.1 产品装配尺寸链自动生成方法

在实际装配阶段，由于环境、人为以及工装夹具等因素，会产生装配过程偏差，影响产品的整体装配精度，导致最终的装配结果不符合装配精度设计要求。在传统的尺寸链搜索和计算过程中，通常不考虑装配过程偏差，对产品的装配精度预测只停留在预装配阶段，在实际装配过程中，无法根据装配工序实施进程实现装配工序间的精度预测。针对上述问题，需要将装配序列信息纳入装配尺寸链搜索优先级的评定条件中，生成符合装配工序进程的装配尺寸链。

1. 装配关系传递

在完成装配精度信息单元预处理后，需要将各个信息单元关联起来，实现装配关系的自动传递。利用图论理论建立装配关系传递图，用来综合表达尺寸与尺寸之间以及尺寸与装配约束之间的信息传递过程。通过构建每个零件内部的尺寸公差关联矩阵以及零件与零件之间的装配约束关联矩阵，将装配模型中的各个几何特征相互关联起来，实现装配关系传递图的自动生成。

1) 尺寸公差关联矩阵

对尺寸公差单元进行预处理之后，所有尺寸公差单元均为双对象尺寸，并且尺寸公差单元的两个关联对象属于同一个零件，因此可以通过零件内部各个尺寸公差单元的关联对象之间的联系，构建每个零件的尺寸公差关联矩阵。尺寸公差关联矩阵为 $D(i,j)$，行列 i、j 表示尺寸的 id，矩阵项 D_{ij} 表示零件 k 内部各个尺寸之间的关联关系。当 $D_{ij}=0$ 时，表示尺寸 i 与尺寸 j 间没有关联关系。当 $D_{ij}=1$ 时，表示尺寸 i 的关联对象 O_1 与尺寸 j 的关联对象 O_1、O_2 的其中一个相同。当 $D_{ij}=2$ 时，表示尺寸 i 的关联对象 O_2 与尺寸 j 的关联对象 O_1、O_2 的其中一个相同。若尺寸 i 与其他尺寸之间没有关联关系，则矩阵第 i 行的所有矩阵项均为 0。

$D(i,j)$ 的一般形式如下：

$$D(i,j)=\begin{bmatrix} 0 & 1 & 1 & \cdots & 2 \\ 1 & 0 & 1 & \cdots & 2 \\ 1 & 1 & 0 & \cdots & 0 \\ \vdots & \vdots & \vdots & \ddots & \vdots \\ 2 & 1 & 0 & \cdots & 0 \end{bmatrix}_{n\times n} \tag{6-1}$$

2) 装配约束关联矩阵

在完成各个零件的尺寸公差关联矩阵构建后，需要借助装配约束将各个零件关联起来，通过分析装配约束单元信息以及相关的尺寸公差单元信息，构建尺寸-装配约束关联矩阵，简称装配约束关联矩阵。装配约束关联矩阵为 $C(i,j)$，其中行号 i 表示装配约束 id，列号 j 表示尺寸 id，矩阵项 C_{ij} 表示装配约束 i 与尺寸 j 间的关联关系。当 $C_{ij}=0$ 时，表示装配约束 i 与尺寸 j 之间没有关联关系。当 $C_{ij}=11$ 时，表示装配约束 i 的关联对象 O_1 与尺寸 j 的关联对象 O_1 相同。当 $C_{ij}=12$ 时，表示装配约束 i 的关联对象 O_1 与尺寸 j 的关联对象 O_2 相同。当 $C_{ij}=21$ 时，表示装配约束 i 的关联对象 O_2 与尺寸 j 的关联对象 O_1 相同。当 $C_{ij}=22$ 时，表示装配约束 i 的关联对象 O_2 与尺寸 j 的关联对象 O_2 相同。$C(i,j)$ 的一般形式如下：

$$C(i,j)=\begin{bmatrix} 11 & 12 & 21 & \cdots & 0 \\ 0 & 0 & 0 & \cdots & 22 \\ 0 & 21 & 0 & \cdots & 0 \\ \vdots & \vdots & \vdots & \ddots & \vdots \\ 0 & 0 & 0 & \cdots & 21 \end{bmatrix}_{n\times m} \tag{6-2}$$

3) 装配关系传递图

根据提出的尺寸公差关联矩阵和装配约束关联矩阵，在计算机中建立相应的尺寸公差关联列表和装配约束关联列表，实现基于信息单元的装配关系传递图的自动生成，图 6-1 为装配关系传递图的自动生成流程图。

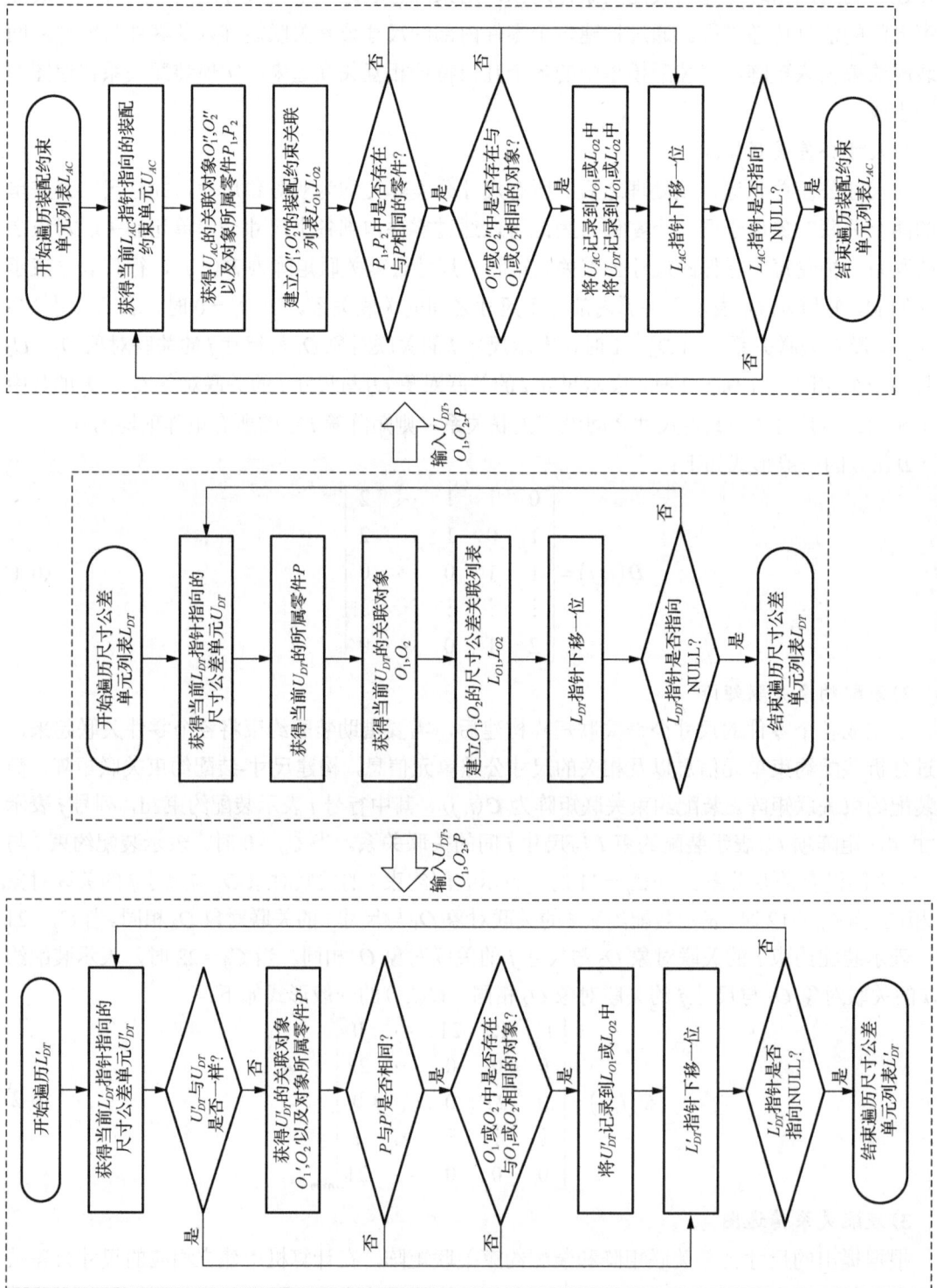

图 6-1 装配关系传递图的自动生成流程图

具体的实现算法描述如下。

输入：尺寸公差单元列表 L_{DT} 和装配约束单元列表 L_{AC}。

输出：装配关系传递图。

Step 1：从产品装配信息模型中提取尺寸公差信息和装配约束信息，建立尺寸公差单元列表 L_{DT} 和装配约束单元列表 L_{AC}，并另建一个尺寸公差单元列表 L'_{DT}，将 L_{DT} 的内容复制到 L'_{DT} 中。

Step 2：开始遍历尺寸公差单元列表 L_{DT}，得到当前列表指针指向的尺寸公差单元 U_{DT}。

Step 3：从当前尺寸公差单元 U_{DT} 中得到关联对象 O_1、O_2 和尺寸所属零件 P，并在 U_{DT} 中建立关联对象 O_1 的尺寸公差关联列表 L_{O1} 和关联对象 O_2 的尺寸公差关联列表 L_{O2}。

Step 3.1：将 U_{DT}、P、O_1、O_2 作为参数输入 Step 5、Step 6 中，完成尺寸公差关联列表 L_{O1} 的生成。

Step 3.2：将 U_{DT}、P、O_1、O_2 作为参数输入 Step 5、Step 6 中，完成尺寸公差关联列表 L_{O2} 的生成。

Step 4：完成上述 Step 3.1、Step 3.2 之后，返回到遍历 L_{DT} 列表进程中，L_{DT} 列表指针下移一位，U_{DT} 为下一个尺寸公差单元。若 $U_{DT} \neq \varnothing$，进入 Step 3；若 $U_{DT} = \varnothing$，结束 L_{DT} 遍历。

Step 5：开始遍历尺寸公差单元列表 L'_{DT}，获得当前尺寸公差单元 U'_{DT}（与 U_{DT} 作区分）。

Step 5.1：根据 U'_{DT} 与 U_{DT} 的 id 来判断 U'_{DT} 与 U_{DT} 是否为同一个尺寸公差单元，若不为同一个尺寸公差单元，进入 Step 5.2，否则进入 Step 5.4。

Step 5.2：根据 U'_{DT} 所属零件 P' 与 P 的 id 来判断 P' 与 P 是否为同一个零件，若 P' 与 P 相同，进入 Step 5.3，否则进入 Step 5.4。

Step 5.3：判断 U'_{DT} 的关联对象 O'_1、O'_2 中是否存在一个与 O_1 或 O_2 相同的关联对象，若存在，将 U'_{DT} 存入 L_{O1} 或 L_{O2} 列表中，否则进入 Step 5.4。

Step 5.4：L'_{DT} 列表指针下移一位，U'_{DT} 为下一个尺寸公差单元。若 $U'_{DT} \neq \varnothing$，进入 Step 5；若 $U'_{DT} = \varnothing$，结束 L'_{DT} 遍历。

Step 6：开始遍历装配约束单元列表 L_{AC}，得到当前列表指针指向的装配约束单元 U_{AC}。

Step 6.1：从当前装配约束单元 U_{AC} 中得到关联对象 O''_1、O''_2 和关联对象所属零件 P_1、P_2，并在 U_{AC} 中建立关联对象 O''_1 的装配约束关联列表 L''_{O1} 和关联对象 O''_2 的装配约束关联列表 L''_{O2}。

Step 6.2：根据 P_1、P_2 与 P 的 id 来判断 P_1、P_2 中是否存在一个与 P 相同的零件。若 P_1 与 P 为同一个零件，则进入 Step 6.3；若 P_2 与 P 为同一个零件，则进入 Step 6.4；否则，进入 Step 6.5。

Step 6.3：接着判断 O''_1 与 O_1 或 O_2 是否相同，若为相同的关联对象，则将 U_{AC} 存入 L_{O1} 或 L_{O2} 列表中，将 U_{DT} 存入 L''_{O1} 列表中，否则进入 Step 6.5。

Step 6.4：接着判断 O''_2 与 O_1 或 O_2 是否相同，若为相同的关联对象，则将 U_{AC} 存入 L_{O1} 或 L_{O2} 列表中，将 U_{DT} 存入 L''_{O2} 列表中，否则进入 Step 6.5。

Step 6.5：L_{AC} 列表指针下移一位，U_{AC} 为下一个装配约束单元。若 $U_{AC} \neq \varnothing$，进入 Step 6；若 $U_{AC} = \varnothing$，结束 L_{AC} 遍历。

2. 装配尺寸链自动生成

传统装配的尺寸链自动生成技术是直接利用最短路径原则来获取装配尺寸链,其生成的装配尺寸链不一定符合装配序列要求,在实际装配过程中无法根据实际装配工序实施进度进行装配尺寸链更新。因此,需要考虑装配序列优先级来搜索得到最优的装配尺寸链。

在构建了装配关系传递图的基础上,开始搜索装配尺寸链通路。首先遍历装配关系传递图,优先选择高优先级的装配约束单元,然后利用回溯算法和最短路径(Dijkstra)算法搜索装配尺寸链通路,具体的装配尺寸链自动生成流程如图 6-2 所示。

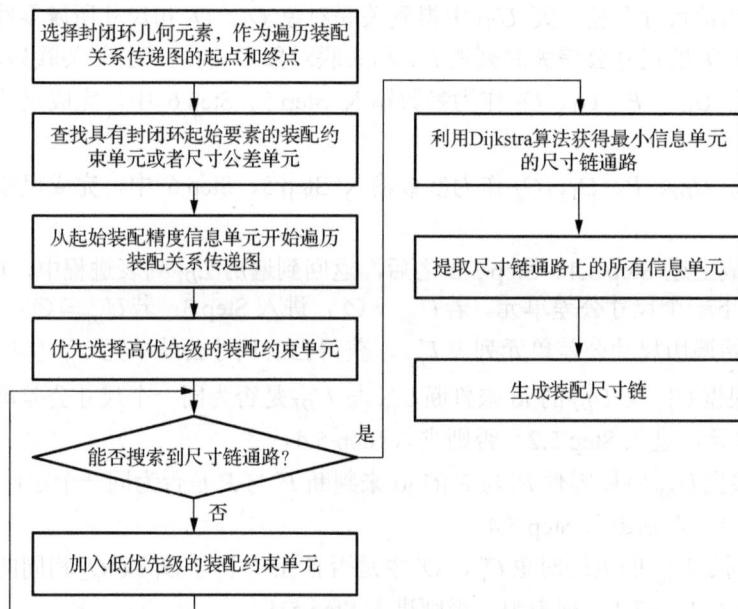

图 6-2　装配尺寸链自动生成流程图

1)装配约束单元优先级

装配约束单元 U_{AC} 的装配约束顺序值 V_{seq} 作为确定装配约束单元优先级的指标,规定装配约束顺序值 V_{seq} 越小,此装配约束单元的遍历优先级就越高。

2)Dijkstra 算法

利用 Dijkstra 算法搜索装配尺寸链通路时,首先将装配关系传递图的装配约束单元所连接的各个零件看作顶点,将装配约束单元看作边,起点和终点是封闭环要素所在的零件,得到最优的装配约束单元集合。然后以零件的关联对象为顶点,以尺寸公差单元的公差精度评定等级为边,将零件的连接关联对象视作起点和终点,得到多个局部(单一零件内部)最优的尺寸公差单元集合。最后结合装配约束单元集合与尺寸公差单元集合,得到最优的装配尺寸链通路。

下面以二级减速器内部的简化齿轮轴模型为例(图 6-3),详细地说明产品装配尺寸链自动生成的过程,其中省略了部分尺寸和约束。

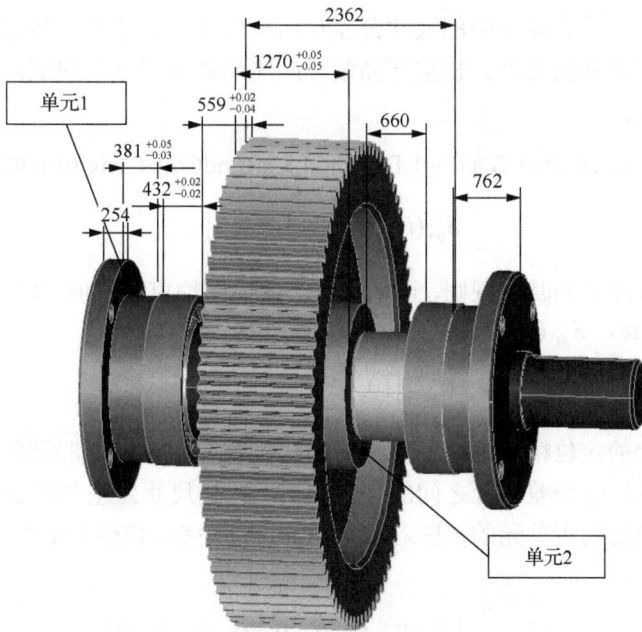

图 6-3 简化的齿轮轴模型结构示例图

首先通过对装配模型逐层解析，构建多层次装配精度信息模型，图 6-4 为齿轮轴多层次的装配精度信息模型的层次结构以及不同层次的各个要素之间的关联关系。

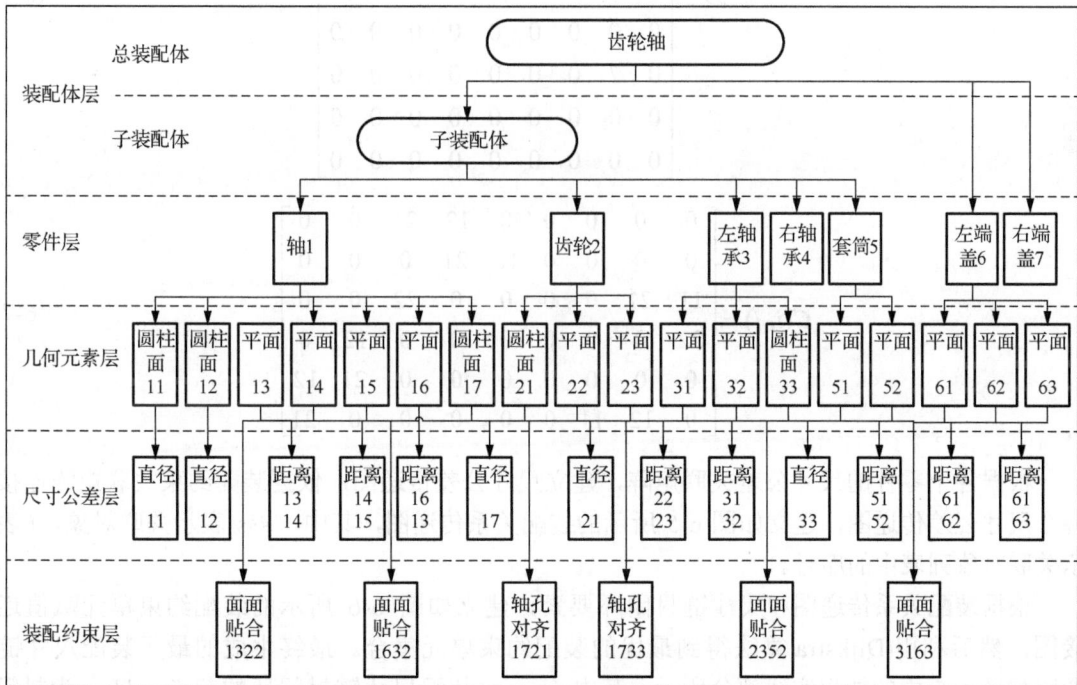

图 6-4 齿轮轴多层次的装配精度信息模型

通过提取装配精度信息模型中的尺寸公差与约束信息，构建各个装配精度信息单元，并完成装配精度信息单元的预处理。根据产品装配顺序和零件顺序值的赋值规则，得到产品零件的装配顺序值列表：

$$\{Axis, Gear, Sleeve, Bearing1, Bearing2, LeftEndCover, RightEndCover\} \tag{6-3}$$

$$S_{prt}(i) = [1, 2, 3, 4, 5, 6, 7] \tag{6-4}$$

结合装配约束顺序值的赋值规则，可以获得产品装配约束顺序值，如式 (6-5) 所示，其中，i 为装配约束单元的 id，$S_{AC}(i)$ 为装配约束 i 的顺序值。

$$S_{AC}(i) = [10, 20, 2, 5, 13, 17, 29] \tag{6-5}$$

假设以齿轮轴上的定位精度为装配功能要求，选择齿轮端面和端盖侧面作为封闭环要素。通过分析各个零件的尺寸公差单元之间的关联关系，构建尺寸公差关联矩阵 $D(i, j)$；通过解析尺寸公差单元与装配约束单元的关联对象之间的连接关系，构建装配约束关联矩阵 $C(i, j)$。具体形式如下所示：

$$D(i, j) = \begin{bmatrix} 0 & 0 & 0 & 0 & 0 & 0 & 0 & 0 & 0 \\ 0 & 0 & 2 & 0 & 0 & 0 & 1 & 0 & 0 \\ 0 & 1 & 0 & 0 & 0 & 0 & 0 & 0 & 0 \\ 0 & 0 & 0 & 0 & 1 & 0 & 0 & 0 & 0 \\ 0 & 0 & 0 & 1 & 0 & 0 & 0 & 0 & 0 \\ 0 & 0 & 0 & 0 & 0 & 0 & 0 & 0 & 0 \\ 0 & 2 & 0 & 0 & 0 & 0 & 0 & 0 & 0 \\ 0 & 0 & 0 & 0 & 0 & 0 & 0 & 0 & 0 \\ 0 & 0 & 0 & 0 & 0 & 0 & 0 & 0 & 0 \end{bmatrix} \tag{6-6}$$

$$C(i, j) = \begin{bmatrix} 0 & 0 & 0 & 0 & 0 & 12 & 21 & 0 & 0 \\ 0 & 0 & 0 & 0 & 12 & 21 & 0 & 0 & 0 \\ 11 & 21 & 0 & 0 & 0 & 0 & 22 & 0 & 0 \\ 22 & 0 & 0 & 0 & 0 & 0 & 0 & 12 & 0 \\ 0 & 0 & 0 & 0 & 0 & 0 & 0 & 21 & 12 \\ 0 & 12 & 11 & 0 & 0 & 0 & 0 & 0 & 21 \end{bmatrix} \tag{6-7}$$

根据各个零件的尺寸公差关联矩阵，建立尺寸公差传递图，依据装配约束关联矩阵连接各个尺寸公差传递图，建立如图 6-5 所示的装配关系传递图，其中，Ass_i 表示关联对象，i 表示关联对象列表中的序号。

根据装配关系传递图和尺寸链封闭环要素，建立如图 6-6 所示的装配约束单元赋值连接图，然后利用 Dijkstra 算法得到最优的装配约束单元集合。最终生成的最优装配尺寸链通路如图 6-5 中的加粗实线部分所示，其中 U_{DT5} 为装配尺寸链封闭环的起点，U_{DT2} 为封闭环的终点。

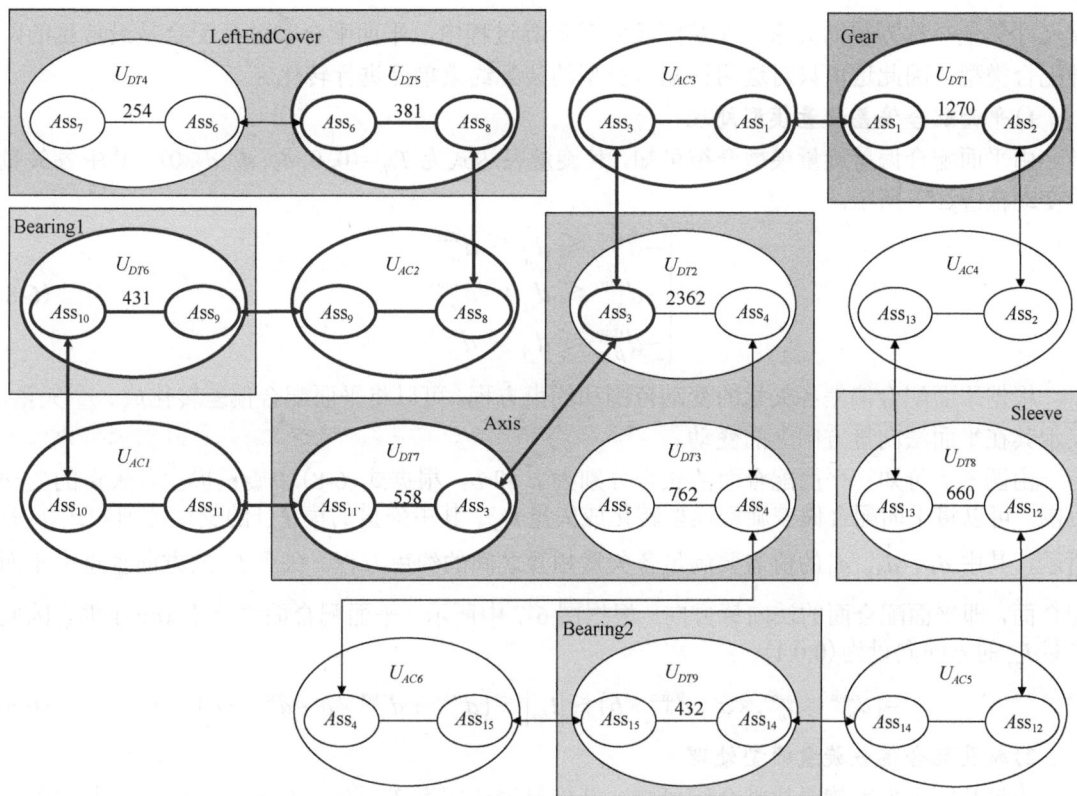

图 6-5 齿轮轴的装配关系传递图以及装配尺寸链通路

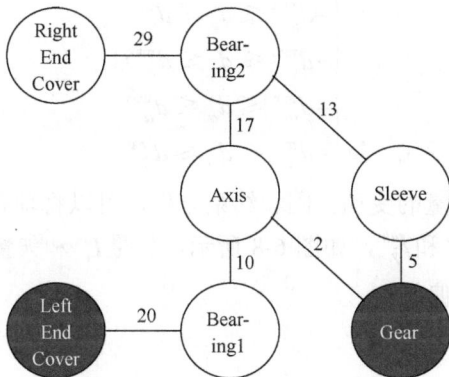

图 6-6 装配约束单元赋值连接图

6.2.2 产品装配尺寸链计算与求解方法

在生成产品装配尺寸链后，需要对其进行计算与求解，将装配尺寸链中的封闭环和组成环矢量化，建立基于矢量环的装配尺寸链求解数学模型，以便进行后续的基于尺寸链的装配精度分析与计算。

1. 装配约束单元转化

由于装配约束单元无法直接应用到装配尺寸链计算过程中，需要将装配约束单元转化成虚尺寸矢量,称为辅助矢量。在装配尺寸链计算过程中,平面配合和轴孔配合是最常见的两种配合类型,因此这里只对这两种配合类型的装配约束单元进行转化。

1)平面配合偏差旋量模型处理

由平面配合偏差旋量模型介绍可知,其旋量表达式为 $T_{pp}=(0, 0, d_w, d_\alpha, d_\beta, 0)$,其中各矢量的变动范围如下所示:

$$\begin{cases} -d_w^{\min} \leqslant d_w \leqslant d_w^{\max} \\ -d_\alpha^{\min} \leqslant d_\alpha \leqslant d_\alpha^{\max} \\ -d_\beta^{\min} \leqslant d_\beta \leqslant d_\beta^{\max} \end{cases} \tag{6-8}$$

根据平面配合偏差各矢量的变动范围和约束方程,可以将平面配合偏差转化成一个矢量,表示其在平面法向量方向上的变动。

由图 6-7 可知,平面配合面的长宽分别为 a 和 b,根据式(6-8)中旋量模型各矢量的变动范围,可以将平面配合偏差旋量模型转化成矢量 l_{pp}。其中矢量的模 $|l_{pp}|$ 的变动范围如式(6-9)所示,其中 d_w、d_α、d_β 的值需要满足各矢量相互之间的约束方程。矢量 l_{pp} 的方向垂直于平面配合面,即平面配合面的法向量方向。根据图 6-7 中所示,平面配合面平行于 xoy 平面,因此矢量 l_{pp} 的方向向量为 $(0,0,1)$。

$$-\left(d_w^{\min} + d_\alpha^{\min} \times a + d_\beta^{\min} \times b\right) \leqslant |l_{pp}| \leqslant \left(d_w^{\max} + d_\alpha^{\max} \times a + d_\beta^{\max} \times b\right) \tag{6-9}$$

2)轴孔配合偏差旋量模型处理

由轴孔配合偏差旋量模型介绍可知,其旋量表达式为 $T_{ah}=(d_u, d_v, 0, d_\alpha, d_\beta, 0)$,其中各矢量的变动范围如下所示:

$$\begin{cases} -d_u^{\min} \leqslant d_u \leqslant d_u^{\max} \\ -d_v^{\min} \leqslant d_v \leqslant d_v^{\max} \\ -d_\alpha^{\min} \leqslant d_\alpha \leqslant d_\alpha^{\max} \\ -d_\beta^{\min} \leqslant d_\beta \leqslant d_\beta^{\max} \end{cases} \tag{6-10}$$

根据轴孔配合偏差各矢量的变动范围和约束方程,可以将轴孔配合偏差转化成 x 轴方向和 y 轴方向上的两个矢量 l_x^{ah} 和 l_y^{ah},如图 6-8 所示,矢量 l_x^{ah} 和矢量 l_y^{ah} 分别表示轴孔配合面的轴线在 x 轴和 y 轴方向上的偏差。

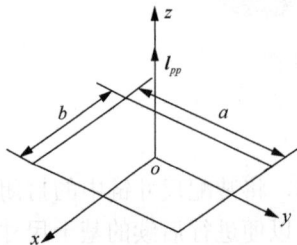

图 6-7　平面配合偏差矢量示意图　　图 6-8　轴孔配合偏差矢量示意图

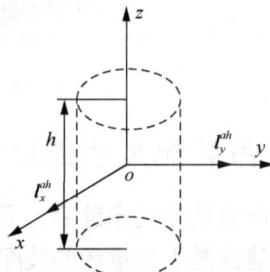

由图 6-8 可知，圆柱配合面的高为 h，根据式 (6-10) 中旋量模型各矢量的变动范围，可以得到矢量 l_x^{ah} 模的变动范围，如式 (6-11) 所示，其中 d_u、d_v、d_α、d_β 的值需要满足各矢量相互之间的约束方程。矢量 l_x^{ah} 的方向平行于 x 轴，其方向向量为 $(1,0,0)$。同样，矢量 l_y^{ah} 模的变动范围如式 (6-12) 所示，其方向平行于 y 轴，方向向量为 $(0,1,0)$。

$$-\left(d_u^{\min} + d_\beta^{\min} \times h\right) \leqslant \left|l_x^{ah}\right| \leqslant \left(d_u^{\max} + d_\beta^{\max} \times h\right) \tag{6-11}$$

$$-\left(d_v^{\min} + d_\alpha^{\min} \times h\right) \leqslant \left|l_y^{ah}\right| \leqslant \left(d_v^{\max} + d_\alpha^{\max} \times h\right) \tag{6-12}$$

2. 装配尺寸链方程构建

将尺寸链通路上的所有装配约束单元和尺寸公差单元作为尺寸链的组成环，引入矢量 $l_1 \sim l_7$ 表示组成环矢量；将封闭环要素 1 和要素 2 作为关联对象，引入矢量 l_0 表示封闭环矢量。装配尺寸链求解就是根据各组成环的变动区间，运用公差分析方法求解最终封闭环的变动区间，图 6-9 为空间三维装配尺寸链矢量环示意图。

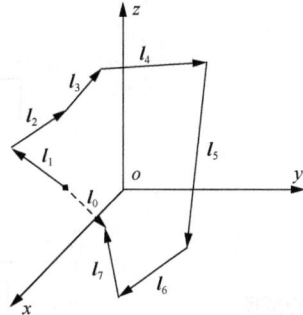

已知矢量 l_i 的模 $|l_i|$ 为组成环在空间中的实际尺寸值，矢量 l_i 所表示的方向为组成环在空间中的实际方向。假设在空间坐标系中，由 1 个封闭环矢量和 n 个组成环矢量构成了一个首尾相连的封闭矢量环，则封闭环矢量 l_0 的数学计算模型如下所示：

图 6-9　空间三维装配尺寸链矢量环示意图

$$l_0 = \sum_{i=1}^{n} l_i \tag{6-13}$$

根据矢量计算法则可得，装配尺寸链封闭环的计算公式如下所示：

$$\begin{cases} l_i = |l_i| \\ l_i^2 = l_i \cdot l_i \\ l_i \cdot l_0 = |l_i| \cdot |l_0| \cdot \cos\theta_i \end{cases} \tag{6-14}$$

式中，θ_i 为组成环矢量 l_i 与封闭环矢量 l_0 之间的夹角，已知矢量 l_i 和 l_0 的空间坐标分别为 (x_i, y_i, z_i) 和 (x_0, y_0, z_0)，则 θ_i 的计算公式如下所示：

$$\cos\theta_i = \frac{x_i x_0 + y_i y_0 + z_i z_0}{\sqrt{x_i^2 + y_i^2 + z_i^2}\sqrt{x_0^2 + y_0^2 + z_0^2}} \tag{6-15}$$

假设空间尺寸链由封闭环矢量 l_0 和 n 个组成环矢量 $l_1, l_2, l_3, \cdots, l_n$ 构成，其封闭环尺寸 l_0 的计算函数的一般形式如下所示：

$$l_0 = \sum_{i=1}^{n} k_i l_i \tag{6-16}$$

式中，$k_i = \cos\theta_i$；l_i 表示组成环矢量 l_i 的尺寸值。其中，将装配约束单元转化成辅助矢量，可以将其视作虚拟尺寸环，基本尺寸大小为 0，上下公差值分别为矢量模在公差变动区间内的最大值和最小值。

3. 装配尺寸链求解

在完成装配尺寸链方程构建的基础上,根据式(6-15)和式(6-16)利用蒙特卡罗模拟法进行装配尺寸链求解。蒙特卡罗模拟法是采用概率统计的方法来计算装配尺寸链。首先假设每个组成环尺寸服从 $N(\mu_i, \sigma_i^2)$ 分布, $i = 1, 2, 3, \cdots, n$,第 i 个组成环的基本尺寸为 l_i ,组成环尺寸公差最大值为 $l_{i\max}$,尺寸公差最小值为 $l_{i\min}$,根据高斯分布的 3σ 法则, $\sigma_i = (l_{i\max} - l_{i\min}) / 6$, $\mu_i = (l_{i\max} + l_{i\min} - 2 \times l_i) / 2$ 。在确定了各个组成环的平均值和标准差之后,开始对组成环的尺寸值进行随机模拟。蒙特卡罗模拟法的计算精度与随机模拟次数 N 成正比,样本容量越大,预测精度越高。其具体的实现流程如图 6-10 所示。

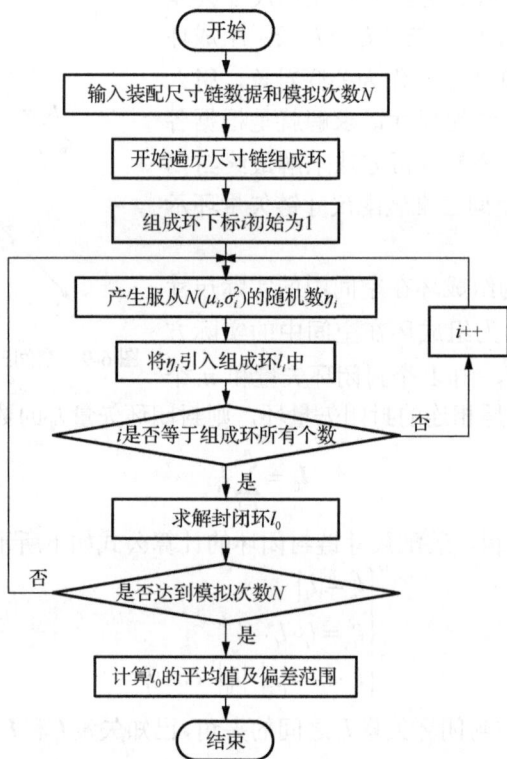

装配尺寸链计算演示

图 6-10　蒙特卡罗模拟法计算封闭环公差

Step 1:输入装配尺寸链组成环的尺寸值和上下公差值等,并确定模拟次数为 N 。

Step 2:产生满足正态分布 $N(\mu, \sigma^2)$ 的随机数 η 。

Step 3:将 η 引入组成环尺寸,首先将组成环尺寸规格化,即取上下公差的中间值作为组成环的规格化尺寸 $l_i' = (l_{i\max} + l_{i\min}) / 2$,然后 $l_i = l_i' + \eta \times (l_{i\max} - l_{i\min})$,得到一个模拟的组成环尺寸。

Step 4:重复 Step 2 和 Step 3,完成所有组成环尺寸的随机化,并按照式(6-16)计算得到封闭环尺寸值。

Step 5:计算 l_0 的平均值及偏差范围。

相比其他的尺寸链计算方法,蒙特卡罗模拟法更加符合实际生产过程中的零件尺寸分布情况,其装配精度预测结果具有更高的准确性和实际参考价值。

6.3　产品装配特征误差传递关系图建立

6.3.1　几何要素与装配特征

1. 几何要素

几何要素是机械产品中基本的形状和尺寸特征，通过这些特征可以定义和描述零件的形状、位置和尺寸。主要包括以下几种。

（1）点：几何要素中最基本的元素，用于标记位置。

（2）线：两点之间的路径，可以是直线、曲线或圆弧。

（3）面：由边界（线）围成的平坦或曲面区域，如平面、圆柱面、球面等。

（4）体：由面积围成的具有长度、宽度和高度的实体，如长方体、圆柱体、球体等。

例如，一个轴的几何要素包括圆柱面的直径和长度，这些元素定义了轴的基本形状。

2. 装配特征

装配特征是机械产品中用于相互装配的几何形状和结构，它们确保了零部件能够正确地结合在一起，实现其功能。主要包括以下几种。

（1）定位特征：用于确定零件在装配中的相对位置，如定位销、定位孔等。

（2）连接特征：用于将零部件连接在一起，如螺纹、键槽、焊缝等。

（3）协作特征：用于配合实现功能需求，如齿轮啮合、轴承配合等。

例如，一对齿轮的装配特征包括齿的形状和尺寸，确保它们正确啮合并传递扭矩；对于使用螺丝和螺母的连接，螺纹是关键装配特征，确保紧固件能够稳定连接两个零件。

6.3.2　产品装配特征误差传递关系及其模型

几何要素的位置误差是零件制造误差和装配误差共同作用的结果。零件制造误差通过尺寸和公差标注从基准要素向目标要素进行传播和变换，而零件之间的装配误差通过装配接触面的定位与被定位关系进行传播和变换，可见确定分析目标的位置误差时首先需要找出零件的全部关联要素和机器模型的全部

装配特征误差传递

关联装配关系。零件的各种几何要素的几何误差的自动确定、误差在零件内部的各种传播和变换的自动计算、在各种装配关系下零件之间装配误差的自动计算是实现装配公差分析自动化的关键和核心技术。为找到实现装配公差分析的自动化方法，首先需要设计一个既能表示零件的几何误差，又能标识和存储误差传播和变换路径的数据结构。

目前，针对公差信息的管理问题已有许多学者进行了研究。在基于表面特征的研究方面，有基于有序路径的集合搜索边界表示模型的零件表面的方法；基于产品数据交换标准的方法；将表面作为节点，用边和面表示节点之间关系的方法等。在基于拓扑和几何关系的研究方面，有基于 TTRS 模型和最小几何基准要素（minimum geometric datum elements，MGDE）的方法；基于 TTRS 理论，建立蜘蛛图的数据结构的方法；基于 TTRS 理论，将尺寸划分为功能尺寸和非功能尺寸，并建立关联关系的方法等。在基于关联关系图和几何分析的研究方面，有利用轨迹相交法的刚体识别方法；基于几何公差和尺寸标注来表示零件几何要素之间关联关系的方法；基于本征自由度的三维几何公差标注正确性验证的方法等。

国内外研究人员在装配误差传递建模方面已有较多研究，多数方法基于数据结构中的图结构、树结构或者线性表结构对误差传递模型进行表示，但都还存在一些问题。问题包括：①一些方法只能描述链式尺寸，即观测对象之间只存在一个闭环的尺寸链，或者能够将空间尺寸关系分解到三个坐标方向上单独进行计算；②以尺寸公差为主，尺寸公差只关联两个要素，建立关系简单，误差为线性链式传递或者平面链式传递，而缺少对几何公差的表示，没有根据一般基准参考框架来定位几何要素空间位置的概念；③装配关系简化为线性串联装配关系，而非多个零件空间装配定位关系；④装配关系表示模型不适用于表示误差传递关系，导致尺寸传递关系生成算法复杂，不利于直接用于装配公差分析；⑤各类三维设计分析软件对于装配关系模型几乎都采用了装配关系树的形式，而装配关系树仅能表示零部件的所属关系，尤其是描述装配零件由多个定位零件共同定位时，树结构无法描述等。综上所述，现有方法还不能完整表示机器中零件之间、零件内部几何要素之间的几何误差传播和影响的真实情况。

参与装配的几何要素及其在零件内的误差传递关系较为复杂，因此基于图的表示方法是表示装配误差的基本方法。通过利用 CAD 实体模型及其三维公差标注系统所提供的尺寸公差和几何公差信息，再利用尺寸标注中的工程语义，建立标注要素之间的基准-目标关系，从而建立装配体中零件之间、零件内部几何要素之间的误差传递关系图，得到机器模型的空间尺寸传递路径。基于图的表示方法适用于公差分析的自动计算算法，并且可以将计算分析过程集成于 CAD 软件中，从而方便设计人员在产品模型设计阶段进行有效的公差分析。

为研究装配误差传递路径的建立方法，需要对产品中零件的各种装配关系进行分析。产品由零件相继装配而成，零件的装配顺序一般总是先安装机架零件，然后安装中间零件，最后安装目标零件，零件在产品中的位置由一对或多对装配配合接触表面进行定位。本书将装配接触副中的两个表面分别称为定位基准表面和装配基准表面，前者位于已装配零件上，简称定位基准，而后者位于待装配零件上，简称装配基准。已装配零件和待装配零件的接触关系本质上是误差传递关系，即误差从已装配零件传递到待装配零件上。虽然误差传递顺序并不一定与装配顺序完全一致，但这并非本书所讨论的内容，而是假设误差传递顺序与装配顺序一致。一个零件在产品中的装配可能会存在多个装配接触副，装配接触副的个数取决于装配接触副的几何类型和装配顺序。与同一个装配零件接触的定位基准，既可能位于同一定位零件上，也可能分别位于不同定位零件上，即一个装配零件存在一个或多个定位零件。决定当前装配零件在产品中位置的因素包括：①全部定位基准的实际位置；②全部装配基准在装配零件上的实际位置；③装配顺序，不同装配顺序下装配接触副的接触情况不同、定位基准对装配零件的误差作用也不相同。本书研究针对一般产品零件的装配误差分析方法，因此在这里进一步约定装配接触副的两个表面几何类型相同，且只考虑平面、圆柱面、圆锥面、球面等常见和简单几何类型的装配情况。

根据以上分析，零件在产品中的装配关系可以用图 6-11 所示的模型进行表示。

零件在产品中的定位情况可以用约束自由度原理进行分析。根据刚体的自由度理论，一个刚体零件最多具有 6 个自由度，即 3 个平移自由度和 3 个转动自由度，但零件在装配时并非所有的自由度都必须加以约束，也并非所有的零件都有 6 个自由度。一个零件上全部需要约束的自由度应该为该零件上全部相关要素(定位基准要素、零件的设计功能目标、公差分析时的目标几何要素等)必须约束的自由度的逻辑和。根据自由度分析原理，装配基准和定位基准的几何类型决定了装配接触副约束装配零件自由度的能力，对于给定需要约束自由度的装配零件，装配基准数量取决于装配基准与定位基准的几何类型和装配接触副的基准次序。一般情况下，一个零件需要约束的自由度数量为 6，面接触装配时零件在产品中完全定位的接触副数量通常小于等于 3，点接触装配情况下接触副数量存在大于 3 的情况。一些零件由于自身的结构特点存在不变度，这类零件在产品中需要约束的自由度会小于 6，如一般回转体零件需要约束 5 个自由度、圆柱只需要约束 4 个自由度、圆球只需要约束 3 个平移自由度。装配零件的定位并非需要约束全部自由度，在产品中活动的零件也不需要约束 6 个自由度，如滑块只约束了 5 个自由度。由此可见，对于约束的自由度数量小于 6 的零件，其定位基准数量可以小于 3，例如，对于回转体类零件，沿回转方向没有约束自由度，则只需要一个圆柱或两个圆环就认为完全定位了垂直于回转体轴线的平移和转动自由度；对于滑块零件，沿滑动方向没有约束自由度，故该方向就不需要定位。

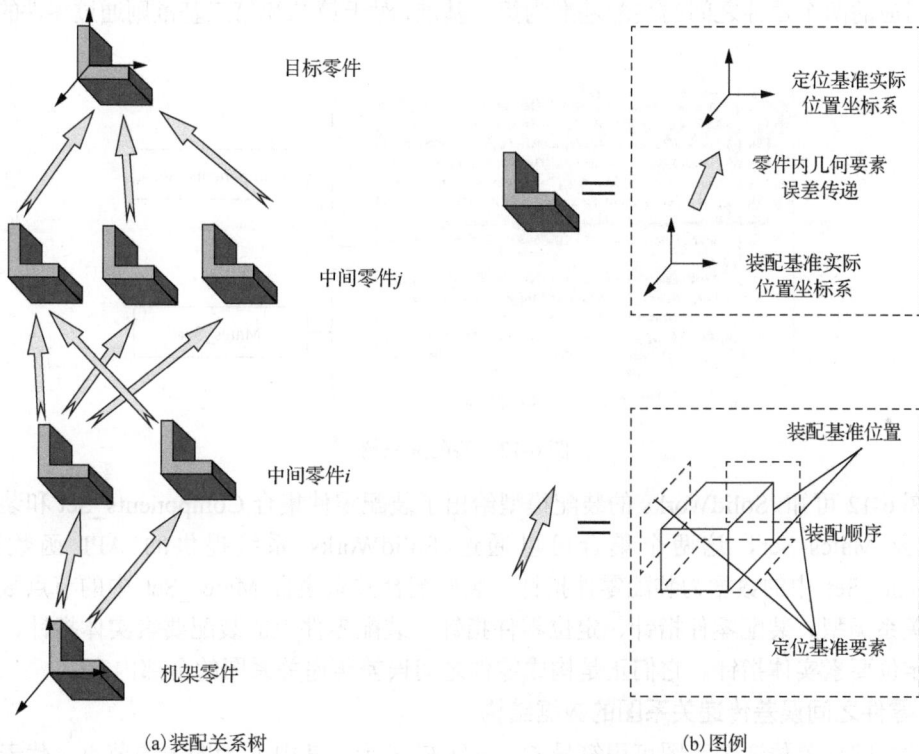

图 6-11　机器中的零件装配关系模型

6.3.3　零件之间误差传递关系图的建立方法

1. 装配关系树结构

CAD 装配模型包含产品的装配信息，因此零件之间装配误差传递关系图可以直接由 CAD 装配模型自动生成。但是 CAD 装配模型中存储的装配顺序并不十分可靠，原因是 CAD 装配模型中的零件是理想刚体，各装配表面之间保持理想的位置关系，在建立装配模型的过程中无论装配顺序如何，零件最终的结果位置均相同，因此设计者并不一定会严格按照装配顺序装配零件，也不一定严格按照基准顺序对齐零件。但对于实际零件，情况却完全不同，实际装配要素之间不再保证理想的位置关系，因此在存在误差的情况下装配顺序会直接影响产品中每个零件的位置，根据不同的装配顺序也必然得出不同的装配关系图。因此，在利用 CAD 装配模型建立装配误差传递关系图之前，首先需要对零件的装配顺序进行识别和校正。本章不讨论装配顺序识别和校正的问题，即假设在 CAD 装配模型的装配关系正确的前提下建立装配误差传递关系图。

装配模型包括零件模型数据和装配配合信息，装配配合信息包括装配体中各个零件的唯一名称、各个零件之间的装配配合关系以及相应的装配定位基准要素。各类 CAD 软件的装配体中通常都采用关系树的结构形式对产品中的全部零件进行组织。图 6-12 为 SolidWorks 装配文档中导出的部分装配关系树，根节点为 SolidWorks 总装模型，其余节点存放部件或零件，不同层次的相邻节点存在装配关系，相同层次的节点之间不存在装配关系。不同层次的相邻节点所对应的两个零件之间的装配基准为第一基准，对于第二和第三基准则通过零件的属性信息存放。

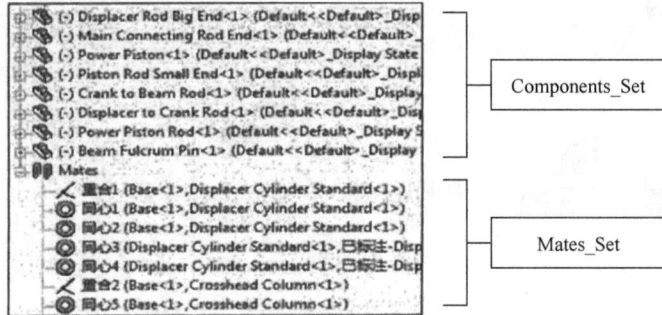

图 6-12　装配关系树

由图 6-12 可知，SolidWorks 的装配模型给出了装配零件集合 Components_Set 和装配配合关系集合 Mates_Set，这两个集合可以通过 SolidWorks 系统提供的 API 函数获取。Components_Set 中的数据为装配零件指针，装配配合关系集合 Mates_Set 中的节点数据则包括装配关系类型、装配零件指针、定位零件指针、装配零件上的装配要素实体指针、定位零件上的定位要素实体指针。它们正是构成零件之间误差传递关系图的全部内容。

2. 零件之间误差传递关系图的数据结构

零件之间误差传递关系图可用符号 $G_{Asm}=(V,E)$ 表示，其中 V 为图中的节点，代表零件的集合，E 为图中的弧，代表装配定位关系的集合。V 存储的数据包括：①零件文件对象指针；②所在零件的几何要素误差传递关系图 G_{part} 指针；③装配零件的全局坐标系相对于第一基准的实际坐标系的齐次坐标变换矩阵。为了便于装配体零件之间几何要素误差传递关系图的建立和检索，图中的弧是一个双向弧，即采用两个单链表来描述图中弧的信息，规定由定位零件指向装配零件的弧为正向弧，由装配零件指向定位零件的弧为逆向弧，即每个节点均保存一个正向邻接表和一个逆向邻接表。正向邻接表用以记录当前零件所定位的全部零件，逆向邻接表用以记录当前零件进行定位的全部零件以及定位顺序。如图 6-13 所示，零件 C_3 安装在机架零件上，然后对零件 C_2、C_4 进行定位，则其正向邻接表元素为 C_2、C_4，逆向邻接表元

素为 C_1。零件 C_2 没有装配零件，其正向邻接表为空，而逆向邻接表按顺序存放零件 C_1 和 C_3。双向图对于产品中全部关联零件的各种排序十分方便，例如，根据从机架零件到目标零件的正向拓扑排序可以得到产品中零件的全部安装顺序序列(C_1、C_3、C_2、C_4 和 C_1、C_3、C_4、C_2)，该序列可用于计算零件在机架中的位置；而从目标零件开始进行逆向遍历，就得到了产品中确定任意零件位置的所有关联零件(例如，目标零件为 C_2，则所有关联零件为 C_1、C_3)。换句话说，根据正向弧找出当前零件作为定位基准的全部装配零件，根据逆向弧找出当前零件作为装配零件的全部定位零件及定位基准的优先次序。

在一般的零件装配关系中，装配零件的所有装配基准对应的定位基准可能位于同一个零件上，也可能位于不同零件上。当位于不同零件时，就意味着该装配零件的逆向邻接表中有多个元素，此时这些元素在逆向邻接表中的排序就是定位顺序。如图 6-13 所示，零件 C_2 被零件 C_1 和零件 C_3 共同定位，由其逆向邻接表中可以看出，定位顺序为 C_1、C_3。

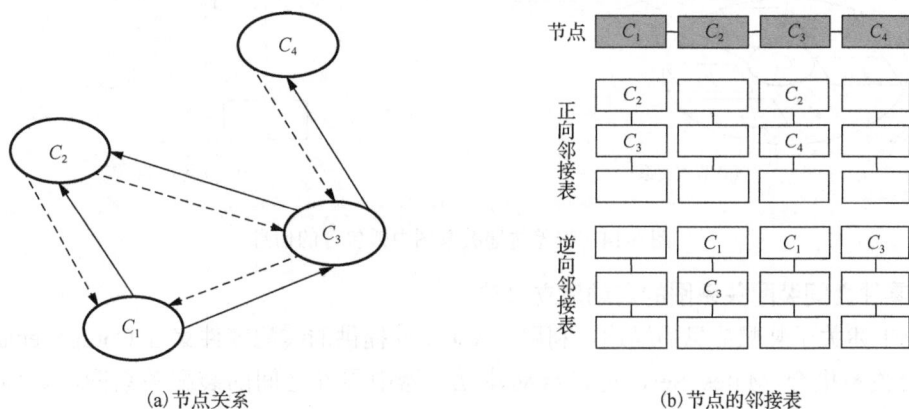

(a) 节点关系　　　　　　　　(b) 节点的邻接表

图 6-13　误差传递关系图节点数据

装配误差传递关系图中的弧<C_i,C_j>仅说明这两个零件有装配关系存在，例如，图 6-14 中的弧<C_1,C_3>只描述零件 C_1、C_3 之间有装配关系存在，具体装配关系信息则存储在对应弧的数据域中。该数据域中存储的数据为：①指向关联顶点的指针；②指针对应的装配关系类型；③指针所包含的全部装配基准要素和定位基准要素及其装配顺序。

对于图 6-13 中的装配关系，这些弧所具有的信息细化后的情况如图 6-14 所示。图中，实线箭头为正向弧，代表定位关系，如 C_3 由 C_1 定位、C_2 由 C_1 和 C_3 共同定位；而虚线箭头为逆向弧，代表被定位关系。弧中必须包含两个零件的装配接触面信息，例如，零件 C_1 和零件 C_3 具有三对平面装配基准，分别为 C_1 中的 F_1、F_2、F_3 和 C_3 中的 F_5、F_6、F_7，因此零件 C_3 的逆向邻接表第一个节点指向 C_1(即逆向弧<C_3, C_1>)，该弧中存储的装配基准面表为 F_5、F_6、F_7，存储的定位基准面表为 F_1、F_2、F_3。同理，零件 C_2 由 C_1 和 C_3 共同定位，也具有三对平面装配基准，根据零件 C_2 的逆向邻接表元素顺序，先与 C_1 通过两对平面进行配合定位，再与 C_3 通过一对平面进行配合定位。因此，逆向邻接表第一个节点指向 C_1(即逆向弧<C_2, C_1>)，该弧中存储的装配基准面表为 F_9、F_{10}，存储的定位基准面表为 F_1、F_4；逆向邻接表第二个节点指向 C_3(即逆向弧<C_2, C_3>)，该弧中存储的装配基准面表为 F_{11}，存储的定位基准面表为

F_8。零件 C_1 分别对零件 C_2 和 C_3 进行定位，零件 C_1 的正向邻接表的两个节点分别指向 C_2 和 C_3，正向弧<C_1, C_2>存储的装配基准面表为 F_9、F_{10}，存储的定位基准面表为 F_1、F_4；正向弧 <C_1, C_3>存储的装配基准面表为 F_5、F_6、F_7，存储的定位基准面表为 F_1、F_2、F_3。

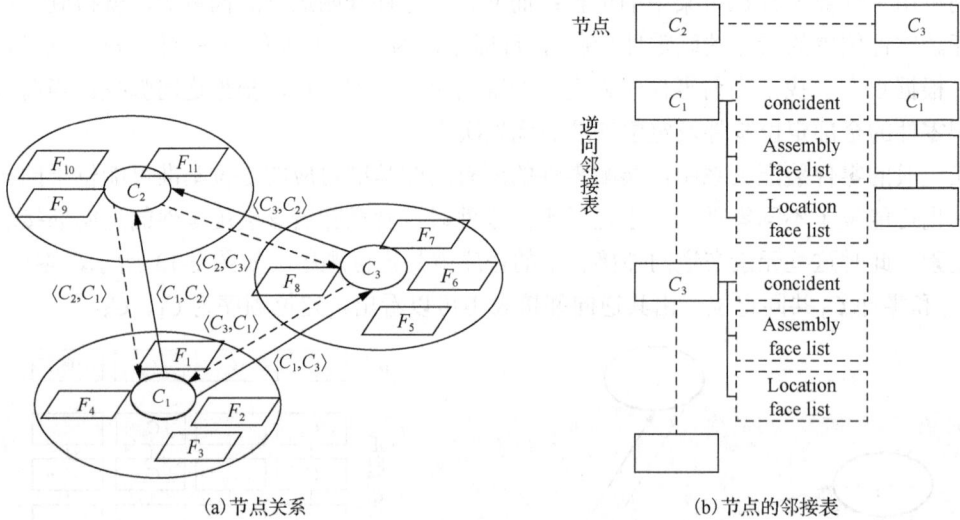

图 6-14　误差传递关系图中弧包含的信息

3. 零件之间装配关系图的自动建立算法

根据上述关于装配信息的描述，利用 CAD 软件提供的装配零件集合 Components_Set 和装配配合关系集合 Mates_Set，可以自动建立机器中零件之间的装配关系图，具体算法步骤如下。

(1) 通过 Components_Set 装配零件集合节点中的映射关系获取目标零件 C_i，建立第一个顶点 V_{Ai}。

(2) 在 Mates_Set 装配配合关系集合中查找出所有包含装配零件 C_i 的节点，将查找到的所有节点中的定位零件 $C_j \sim C_{j+n}$ 入栈 Stack 或入队列 Queue 暂存（入栈是深度优先建立图，入队列是广度优先建立图）。

(3) 将查找到的所有节点中的定位零件 $C_j \sim C_{j+n}$，通过映射关系获取对应的零件，之后查询图中是否存在这些零件的顶点，若不存在，则插入顶点（$V_{Aj} \sim V_{A(j+n)}$）。

(4) 创建顶点 V_{Ai} 的逆向邻接表，添加元素分别为顶点 $V_{Aj} \sim V_{A(j+n)}$ 的指针。

(5) 创建顶点 $V_{Aj} \sim V_{A(j+n)}$ 的正向邻接表，添加元素就是顶点 V_{Ai} 的指针，若图中已存在顶点 V_{Ai}，则直接在其正向邻接表中后续添加顶点 V_{Ai} 的指针。

(6) 将步骤(2)中查找到的所有节点中的装配关系类型、装配零件上的定位要素指针、定位零件上的装配要素指针添加到对应的弧上，即在 V_{Ai} 的逆向邻接表、元素 $V_{Aj} \sim V_{A(j+n)}$ 节点属性域中添加装配关系类型，V_{Ai} 零件与 $V_{Aj} \sim V_{A(j+n)}$ 零件装配配合时，V_{Ai} 零件参与该配合的装配基准要素，$V_{Aj} \sim V_{A(j+n)}$ 零件参与该配合的定位基准要素；在 $V_{Aj} \sim V_{A(j+n)}$ 的正向邻接表、元素 V_{Ai} 节点属性域中添加装配关系类型，$V_{Aj} \sim V_{A(j+n)}$ 零件与 V_{Ai} 零件装配配合时，$V_{Aj} \sim V_{A(j+n)}$ 零件参与该配合的定位基准要素，V_{Ai} 零件参与该配合的装配基准要素。

(7)将步骤(2)中的栈 Stack 或队列 Queue 压出一个元素，重复步骤(2)～(7)，直至栈或队列中的元素为空，结束。

以上建立装配关系图的算法是一种递归算法，将装配模型中的装配关系树和装配配合关系转化为装配体零件之间装配关系图，同时通过弧中的装配基准要素和定位基准要素，留下可供自动建立零件内部几何要素误差传递关系图的接口。若有多个目标要素来源于多个目标零件，则只需要在步骤(1)中对该目标零件是否已经建立顶点做出判别，若已建立，则无须建立该顶点，然后运行余下步骤即可。

6.3.4　基于装配接触有向图的零件装配定位约束关系表达

基于非理想表面模型的零件装配定位约束过程不同于理想 CAD 模型的零件装配，其核心问题在于如何将包含零件非理想表面的装配特征进行约束关系表达与定位求解。传统的基于理想 CAD 模型的零件装配是通过若干个理想装配特征间的配准元素(点、线、面)约束来实现零件自由度(degree of freedom，DOF)的限制，零件装配成功的前提条件是能够准确识别理想装配特征的配准元素并能与对应的元素进行定位匹配。然而，对基于非理想表面模型的零件进行装配特征分解时，并非包含在理想位置上的点、线、面三大类配准元素，它们均存在微小的平移和转动误差，其装配定位约束要比理想 CAD 模型装配复杂得多，从而导致基于非理想表面模型的零件装配配合条件无法匹配理想 CAD 模型装配定位的约束关系。

可以按照"零件-特征-元素"三层级结构进行零件几何元素的提取，理想 CAD 模型与非理想表面模型的零件特征几何元素提取对比如图 6-15 所示。一般地，理想 CAD 模型零件装配过程主要是通过提取装配特征几何元素进行匹配，使其待装配零件与基准零件发生装配约束关系，形成装配定位连接(assembly positioning joint，APJ)，从而达到相对 DOF 为零的装配配合状态，使两零件结合在一起完成装配过程。同样地，对于基于非理想表面模型的零件装配，也可通过提取装配特征几何元素进行匹配进而实现零件配合表面的装配定位约束。由于非理想表面模型采用有限离散点形成的 NURBS 建模曲面来表达真实的几何误差，因此非理想表面模型装配定位约束问题本质上是零件配合曲面的配准问题。

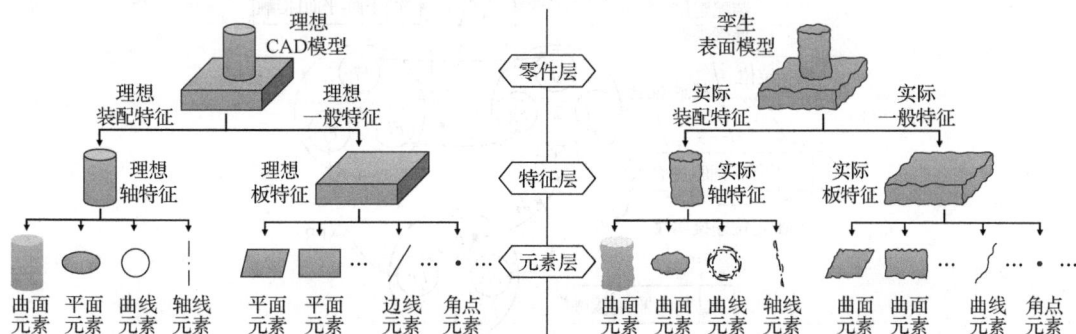

图 6-15　理想 CAD 模型与非理想表面模型的零件特征几何元素提取对比

为合理表达基于非理想表面模型的装配定位约束关系，构建基于非理想表面模型的装配误差传递链路，进一步发展并改进了原有的装配有向图(assembly oriented graph，AOG)，除了能够表达装配体 GD&T 规范、装配特征对(assembly feature pair，AFP)的零件从属关系、APJ 属性、AFR(装配功能需求)等组成信息，还需引入基于非理想表面模型的零件装配特征几何元素、装配结合面(assembly joint surface，AJS)几何内部关系以及关键特征的几何传递路径等参考信息，以便更加全面地描述基于非理想表面模型的装配定位约束关系。

由于非理想表面模型零件装配主要以曲面接触配合定位为主，本节将改进后的 AOG 称为装配接触有向图(assembly contact oriented graph，ACOG)。图 6-16 为一简单装配体及其对应的 AOG 与 ACOG 的对比示意图，其中，ACOG 如图(c)所示：符号 S 表示非理想表面模型的特征表面，区别于 AOG 中理想 CAD 模型的特征表面符号 F；零件内部的虚线表示特征表面之间存在几何尺寸及公差关系；零件外部的单箭头实线表示两零件特征表面之间存在由 APJ 产生的几何关系，一般地，零件非理想表面模型之间的 APJ 无法实现真正意义上的装配配合，仅表现为装配曲面接触下的定位连接，这也是将该图称为 ACOG 的主要原因之一；而单箭头双点划线则表示两个特征表面之间所规定的满足 AFR 的 GD&T(几何尺寸和公差)值。

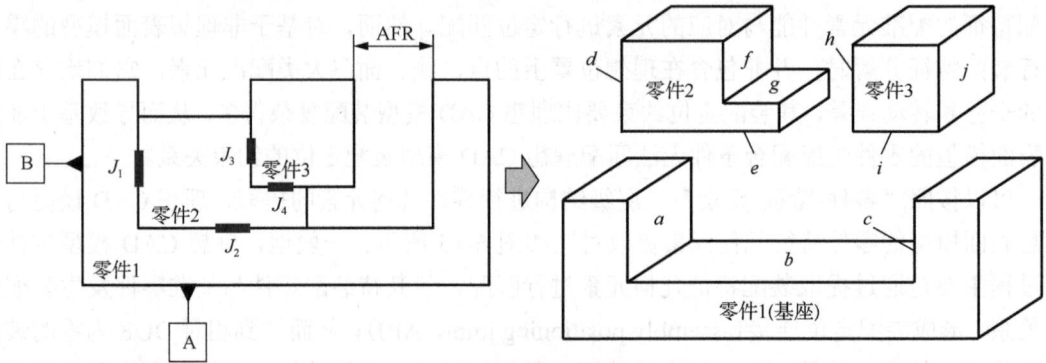

(a) 装配体结构简图

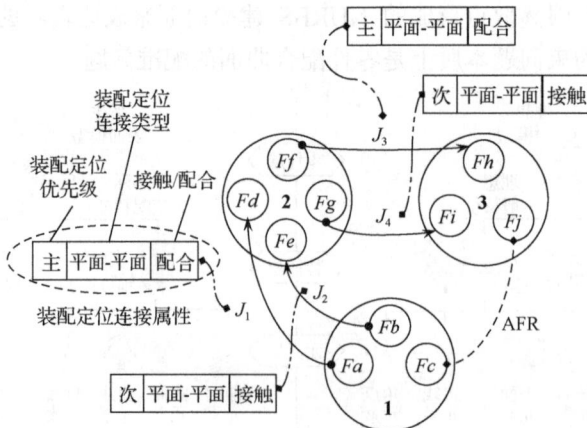

(b) 装配有向图(AOG)

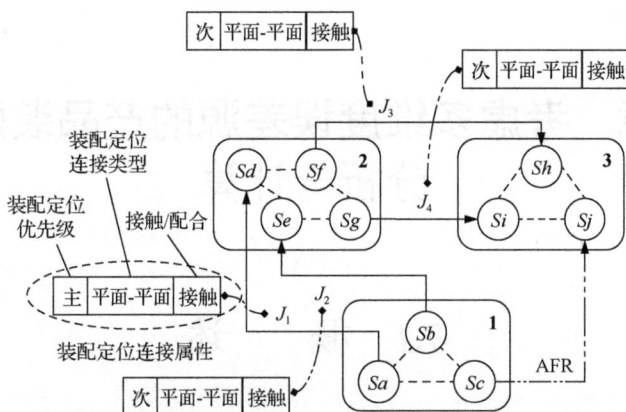

(c) 装配接触有向图(ACOG)

图 6-16　简单装配体及其对应的 AOG 与 ACOG 对比示意图

思 考 题

1. 简述装配尺寸链的计算方法。
2. 结合实例简述零件之间误差传递关系图的建立方法。
3. 简述装配接触有向图的含义，并描述其在零件装配定位约束关系表达中起到的作用。

第7章 考虑多维度误差源的产品装配精度分析与计算

7.1 概　　述

一般地，完整的产品装配精度预测过程是指在产品预装配阶段，通过获取产品装配拓扑关系以及零件 GD&T 设计数据，在虚拟装配环境中建立合适的算法模型(如极值法/均方根法/蒙特卡罗法等)进行仿真和模拟计算，从而预测产品的装配精度。然而，实践表明，通常在复杂精密机械产品装配过程中，产品装配精度预测与保障不仅需要通过产品零件的公差设计与优化加以控制，而且得益于借助实际装配过程测量与反馈调整等方式合理规划装配工艺来共同实现。此外，当前主流的 CAT 软件进行装配精度分析时，主要面向的是以刚体假设为前提的理想设计模型，往往忽略了零件几何形状误差、外部装配环境因素(如承受载荷、温/湿度变化等)的影响进一步带来的装配过程误差。因此，随着复杂机械产品零部件结构与装配关系越来越复杂，装配精度要求越来越高，为避免复杂产品离散装配过程中出现多次试装、修配、反复拆装等操作，在复杂产品设计阶段引入多维度误差源来进一步修正并提高产品装配精度预测结果就显得尤为重要，而传统的产品装配精度预测方法并不能满足当前复杂产品的装配需求。

为解决上述装配难题，本章在前几章的基础上进一步提出考虑多维度误差源的产品装配精度分析与计算方法，旨在针对基于理论 CAD 模型的装配精度预测与实际装配状态不相符的情况，实现复杂产品装配过程的高精度预测与高质量保障。

7.2 基于非理想表面模型的装配接触仿真

当获取到零件非理想表面模型的装配定位约束关系后，可以以装配特征配合约束关系为基准完成零件装配，从而保证零件装配的相对位置关系保持不变。由于孪生表面模型包含了实际零件的尺寸和几何误差信息，其配合表面的几何形状误差将导致零件偏离其理想的设计位置，进而导致在实际装配定位过程中影响零件的装配位姿。为解决上述问题，本节从基于非理想表面模型的装配特征几何元素提取与匹配方法出发，按照零件装配定位所处的不同阶段，提出两种基于非理想表面模型的装配特征接触定位求解方法，即元素配准调整 (element registration and adjustment，ERA)法和曲面约束匹配(constrained surface registration，CSR)法。

7.2.1　元素配准调整法

当产品装配过程以基础零件为基准开始装配时，通过装配特征配合约束关系可以实现零件之间的相对位姿定位，即依据基础零件的位姿信息可计算出下位零件的位姿，如此反复迭代可以完成整个产品的装配定位。由于孪生表面模型的装配特征提取元素在尺寸和几何形状上存在微小的平移和转动误差，采用理想装配特征元素配准求解零件定位位姿会存在与实际装配定位不相符的情况，甚至会出现装配特征配合失效或装配错误，从而无法满足 AFR（装配功能需求），导致装配失败。因此需要根据孪生表面模型的实际表面轮廓进行一定程度的装配定位位姿调整，以实现对零件装配定位位姿的补偿，具体过程如图 7-1 所示。

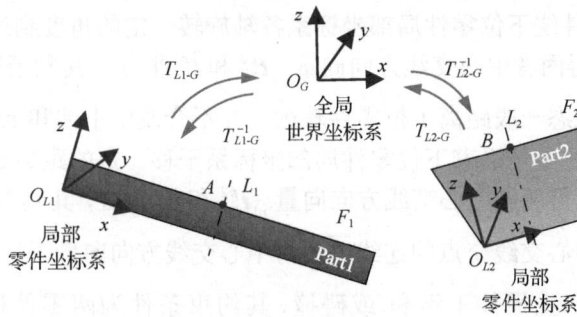

(a)配合特征坐标变换

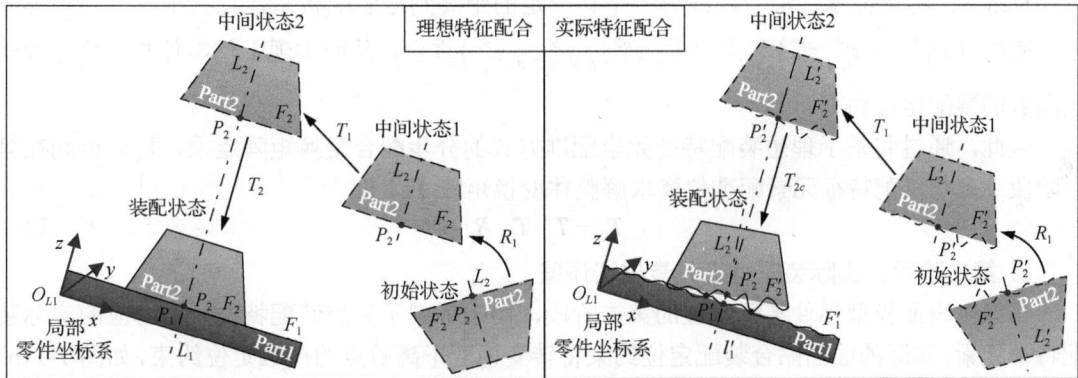

(b)理想特征配合与实际特征配合接触

图 7-1　零件装配特征位姿定位求解过程

因此，基于 ERA 的孪生表面模型零件装配过程可以分为以下两个阶段：第一阶段是理想装配特征元素配准位姿求解；第二阶段是对应的孪生表面模型实际装配特征元素位姿调整求解。

1. 第一阶段：理想装配特征元素配准位姿求解

在孪生表面模型零件装配定位的第一阶段，以理想的面面贴合装配为例，如图 7-1 所示，图中 Part 1 和 Part 2 分别为长方体和等腰梯形体，其局部零件坐标系分别为 $O_{L1\text{-}xyz}$ 和 $O_{L2\text{-}xyz}$。已知长方体上表面和等腰梯形体下表面为待装配特征，各自提取的表面、对称面中心交线以及表面与中心交线交点的特征元素分别记为 F_1、L_1、P_1 和 F_2、L_2、P_2。两零件的平面特征初始状态局部位姿信息 T_L 可采用提取特征元素进行表达，记为 $T_L=\{\,\boldsymbol{n}_F,\boldsymbol{t}_L,(x_P,y_P,z_P)\,\}$，包含了表面法向量 $\boldsymbol{n}_F$、中心交线方向向量 $\boldsymbol{t}_L$ 以及表面与中心交线交点坐标 (x_P,y_P,z_P) 信息。当平面特征表面与中心交线方向垂直时，$\boldsymbol{n}_F=\boldsymbol{t}_L$。假设 Part 1 和 Part 2 的局部零件坐标系到全局世界坐标系的变换矩阵分别为 $\boldsymbol{T}_{L1\text{-}G}$ 和 $\boldsymbol{T}_{L2\text{-}G}$，则零件 Part 2 经历两次坐标变换后位于零件 Part 1 坐标系中的位姿信息有如下表达式：

$$_{p1}\boldsymbol{T}_{L2}^{p2}=\boldsymbol{T}_{L1\text{-}G}^{-1}\boldsymbol{T}_{L2\text{-}G}\cdot\boldsymbol{T}_{L2}^{p2}=\left\{\,_{p1}\boldsymbol{n}_{F_2}^{p2},\,_{p1}\boldsymbol{t}_{L_2}^{p2},\left(_{p1}x_{P_2}^{p2},\,_{p1}y_{P_2}^{p2},\,_{p1}z_{P_2}^{p2}\right)\right\} \tag{7-1}$$

为避免零件实际变换过程中发生干涉或碰撞等现象，一般常见的方法是采用分步法实现上位零件 (Part 2) 在下位零件 (Part 1) 上的面面贴合装配定位约束。基于理想特征元素配准的具体变换步骤可分为以下三步，如图 7-1(b) 左侧所示。

Step 1：将上位零件绕下位零件局部坐标系各轴旋转一定的角度到达中间状态 1，记其旋转变换矩阵为 $\boldsymbol{R}_1$，使得两者中心交线方向向量 $_{p1}\boldsymbol{t}_{L_2}^{p2}$ 和 $\boldsymbol{t}_{L_1}^{p1}$ 平行，其判断准则为 $_{p1}\boldsymbol{t}_{L_2}^{p2}\times\boldsymbol{t}_{L_1}^{p1}=0$。由于上位零件的初始状态一般距离下位零件较远，并不会发生干涉和/或碰撞情况。

Step 2：继续将上位零件沿着下位零件局部坐标系平移一定的距离到达中间状态 2，记其平移变换矩阵为 $\boldsymbol{T}_1$，使得两者中心交线方向向量 $_{p1}\boldsymbol{t}_{L_2}^{p2}$ 和 $\boldsymbol{t}_{L_1}^{p1}$ 重合，其判断准则为上位零件与下位零件的表面和各自中心交线交点的连线 $\overline{P_1P_2}$ 与中心交线方向向量平行，即 $\overline{P_1P_2}\,/\!/\,_{p1}\boldsymbol{t}_{L_2}^{p2}\,/\!/\,\boldsymbol{t}_{L_1}^{p1}$。为确保该平移过程不产生零件干涉和/或碰撞，其约束条件为两零件构造的包围盒不发生干涉。

Step 3：将上位零件沿着连线 $\overline{P_1P_2}$ 平移一定的距离到达装配状态，记其平移变换矩阵为 $\boldsymbol{T}_2$，使得点 $P_1\left(x_{P_1}^{p1},y_{P_1}^{p1},z_{P_1}^{p1}\right)$ 和点 $P_2\left(_{p1}x_{P_2}^{p2},\,_{p1}y_{P_2}^{p2},\,_{p1}z_{P_2}^{p2}\right)$ 重合，从而实现上位零件与下位零件面面贴合的装配定位约束。

因此，通过将基于理想装配特征元素配准方式的分步配合变换矩阵连乘，可以得到在第一阶段下理想装配特征元素配准位姿求解整体变换矩阵 $\boldsymbol{T}_S$，即

$$\boldsymbol{T}_S=\boldsymbol{T}_2\cdot\boldsymbol{T}_1\cdot\boldsymbol{R}_1 \tag{7-2}$$

2. 第二阶段：实际装配特征元素位姿调整

在孪生表面模型零件装配定位的第二阶段，由于考虑了理想装配特征元素对应的实际装配特征元素，实际的面面贴合装配定位约束将转变为若干离散点的接触定位约束，如图 7-1(b) 右侧所示，因此寻找出两个孪生表面模型的装配特征曲面元素的接触点则是实际装配特征元素位姿调整的关键，从而可以根据真实的接触点对理想特征装配定位位姿进行调整。

为简化分析过程，本节先将三维空间实际的面面贴合装配转化至二维空间进行真实表面轮廓匹配，最后再进一步扩展至三维零件真实表面轮廓的匹配。以二维零件真实表面轮廓装配约束定位 (图 7-2(a)) 为例，其中孪生表面模型的真实几何形状采用有限离散点形成的 NURBS 曲线进行表征，下位零件 (Part 1) 和上位零件 (Part 2) 的真实几何形状曲线特征函数分别表示为 $z^{p1}=f_1(x)$ 和 $z^{p2}=f_2(x)$，运用差曲线法 (different curve method, DCM) 并以下位零件为配合基准，构造上位零件接触几何形状的差曲线 $_{p1}z^{p2}=f_2(x)-f_1(x)=g(x)$，如图 7-2(b) 所示，则可以将两个非理想真实几何形状曲线特征的装配位姿定位调整问题简化为差曲线与理想直线特征的装配位姿定位求解问题。

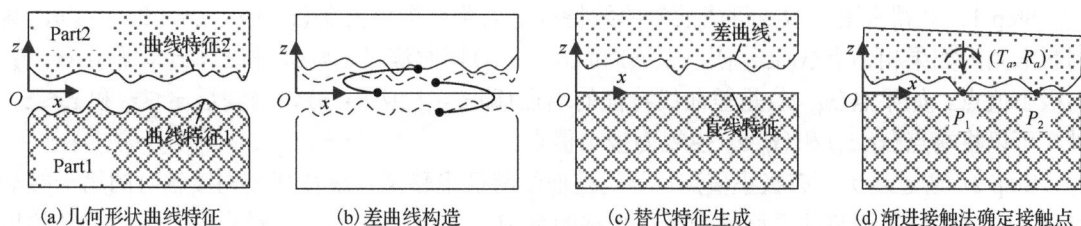

| (a)几何形状曲线特征 | (b)差曲线构造 | (c)替代特征生成 | (d)渐进接触法确定接触点 |

图 7-2　二维零件真实表面轮廓装配约束定位

因此，当两个零件的替代特征进行装配约束定位时，可采用渐进接触法(progressive contact method，PCM)使上位零件的差曲线朝着下位零件的理想直线特征逐渐接近，将平移最短距离后抵达的最先接触点称为第一接触点(P_1)。如果最先接触点只有一个，则差曲线特征将会进一步发生旋转，直至寻找到第二接触点(P_2)，该接触点是差曲线特征除第一接触点以外的另一极小值点，具体的装配状态由差曲线特征几何形状而定，如图 7-2(d)所示；如果最先接触点存在两个或两个以上，则差曲线特征与理想直线特征将直接完成装配约束定位。需要特别说明的是，当差曲线特征进行旋转时将会绕第一接触点"滚动"，即第一接触点位置会发生轻微变动，但由于差曲线特征几何误差导致的位姿调整相较零件尺寸很小，本书不予考虑"滚动"引起的第一接触点的变动情况。

根据上述分析，可以将二维非理想真实几何形状特征装配位姿定位调整求解方法分为以下三个步骤，具体的流程如图 7-3 所示。

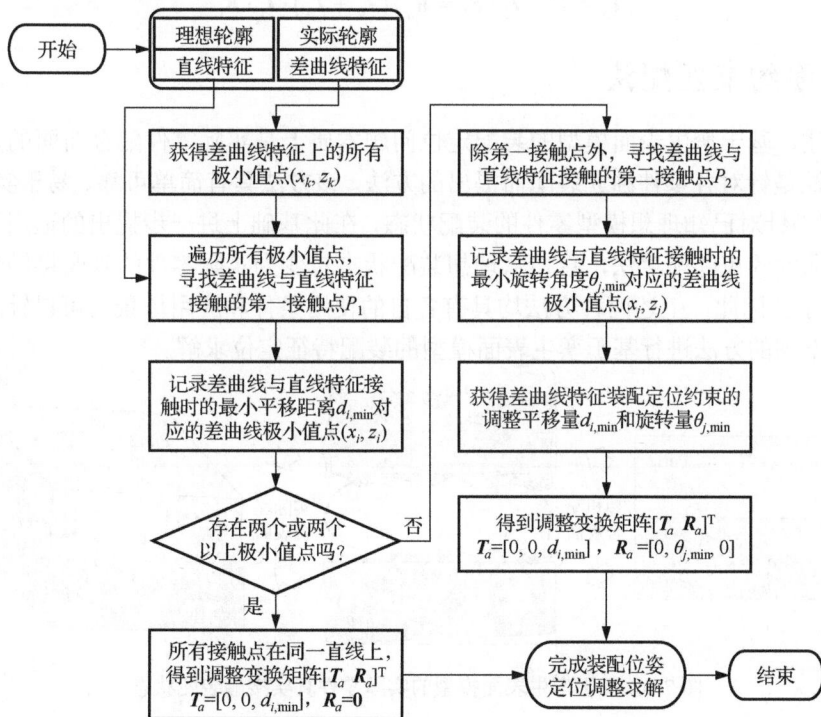

图 7-3　二维非理想真实几何形状特征装配位姿定位调整求解流程

Step 1：获得有限离散点形成的差曲线特征上的所有极小值点 (x_k, z_k)，$k=1, 2, \cdots, n$，其判断准则为如果相邻点 (x_{k-1}, z_{k-1})、(x_k, z_k) 和 (x_{k+1}, z_{k+1}) 同时满足 $z_k \leqslant z_{k-1}$ 和 $z_k \leqslant z_{k+1}$，则点 (x_k, z_k) 为极小值点。如果点 (x_k, z_k) 是差曲线特征的端点（即 $k=1$ 或 $k=n$），当满足 $z_1 \leqslant z_2$ 和 $z_n \leqslant z_{n-1}$ 时，可以将端点 (x_1, z_1) 和 (x_n, z_n) 也视为极小值点。

Step 2：通过遍历所有极小值点，寻找差曲线特征平移至直线特征最先接触时的第一接触点 (P_1)，此时位姿调整的平移量为最小平移距离 $d_{i,\min}$，其大小为 z_i，对应的差曲线特征的极小值点记为 (x_i, z_i)，装配位姿调整平移变换矩阵记为 $T_a = [0, 0, d_{i,\min}]$。如果最先接触点存在两个或两个以上，则说明差曲线特征的接触点均在同一直线上，不需要旋转操作即可完成装配位姿的定位调整；否则转至 Step 3。

Step 3：继续遍历除第一接触点 (x_i, z_i) 外的其余极小值点，寻找差曲线特征旋转至直线特征最先接触时的第二接触点 (P_2)，此时位姿调整的旋转量为最小旋转角度 $\theta_{j,\min}$，其大小为 $\arctan\left(\dfrac{z_j - z_i}{x_j - x_i}\right)$，对应的差曲线特征的极小值点记为 (x_j, z_j)，$j \neq i$，装配位姿调整旋转变换矩阵记为 $R_a = [0, \theta_{j,\min}, 0]$，因此可以得到最终的装配位姿调整变换矩阵 $[T_a \ R_a]^{\mathrm{T}}$，从而实现面向二维非理想真实几何形状特征的装配特征元素位姿调整。

同理可以采用差表面法（different surface method，DSM）和 PCM 分析三维空间零件真实表面轮廓的装配约束定位调整过程，从而结合两个阶段的装配位姿定位求解流程，可以进一步得到基于孪生表面模型的装配特征元素配准位姿求解的整体变换矩阵 T_S'，其表达式可写成

$$T_S' = T_{2c} \cdot T_1 \cdot R_1 = R_a \cdot (T_2 + T_a) \cdot T_1 \cdot R_1 \tag{7-3}$$

7.2.2　曲面约束匹配法

如前所述，基于孪生表面模型的装配定位问题本质上是实际零件配合曲面的匹配问题。其中，ERA 法是针对各零件独立装配而提出的方法，该方法具有简单可靠、易于实施等特点；而 CSR 法则是针对已知理想模型零件的装配状态，在此基础上进一步提出的适用于零件真实几何状态的曲面约束匹配算法，直接从理想装配状态转变为实际零件的真实接触装配状态，如图 7-4 所示。因此，上述两种方法均具有各自的使用条件和应用场景，可以针对不同的装配需求采用不同的方法进行基于孪生表面模型的装配特征定位求解。

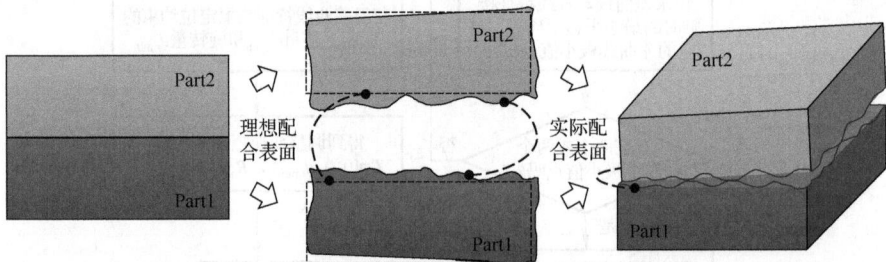

图 7-4　基于孪生表面模型的实际零件真实接触装配状态

由于孪生表面模型的真实几何形状采用有限离散点形成的 NURBS 曲面进行装配特征表征，所以装配特征定位问题可以直接转化为 NURBS 曲面约束匹配问题，其约束条件为两零

件装配特征曲面之间不发生干涉现象。目前在自由曲面匹配技术的研究中，由 Besl 和 McKay 以及 Chen 和 Medioni 提出的最近点迭代(iterative closest point，ICP)算法是最具开创性且应用最为广泛的配准算法，为后续基于迭代的配准算法的发展提供了理论基础和框架。当考虑零件装配特征曲面之间的约束定位问题时，由于两曲面之间存在互不干涉的约束条件，因此可以进一步改进传统自由曲面匹配技术及 ICP 算法，提出适用于孪生表面模型真实几何形状轮廓的装配特征曲面约束匹配算法。该算法主要分为两个阶段：第一阶段是粗匹配，即在理想 CAD 模型的装配定位位姿的基础上，通过点云粗配准确定装配特征的曲面初始位置；第二阶段是考虑约束条件的精匹配，即在避免孪生表面模型装配特征匹配时发生干涉的约束条件下，采用基于"点-面"的 ICP 算法，实现两曲面之间的精确配准，以反映实际零件的真实装配定位接触状态。图 7-5 为基于 CSR 法的孪生表面模型装配特征位姿定位求解流程图，具体的实施步骤如下。

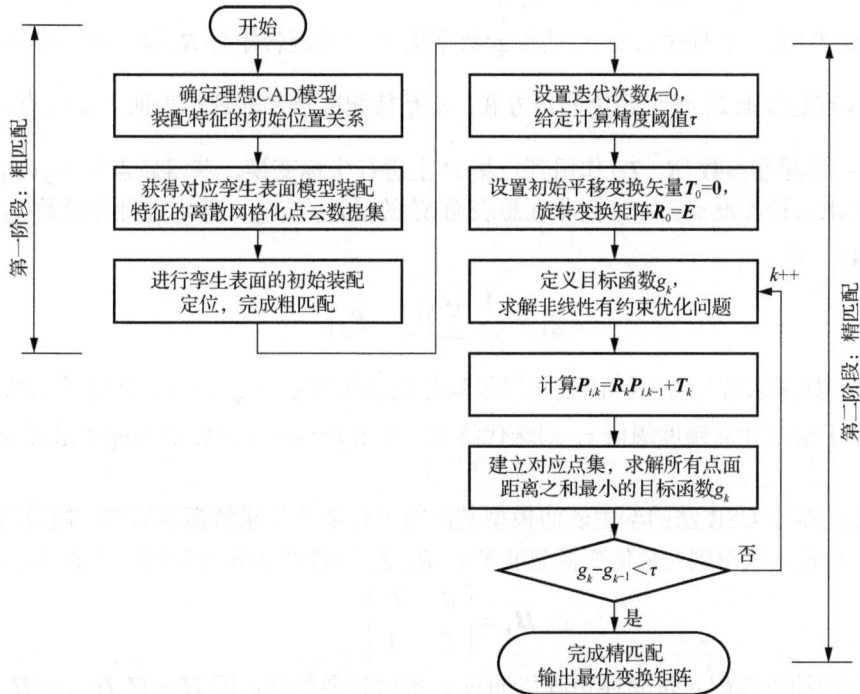

图 7-5　基于曲面约束匹配法的孪生表面模型装配特征位姿定位求解流程

Step 1：确定两个理想 CAD 模型装配特征的初始位置关系，其中上位零件定位基准表面记为 S_1，下位零件待装配特征表面记为 S_2，其各自对应的孪生表面模型的装配特征表面记为 S_1' 和 S_2'，通过离散网格化得到各自的点云数据集分别记为 $X_i=\{x_i\}_{i=1}^{N_x}$ 和 $P_i=\{p_i\}_{i=1}^{N_p}$，N_x 和 N_p 为对应孪生表面模型离散网格化的点云数量。

Step 2：采用两个理想零件模型各自的局部零件坐标系作为定位基准，将对应的孪生表面模型的装配特征进行初始装配定位，实现基于孪生表面模型的零件装配粗匹配。

Step 3：初始化，设置迭代次数 $k=0$，给定计算精度阈值 τ，设置初始平移变换矢量 $T_0=\mathbf{0}$，旋转变换矩阵 $R_0=E$，其中，E 为单位矩阵。

Step 4：基于点到曲面最近距离的最近点搜索迭代算法，计算下位零件待装配特征表面的点云中每个数据点 $\{p_i\}$ 到上位零件装配特征表面 S_1' 的最近点 $Y_i = \{y_i\}_{i=1}^{N_y}$，即在非理想表面 S_1' 中寻找一个最近距离的点 y_i，与非理想表面 S_2' 中的数据点 p_i 形成对应点集，从而可以构造均方目标函数 g_0 为

$$g_0 = \frac{1}{N_p}\sum_{i=1}^{N_p}\left\| Y_{i,0} - P_{i,0} \right\|^2 = \frac{1}{N_p}\sum_{i=1}^{N_p}\left\| y_{i,0} - \left(R_0 p_{i,0} + T_0 \right) \right\|^2 \tag{7-4}$$

Step 5：将式 (7-4) 所示的最小值问题作为多维非线性有约束优化问题进行求解，寻找最优变换配准参数 (R_k, T_k)，且满足以下约束条件：

$$\begin{cases} g\left(R_k, T_k \right) = \min g_k = \min \dfrac{1}{N_p}\sum_{i=1}^{N_p}\left\| Y_{i,k} - \left(R_k P_{i,k-1} + T_k \right) \right\|^2 \\ \text{s.t. } d_i\left(R_k P_{i,k-1} + T_k, S_1' \right) \geqslant 0 \end{cases} \tag{7-5}$$

式中，$g(R_k, T_k)$ 表示非理想表面 S_2' 的点云数据集 P_i 经过旋转矩阵 R_k 和平移矢量 T_k 变换后，点云 P_i 到非理想表面 S_1' 最近距离的均方和；d_i 是待配准点到非理想表面上最近点的距离。

Step 6：将配准参数 (R_k, T_k) 作用到点集 P_i 上进行坐标变换，获得新点集 $P_{i,k} = R_k P_{i,k-1} + T_k$，在此基础上求解待配准点云 $P_{i,k}$ 到非理想表面 S_1' 的最近点 $Y_{i,k}$，其均方目标函数 g_k 的形式类似于式 (7-4)，即

$$g_k = \frac{1}{N_p}\sum_{i=1}^{N_p}\left\| Y_{i,k} - P_{i,k} \right\|^2 \tag{7-6}$$

Step 7：如果求解均方目标函数的结果满足判断条件 $g_k - g_{k-1} < \tau$，即所有点面距离之和的改变量小于给定计算精度阈值 τ，则迭代终止，否则 $k = k + 1$ 并转至 Step 4 进行反复迭代直至结束。

根据上述基于 CSR 法的孪生表面模型装配特征位姿定位求解流程可知，假设迭代共进行了 $k+1$ 次，每次迭代得到的最优变换配准参数 (R_k, T_k) 可改写成齐次变换矩阵 H_k $(k=0,1,\cdots,n)$：

$$H_k = \begin{bmatrix} R_k & T_k \\ 0 & 1 \end{bmatrix}_{4\times 4} \tag{7-7}$$

则最终的曲面约束匹配定位变换矩阵可通过一系列右乘得到，即 $H = H_k H_{k-1}\cdots H_0$，则下位零件非理想表面 S_2' 可通过对点云数据集 P_i 进行变换 $H_k \cdot P_i$，从而实现与上位零件非理想表面 S_1' 的精确定位匹配。

针对上述每次迭代过程中涉及的基于"点-面"最近点迭代算法求解最优变换矩阵的问题，可以采用存在约束条件的非线性最优化理论与方法对该问题进行计算，当前已有很多可行的算法用于解决上述非线性有约束优化问题，如有效集法、HLRF/iHLRF 法、序列二次规划法、罚函数法、最小势能算法等。本书采用将拉格朗日 (Lagrange) 函数与罚函数法结合起来构成的增广 Lagrange 罚函数法 (又称乘子罚函数法) 用于不等式约束优化问题中，既保留了罚函数法的广泛实用性与易操作性，又通过引入 Lagrange 函数避免了罚函数可能出现的病态矩阵。增广 Lagrange 罚函数法的核心思想是根据优化目标函数的约束条件构造 Lagrange 乘子法与罚函数法相结合的罚函数，将有约束优化问题转化为无约束优化问题进行求解。

对于孪生表面模型的曲面约束匹配问题，其约束条件是在每次迭代搜索过程中下位零件非理想表面每个离散点到上位零件非理想表面的最近距离点集 $\{p_i\}$ 与非理想表面 S_1' 不存在干涉或穿透现象。根据式(7-5)可知，令旋转矩阵 R_k 和平移矢量 T_k 与微分运动矢量 U 的对应关系为 $U=[\alpha;\ \beta;\ \gamma;\ u;\ v;\ w]$，目标函数为 $g(U)$，约束函数为 $d(U)$，则可以构造 Lagrange 乘子法与罚函数法相结合的罚函数，具体形式如下：

$$
\begin{cases}
g(R_k, T_k) = g(U) = \sum_{i=1}^{N_p} \left[\lambda_i \cdot d_i(U) + \left(\sigma_1 \cdot d_i(U)^{\text{noninterf}} \right)^2 + \left(\sigma_2 \cdot d_i(U)^{\text{interf}} \right)^2 \right] \\
\sigma_1 = \begin{cases} 1, & d_i \geqslant 0 \\ 0, & d_i < 0 \end{cases} ; \quad \sigma_2 = \begin{cases} 0, & d_i \geqslant 0 \\ 50, & d_i < 0 \end{cases}
\end{cases}
\tag{7-8}
$$

式中，$d_i(U)$ 为第 i 次迭代搜索过程中，离散点集到非理想表面的最近距离；λ 为 Lagrange 乘子，最优 Lagrange 乘子 λ^* 将在计算过程中进行估计与校正；$d_i(U)^{\text{noninterf}}$ 为离散点集与非理想表面无干涉时点到曲面的最近距离；σ_1 为离散点集与非理想表面不发生干涉时的惩罚因子，当 $d_i \geqslant 0$ 时 $\sigma_1=1$，当 $d_i < 0$ 时 $\sigma_1=0$；$d_i(U)^{\text{interf}}$ 为离散点集与非理想表面发生干涉时点到曲面的最近距离；σ_2 为离散点集与非理想表面发生干涉时的惩罚因子，当 $d_i \geqslant 0$ 时 $\sigma_2=0$，当 $d_i < 0$ 时 $\sigma_2=50$。

通过构造罚函数可以将式(7-5)所示的有约束优化问题转化为式(7-8)所示的无约束优化问题，并可以进一步采用牛顿法对新构造的目标函数进行求解，从而计算得到迭代搜索过程中的最优旋转矩阵 R_{opt} 和最优平移矢量 T_{opt}。因此，基于孪生表面模型的装配特征曲面约束匹配求解定位的整体变换矩阵 T_S'' 可表示为

$$
T_S'' = H_{\text{opt}} = \begin{bmatrix} R_{\text{opt}} & T_{\text{opt}} \\ 0 & 1 \end{bmatrix}_{4 \times 4}
\tag{7-9}
$$

7.3　基于非理想表面模型的零件配合误差变动解析

7.3.1　问题描述

前述讨论了基于孪生表面模型的装配约束关系表达与定位求解方法，主要描述的是零件间串联装配节点的 APJ(装配定位连接)情况，即单基准装配。当孪生表面模型零件装配过程中存在局部并联装配或多基准装配节点时，将存在不同装配定位约束关系共同构成一个装配分界面的情况，这就有可能导致不同的装配定位约束关系同时约束同一方向 DOF(自由度)的情况，从而发生装配约束重叠现象，影响装配误差传递过程。

由于零件装配活动是多约束耦合过程，将受到装配方向、装配顺序、装配连接手段等多重约束效果的叠加，零件装配定位过程会存在先后顺序(assembly locating priority，ALP)，发生约束重叠的 DOF 方向将由高优先级的定位关系进行优先约束，而低优先级的定位关系仅能约束剩余的尚未被约束的 DOF 方向。考虑到零件装配特征的变动位置关系也将受到 ALP 的影响，即优先完成定位约束的零件装配特征对的位置变动将影响剩余尚未被约束的装配特征的定位位置，因此，零件装配特征变动将由定位优先级较高的装配特征引起的配合变动以及

当前装配定位后的配合变动来共同决定。所以，有必要根据孪生表面模型的串并联装配拓扑结构形式以及 ALP，进一步深入研究孪生表面模型串并联装配的实际误差传递过程，获取当前零件装配特征变动相对于装配名义位置的变动大小，以此作为产品零件装配成功率的计算依据。

以包含面面贴合的零件装配为例，其名义位置如图 7-6(a) 所示，假设装配约束定位零件的底部平面特征和左侧平面特征分别作为第一和第二装配基准，则底部平面特征将约束 1 个平动方向(z)和 2 个转动方向(x 和 y)的 DOF，而左侧平面特征将约束 1 个平动方向(y)和 2 个转动方向(x 和 z)的 DOF。由于左侧平面特征的面面贴合 ALP 低于底部平面，因此左侧平面特征只能约束 1 个平动方向(y)和 1 个转动方向(z)的 DOF。图 7-6(b) 反映了装配约束定位关系下的零件变动关联，随着底部平面相互贴合，左侧两平面在转动方向(x)上相对于名义位置的变动将被确定，从而约束左侧平面配合之间在平动方向(y)和转动方向(z)上的变动大小。图 7-6(c) 表示引入孪生表面模型后在不同装配约束定位关系之间的零件变动关联，将进一步"修正"左侧平面配合之间在平动方向(y)和转动方向(z)上的变动值。

同理，如图 7-7 所示，以包含面面贴合与轴孔配合的零件装配为例，假设装配约束定位零件的平面特征和圆柱面特征分别作为第一和第二装配基准，由于圆柱面特征的轴孔配合 ALP 低于面面贴合，所以，圆柱面特征只能约束 2 个平动方向(x 和 y)的 DOF，在引入圆柱面的孪生表面模型后，将进一步"修正"圆柱面特征轴孔配合在 2 个平动方向(x 和 y)上的变动值。

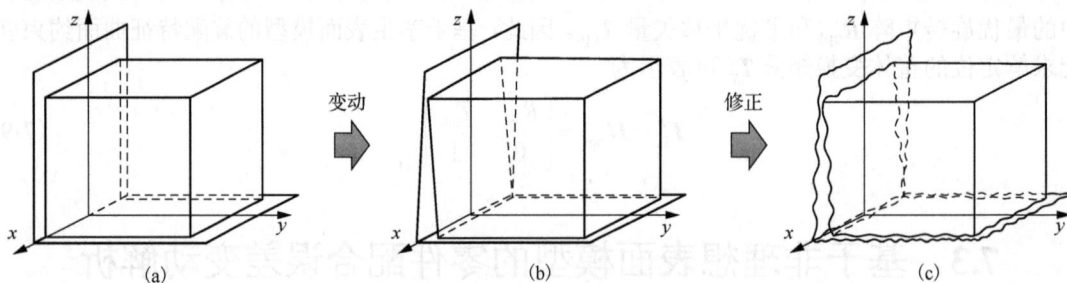

图 7-6　平面-平面组合的多基准装配定位连接

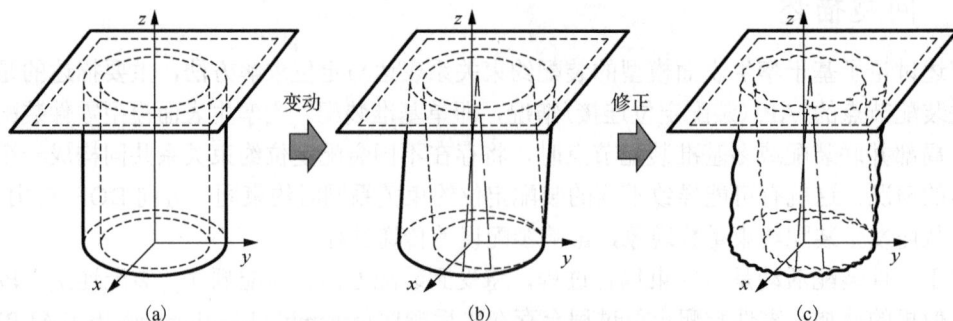

图 7-7　平面-圆柱面组合的多基准装配定位连接

因此，针对基于孪生表面模型的多基准装配过程中涉及的一系列串并联 APJ 问题，在解析装配定位变动关系和计算装配成功率之前，有必要分析产品装配体的误差传递属性，明确基于孪生表面模型的串并联装配实际误差传递过程，并对零件间的装配约束定位关系加以描述和筛选，以便更加准确地获取产品装配目标特征在约束定位前后相对于装配名义位置的变动情况。

7.3.2　非理想表面模型串并联装配结合面

无论理想 CAD 模型还是孪生表面模型，零件在伴随着装配拓扑结构和装配顺序逐渐"生长"形成产品装配体的过程中，将依靠装配约束定位关系产生若干个串并联 AJS（装配结合面），并通过各 AJS 之间的相互关联和耦合影响，构成零件间的装配误差传递体系，进而根据各 AJS 之间的误差耦合与传递效应，形成相邻零件之间的误差传递路径。因此，作为零件间误差传递的桥梁和载体，AJS 对于基于孪生表面模型的串并联装配误差传递分析至关重要，其结合面局部误差将伴随着零件装配过程并沿着装配体的拓扑结构逐渐传递，从而不断累积形成最终的产品装配体误差。

根据构成 AJS 的典型几何要素类型，可将其分为平面结合面、圆柱结合面、圆锥结合面、球面结合面等；根据 AJS 在误差传递方向上的关系，可将其分为串联装配结合面和并联装配结合面，其中，并联装配结合面还可进一步分为同体并联装配结合面和异体并联装配结合面，如图 7-8 所示，其中，$P_1 \sim P_6$ 表示零件，$J_1 \sim J_6$ 表示装配结合面。

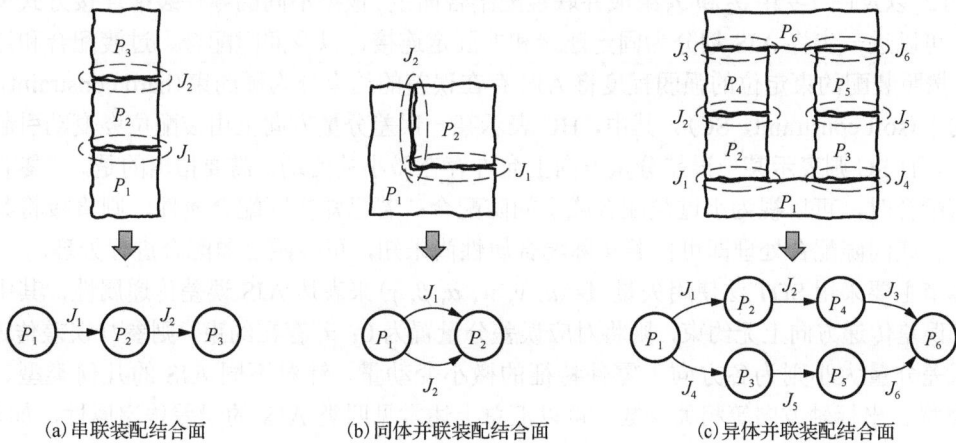

(a)串联装配结合面　　　　(b)同体并联装配结合面　　　　(c)异体并联装配结合面

图 7-8　串并联装配结合面示意图

更进一步，由于异体并联装配结合面关联的零件不同，当该 AJS 的零件几何表面均为固定连接时，可以将固定连接的多个零件视为一个刚体，将其等效为同体并联装配结合面进行分析。如图 7-9 所示，J_1、J_4 和 J_3、J_6 均为固定连接，则 P_1、P_2、P_3 和 P_4、P_5、P_6 分别可视为新的刚性零件 P_1' 和 P_2'，进而可以通过 J_2 和 J_5 装配形成同体并联装配结合面。

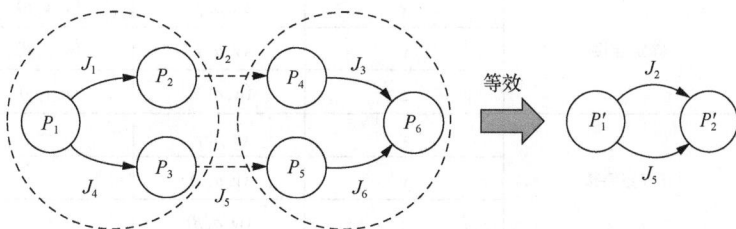

图 7-9　异体并联装配结合面的简化等效图

7.3.3　非理想表面模型装配实际误差传递属性

1. 装配结合面误差传递属性表达

通常，产品 AJS 的误差传递属性是指根据零件装配特征和装配约束定位关系，零件各误差分量通过串并联 AJS 传递时产生的一种选择性传递特性，其传递特性主要与零件装配特征的几何形状类型、装配连接方式、配合属性以及 ALP 等因素息息相关。为方便表达产品 AJS 的误差传递属性，下面引入小位移旋量(small displacement torsor，SDT)法来描述零件装配特征定位约束变动问题，进而表示零件 AJS 在某一误差分量上的误差变动与传递属性。该方法由 Bourdet 在 1996 年引入公差建模研究领域，用于表达理想形状几何要素的微小位移，同样也可用于表达孪生表面模型的微小位移变动。SDT 法采用六元变动分量构成的矢量对零件装配特征进行微小位移的表达，即 $(u, v, w, \alpha, \beta, \gamma)$，其中，$u$、$v$、$w$ 表示沿着 x、y、z 坐标轴平移的微小变动量，α、β、γ 表示绕着 x、y、z 坐标轴旋转的微小变动量。

由表 7-1 可知，平面、圆柱面、旋转面(圆锥面)、球面是工程中较为常见的四类装配结合面几何类型，并且在此基础上可以构成上述常见 AJS 相互组合的情况，从而组成串联装配结合面组和并联装配结合面组。例如，图 7-8(a)中 J_1 和 J_2 组成串联装配结合面组，图 7-8(b)中 J_1 和 J_2 以及图 7-9 中 J_2 和 J_5 组成并联装配结合面组。根据不同的零件装配连接方式和配合属性，可以进一步将 AJS 划分为固定连接和非固定连接，以及间隙配合、过渡配合和过盈配合，并按照装配约束定位的强弱程度将 AJS 存在误差的约束分为硬约束(hard constraint，HC)和软约束(soft constraint，SC)，其中，HC 表示某一误差分量方向上由装配位姿变动引起的实体干涉，而 SC 则表示某一误差分量方向上允许存在微小的变动。需要指出的是，当零件 AJS 为过渡配合时，可以视为小过盈配合或小间隙配合；若已知实际配合属性，则直接将其作为过盈配合或间隙配合处理即可；若实际配合属性尚未知，可按照过盈配合进行处理。

本节主要采用 SDT 法使用矢量 $\boldsymbol{A}=(u, v, w, \alpha, \beta, \gamma)$ 来表达 AJS 误差传递属性，其中，若 AJS 在误差传递方向上无约束，则将对应误差分量置为 0；若存在约束，则参与误差传递，其具体误差分量大小则为各方向上零件特征的微小变动量。针对不同 AJS 的几何类型、装配约束类型、坐标轴方向等相关参数，可以汇总上述常见四类 AJS 的误差传递属性，如表 7-1 所示。

表 7-1　常见四类装配结合面的误差传递属性

装配结合面几何类型	装配约束类型 (连接/配合类型)	坐标轴方向 (法向/轴向)	装配结合面误差传递属性		无约束
			存在约束		
			硬约束	软约束	
平面	固定连接	x	(u, β, γ)	(v, w, α)	—
		y	(v, α, γ)	(u, w, β)	—
		z	(w, α, β)	(u, v, γ)	—
	非固定连接	x	(u, β, γ)	—	(v, w, α)
		y	(v, α, γ)	—	(u, w, β)
		z	(w, α, β)	—	(u, v, γ)

续表

装配结合面 几何类型	装配约束类型 (连接/配合类型)	坐标轴方向 (法向/轴向)	装配结合面误差传递属性		
			存在约束		无约束
			硬约束	软约束	
圆柱面	间隙配合	x	—	(v, w, β, γ)	(u, α)
		y	—	(u, w, α, γ)	(v, β)
		z	—	(u, v, α, β)	(w, γ)
	过盈配合	x	(u, w, β, γ)	—	(u, α)
		y	(u, w, α, γ)	—	(v, β)
		z	(u, v, α, β)	—	(w, γ)
圆锥面	间隙配合	x	—	(u, v, w, β, γ)	(α)
		y	—	$(u, v, w, \alpha, \gamma)$	(β)
		z	—	(u, v, w, α, β)	(γ)
	过盈配合	x	(u, v, w, β, γ)	—	(α)
		y	$(u, v, w, \alpha, \gamma)$	—	(β)
		z	(u, v, w, α, β)	—	(γ)
球面	间隙配合	$x/y/z$	—	(u, v, w)	(α, β, γ)
	过盈配合	$x/y/z$	(u, v, w)	—	(α, β, γ)

进一步可以发现，AJS 误差传递属性的各类约束可以运用数学集合的方式进行表示，即硬约束集合 S_{HC}、软约束集合 S_{SC}、无约束集合 S_{NC}，其实际误差传递属性将由硬约束集合和软约束集合共同决定。假设零件 AJS 的全部约束集合为 S_A，则有 $S_A=\{u, v, w, \alpha, \beta, \gamma\}$，各约束集合存在如下表达关系式：

$$\begin{cases} S_A = S_{HC} \bigcup S_{SC} \bigcup S_{NC} \\ S_{HC} \bigcap S_{SC} = S_{SC} \bigcap S_{NC} = S_{HC} \bigcap S_{NC} = \varnothing \end{cases} \tag{7-10}$$

当零件 AJS 在误差传递方向存在约束时，表明零件装配特征配合变动将在该误差分量方向上得到传递，从而将该误差分量方向上的配合变动量筛选至下一级零件 AJS，进而实现当前 AJS 的误差传递，因此，可以通过引入装配特征配合变动的 6×6 选择矩阵（用符号 M 表示）来辅助表达串并联 AJS 的误差传递属性，以消除在无约束方向上出现装配特征配合变动的可能性，该矩阵的具体形式为对角元素为 1 或 0，其他位置元素均为 0。

根据 AJS 误差传递属性的矢量表达、二进制表达与集合表达三者之间的映射关系可知，AJS 误差变动矢量中对应的各误差变动分量可以按顺序转化为二进制数字，即不等于 0 的各误差变动分量用"1"表示，等于 0 的无约束误差变动分量用"0"表示，从而可以将装配特征配合变动的二进制表达转化为对应误差传递属性的选择矩阵。如图 7-7 所示，平面-圆柱面组合的并联装配结合面在 ALP 的约束下，假设平面装配特征的 ALP 高于圆柱面装配特征，这将使得后定位的圆柱面装配特征结合面失去在 α 和 β 方向上的误差变动约束，则在间隙配合下的圆柱面装配特征的误差传递属性由原来的 $(u, v, 0, \alpha, \beta, 0)$ 变为实际的 $(u, v, 0, 0, 0, 0)$，从而可知，在对应 ALP 约束下的误差传递属性选择矩阵为

$$M = \begin{bmatrix} 0 & 0 & 0 & 0 & 0 & 0 \\ 0 & 0 & 0 & 0 & 0 & 0 \\ 0 & 0 & 0 & 0 & 0 & 0 \\ 0 & 0 & 0 & 1 & 0 & 0 \\ 0 & 0 & 0 & 0 & 1 & 0 \\ 0 & 0 & 0 & 0 & 0 & 0 \end{bmatrix}_{6 \times 6} \tag{7-11}$$

2. 串并联装配结合面组实际误差传递属性计算

已知伴随着装配拓扑结构逐渐形成完整产品的装配过程中，装配结合面组是由一系列串并联装配结合面相互关联而形成的，其误差传递属性将由相互关联的串联或并联装配结合面组的复合误差传递属性共同决定。下面将分别阐述串联装配结合面组和并联装配结合面组的实际误差传递属性计算过程，并给出串并联装配结合面组的复合误差传递属性计算流程，为后续计算基于孪生表面模型的零件装配成功率提供前提条件。

1) 串联装配结合面组

当零件间只有串联装配结合面作为误差传递媒介时，仅在 AJS 的 HC 和 SC 方向进行误差分量的传递，而在无约束方向，对应的误差分量将无法传递下去，因此串联装配结合面将对各误差分量按照装配拓扑结构进行逐层逐级筛选，最终剩余的误差分量将作为串联装配结合面的误差传递属性。设串联装配结合面的误差传递属性用 A_s 表示，对应的硬约束集合和软约束集合分别为 $S_{s,\mathrm{HC}}$、$S_{s,\mathrm{SC}}$，则有

$$\begin{cases} \{A_s\} = S_{s,\mathrm{HC}} \bigcup S_{s,\mathrm{SC}} \\ S_{s,\mathrm{HC}} = \bigcap_{i=1}^{n} S_{i,\mathrm{HC}} \\ S_{s,\mathrm{SC}} = \bigcup_{i=1}^{n} S_{i,\mathrm{SC}} - \bigcup_{i=1}^{n} S_{i,\mathrm{NC}} \end{cases} \tag{7-12}$$

式中，n 为串联装配结合面中装配特征对的数量；$S_{i,\mathrm{HC}}$、$S_{i,\mathrm{SC}}$、$S_{i,\mathrm{NC}}$ 分别表示串联装配结合面中第 i 个装配特征对的硬约束、软约束和无约束集合。

鉴于在串联装配结合面组中各结合面均为串行关系，结合面的误差传递属性并不会受到其他结合面定位约束的影响，因此，在随着装配拓扑结构演变的过程中，串联装配结合面组的实际误差传递属性将不会发生改变，依然可由式(7-12)计算得到串联装配结合面组的实际误差传递属性。

2) 并联装配结合面组

由于并联装配结合面组为误差传递提供了多种可选的路径，从而可以使得更多的误差分量通过并联装配结合面组传递下去。设并联装配结合面组的误差传递属性用 A_p 表示，对应的硬约束集合和软约束集合分别为 $S_{p,\mathrm{HC}}$、$S_{p,\mathrm{SC}}$，则有

$$\begin{cases} \{A_p\} = S_{p,\mathrm{HC}} \bigcup S_{p,\mathrm{SC}} \\ S_{p,\mathrm{HC}} = \bigcup_{j=1}^{m} S_{j,\mathrm{HC}} \\ S_{p,\mathrm{SC}} = \bigcup_{j=1}^{m} S_{j,\mathrm{SC}} - \bigcup_{j=1}^{m} S_{j,\mathrm{NC}} \end{cases} \tag{7-13}$$

式中，m 为并联装配结合面组中装配特征对的数量；$S_{j,\text{HC}}$、$S_{j,\text{SC}}$、$S_{j,\text{NC}}$ 分别表示并联装配结合面组中第 j 个装配特征对的硬约束、软约束和无约束集合。

然而在实际装配过程中，由于考虑到各并联装配结合面的相互作用影响，尤其是并联装配结合面的连接类型、配合属性以及 ALP 等影响因素，当相邻零件间的不同并联装配结合面的误差传递属性的交集不为空时，即不同并联装配结合面在某些误差分量方向上存在重复约束作用时，会导致先完成装配定位的结合面对后续其他结合面在上述误差分量方向上的定位进行约束限制，从而发生并联装配结合面的误差传递属性改变的情形，因此，有必要进一步基于 ALP，计算并联装配结合面组的实际误差传递属性。根据前人的研究成果可知，并联装配结合面组的实际误差传递属性具有如下规律。

规律 1：装配定位优先级高的并联装配结合面的 HC 方向将保持不变。

规律 2：装配定位优先级高的并联装配结合面的 SC 方向如果与对应装配定位优先级低的并联装配结合面的 HC 方向相同，那么该部分的 SC 失效。

规律 3：装配定位优先级低的并联装配结合面的 HC 和/或 SC 方向如果与对应装配定位优先级高的并联装配结合面的 HC 方向相同，那么该部分的约束均失效。

假设并联装配结合面 J_1、J_2 对应的 HC 分别为 $S_{p,\text{HC1}}$ 和 $S_{p,\text{HC2}}$，对应的 SC 分别为 $S_{p,\text{SC1}}$ 和 $S_{p,\text{SC2}}$，且 J_1 的装配定位优先级高于 J_2，即 $\text{ALP}(J_1) > \text{ALP}(J_2)$，当上述结合面成功装配时，$J_1$、$J_2$ 的实际约束集合表示如下：

$$\begin{cases} S'_{p1} = \left\{ S'_{p,\text{HC1}}, S'_{p,\text{SC1}} \right\} = \left\{ S_{p,\text{HC1}}, S_{p,\text{SC1}} - S_{p,\text{HC2}} \right\} \\ S'_{p2} = \left\{ S'_{p,\text{HC2}}, S'_{p,\text{SC2}} \right\} = \left\{ S_{p,\text{HC2}} - S_{p,\text{HC1}}, S_{p,\text{SC2}} - S_{p,\text{HC1}} \right\} \end{cases} \tag{7-14}$$

式中，$S'_{p,\text{HC1}}$ 和 $S'_{p,\text{SC1}}$ 表示并联装配结合面 J_1 对应的实际硬约束集合和实际软约束集合；$S'_{p,\text{HC2}}$ 和 $S'_{p,\text{SC2}}$ 表示并联装配结合面 J_2 对应的实际硬约束集合和实际软约束集合。

因此，在计算并联装配结合面组的实际误差传递属性时，可以根据 ALP 的高低顺序，由高到低依次计算并获取并联装配结合面组的实际误差传递属性，进一步结合式(7-13)和式(7-14)，从而得到并联装配结合面组的实际误差传递属性计算表达式，如式(7-15)所示：

$$\begin{cases} \left\{ A'_p \right\} = S'_{p,\text{HC}} \bigcup S'_{p,\text{SC}} \\ S'_{p,\text{HC}} = \bigcup_{j=1}^{m} S'_{j,\text{HC}} \\ S'_{p,\text{SC}} = \bigcup_{j=1}^{m} S'_{j,\text{SC}} \end{cases} \tag{7-15}$$

式中，A'_p 表示并联装配结合面组的实际误差传递属性；$S'_{p,\text{HC}}$ 和 $S'_{p,\text{SC}}$ 表示对应的实际硬约束集合和实际软约束集合；$S'_{j,\text{HC}}$ 和 $S'_{j,\text{SC}}$ 表示并联装配结合面组中第 j 个装配特征对的实际硬约束集合和实际软约束集合。需要特别指出的是，一般情况下产品装配拓扑结构中的并联装配结合面不会超过三个，并联装配结合面的数量越多越不利于保证产品的可装配性与装配成功率。

综上所述，可以总结出串并联装配结合面组的实际误差传递属性计算过程，具体步骤流程如图 7-10 所示。

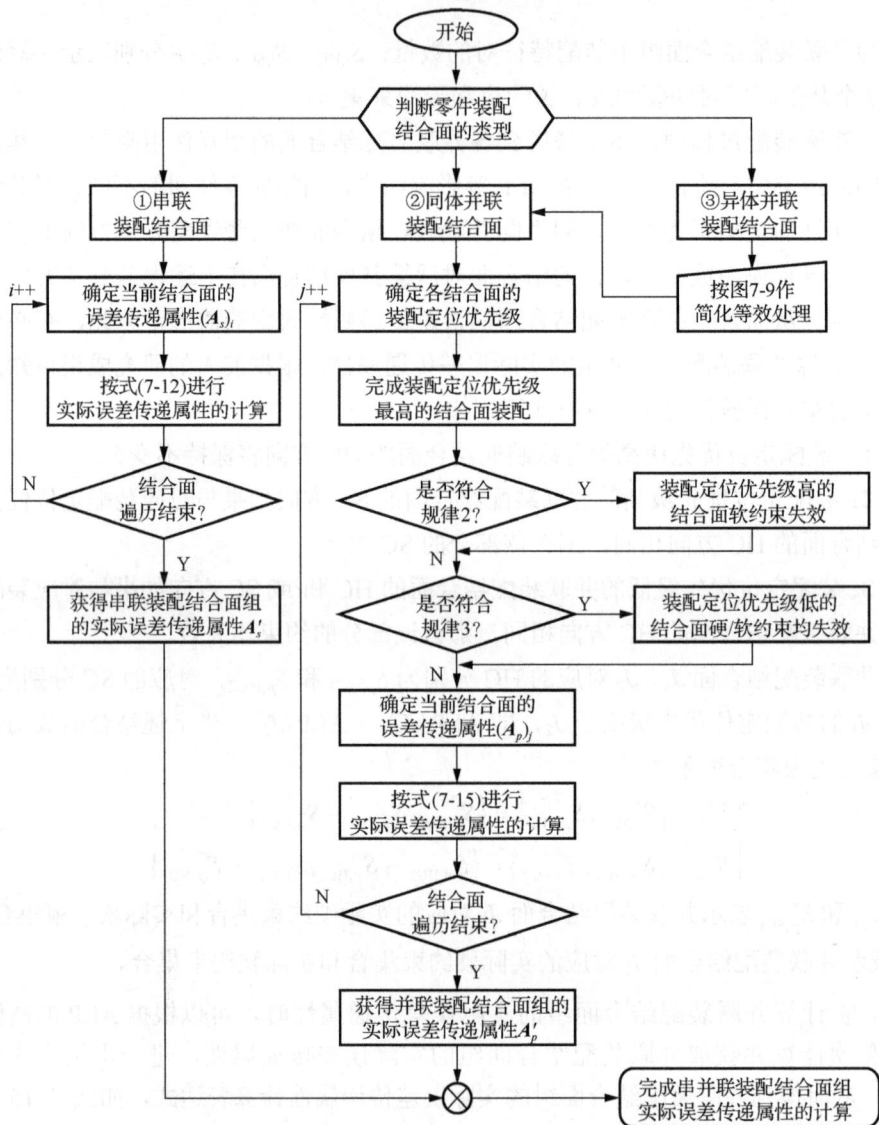

图 7-10 串并联装配结合面组的实际误差传递属性计算流程

7.3.4 基于非理想表面模型的零件配合误差计算

鉴于零件间在串联装配过程中不存在实体干涉现象，仅在并联装配过程中由于受到来自 ALP 的约束影响可能发生实体干涉。当零件间存在并联装配约束关系时，对于 ALP 较低的装配特征对而言，由于部分 DOF 方向在装配配合前已被 ALP 较高的装配特征约束，而该装配特征对在被约束方向上可能存在误差变动，可能导致该装配特征对之间发生实体干涉，使得装配配合无法完成，甚至失败，从而影响零件间的装配成功率。

为判断 ALP 较低的结合面是否存在实体干涉，首先需要通过装配特征对之间的定位约束关系与配合接触状态分析，获取装配特征配合变动的约束条件，再根据 ALP 较低的装配特征对配合前后的相对变动量，判断装配特征对之间是否发生实体干涉。

一般地，零件间最多通过三对装配特征完成约束定位，常见的并联装配定位方式是"3-2-1"定位，图 7-11 为平面特征并联装配配合的定位形式。对于由多基准装配引起的并联装配配合变动问题，可以运用各装配特征之间的定位先后顺序（即 ALP）来表示零件并联装配之间的定位优先关系，图 7-12 为基于 ACOG 描述的零件并联装配定位优先关系示意图，其中，虚线椭圆框表示两零件装配特征之间形成的装配特征对。

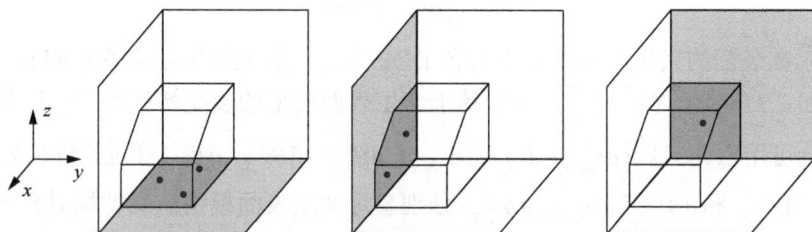

图 7-11　平面特征并联装配配合的"3-2-1"定位形式

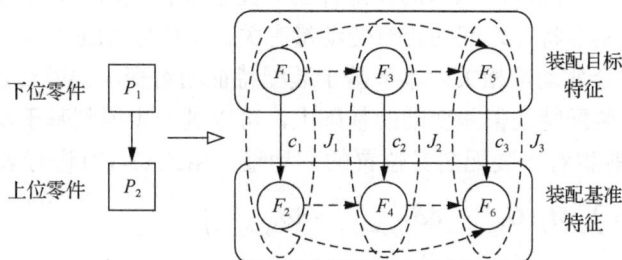

图 7-12　两零件并联装配特征之间形成的装配接触有向图

我们已知零件装配定位优先级高的装配特征变动不仅能够确定该零件位姿变动的 DOF 方向，而且将引起后续尚未被定位的装配特征的方向和位置相对于名义位置发生变动，因此，两零件装配定位引起的装配目标特征相对于装配名义位置的变动，是由装配定位优先级较高的定位关系引起的配合位姿变动和当前装配定位配合前后引起的位姿相对变动共同约束决定的。由图 7-12 可知，将两零件之间的装配特征与定位优先关系通过装配集合 AS 进行形式化描述，其数学表达式为

$$\text{AS}(P_1, P_2) = \{\{J_i\}, \{c_i\}\} = \left\{\left\{\langle F_k, F_{k'}\rangle\right\}, \{c_i\}\right\}$$
$$k = 2i - 1, \ k' = 2i \tag{7-16}$$

式中，J_i 表示两零件之间的第 i 个 AJS，包含两零件对应的装配基准特征 F_k 和装配目标特征 $F_{k'}$；c_i 表示两零件之间的第 i 个装配约束定位关系，i 值越小，表示其定位优先级越高。由于孪生表面模型考虑了零件制造缺陷的几何形状误差，因此在孪生表面模型零件间的装配配合中需要进一步引入几何形状误差并叠加至 F_k 的偏差变动中，将传统的理想变动装配特征"修正"为新的孪生表面模型装配特征（S_k）。

从基础零件开始装配时，由于首次装配定位的孪生表面模型零件的装配特征对并不受其他装配特征配合约束的限制，可以认为在配合前它们相对于装配名义位置不产生变动量，即有

$$\Delta \boldsymbol{\delta}_{S_1}^0 = \Delta \boldsymbol{\delta}_{S_2}^0 = \left(0, 0, 0, 0, 0, 0\right)^{\text{T}} \tag{7-17}$$

在按照产品装配顺序依次完成零件装配定位约束的过程中，针对定位零件上装配顺序靠后的零部件的装配目标特征而言，其部分变动 DOF 方向可能存在约束，从而导致上述装配目标特征在配合前后相对于装配名义位置存在变动误差。根据零件间装配数学建模分析可知，孪生表面模型的装配目标特征 S_{2i-1} 在配合前相对于装配名义位置的变动量为

$$\Delta \pmb{\delta}_{S_{2i-1}}^0 = \sum_{k=2}^{i} \pmb{M}_i \mathrm{d}\pmb{\delta}_{S_{2i-1},S_{2k-3}} \tag{7-18}$$

式中，$\pmb{M}_i$ 表示在装配约束定位关系 c_i 下的各 DOF 方向上装配特征配合变动的 6×6 选择矩阵，其具体形式如 7.3.3 节所述；$\mathrm{d}\pmb{\delta}_{S_k,S_{k'}}$ 表示基于孪生表面模型的装配特征对（S_k 和 $S_{k'}$）之间的相对变动关系，可用六元矢量 $\left(\mathrm{d}x_{S_k,S_{k'}}, \mathrm{d}y_{S_k,S_{k'}}, \mathrm{d}z_{S_k,S_{k'}}, \mathrm{d}\theta_{S_k,S_{k'}}^x, \mathrm{d}\theta_{S_k,S_{k'}}^y, \mathrm{d}\theta_{S_k,S_{k'}}^z \right)$ 对其进行表达，其中，$\mathrm{d}x_{S_k,S_{k'}}, \mathrm{d}y_{S_k,S_{k'}}, \mathrm{d}z_{S_k,S_{k'}}$ 和 $\mathrm{d}\theta_{S_k,S_{k'}}^x, \mathrm{d}\theta_{S_k,S_{k'}}^y, \mathrm{d}\theta_{S_k,S_{k'}}^z$ 分别表示孪生表面模型装配特征对在 x、y、z 坐标轴上的相对位置和相对方向偏差参数。

而针对定位零件上装配顺序靠后的零部件的装配基准特征而言，其变动误差不仅与当前完成定位前后的装配基准特征之间的相对变动量有关，而且与 ALP 较高的装配基准特征与装配目标特征之间的配合变动量相关。本节基于装配特征相对变动误差传递累积线性关系，在将几何形状误差引入装配特征偏差变动的基础上，可以进一步得到基于孪生表面模型的装配基准特征 S_{2i} 在配合前相对于装配名义位置的变动量，由式 (7-19) 进行表示：

$$\begin{aligned} \Delta \pmb{\delta}_{S_{2i}}^0 &= \sum_{k=2}^{i} \pmb{M}_i \left(\pmb{G}_{S_{2i},S_{2k-2}} \mathrm{d}\pmb{\delta}_{S_{2i-2},S_{2k-3}} + \mathrm{d}\pmb{\delta}_{S_{2i},S_{2k-2}} \right) \\ &= \sum_{k=2}^{i} \pmb{M}_i \left(\begin{bmatrix} \pmb{R}_{S_{2i},S_{2k-2}} & -\pmb{R}_{S_{2i},S_{2k-2}} \cdot \pmb{T}_{S_{2i},S_{2k-2}} \\ 0 & \pmb{R}_{S_{2i},S_{2k-2}} \end{bmatrix} \mathrm{d}\pmb{\delta}_{S_{2i-2},S_{2k-3}} + \mathrm{d}\pmb{\delta}_{S_{2i},S_{2k-2}} \right) \end{aligned} \tag{7-19}$$

式中，$\pmb{G}_{S_{2i},S_{2k-2}}$ 表示装配特征对之间的装配定位变动误差累积系数矩阵，由平移系数矩阵 $\pmb{T}_{S_{2i},S_{2k-2}}$ 和旋转系数矩阵 $\pmb{R}_{S_{2i},S_{2k-2}}$ 构成，具体形式由孪生表面模型装配基准特征 S_{2k} 和 S_{2k-2} 之间的名义位置关系决定，如式 (7-20)、式 (7-21) 所示，其中，$s\alpha, s\beta, s\gamma, c\alpha, c\beta, c\gamma$ 分别表示 $\sin\alpha_{S_{2i},S_{2k-2}}$、$\sin\beta_{S_{2i},S_{2k-2}}$、$\sin\gamma_{S_{2i},S_{2k-2}}$ 和 $\cos\alpha_{S_{2i},S_{2k-2}}$、$\cos\beta_{S_{2i},S_{2k-2}}$、$\cos\gamma_{S_{2i},S_{2k-2}}$。

$$\pmb{T}_{S_{2i},S_{2k-2}} = \begin{bmatrix} 1 & -z_{S_{2i},S_{2k-2}} & y_{S_{2i},S_{2k-2}} \\ z_{S_{2i},S_{2k-2}} & 1 & -x_{S_{2i},S_{2k-2}} \\ -y_{S_{2i},S_{2k-2}} & x_{S_{2i},S_{2k-2}} & 1 \end{bmatrix} \tag{7-20}$$

$$\pmb{R}_{S_{2i},S_{2k-2}} = \begin{bmatrix} c\alpha c\gamma & c\beta s\gamma & -s\beta \\ s\alpha s\beta c\gamma - c\alpha s\gamma & s\alpha s\beta s\gamma + c\alpha c\gamma & s\alpha c\beta \\ c\alpha s\beta c\gamma + s\alpha s\gamma & c\alpha s\beta s\gamma - s\alpha c\gamma & c\alpha c\beta \end{bmatrix} \tag{7-21}$$

当零件间的装配配合定位完成后，无论 ALP 高低，装配基准特征在被约束 DOF 方向上相对于装配名义位置的变动量将受到装配特征之间配合接触状态的约束限制，当装配特征之间发生接触时，其变动量将达到极限位置。针对不同的并联装配特征类型，将存在不同的装配特征变动的约束条件，为确保装配定位实体无干涉，其最终装配状态均可归纳总结为两零件间装配配合后存在间隙或部分位置发生接触，即装配特征之间的最小间隙（$\mathrm{Gap}_{\min}$）大于等于 0。

根据上述孪生表面模型装配特征配合误差变动分析，以装配定位实体无干涉原则为判定

依据，可以整理出孪生表面模型装配特征中较为常见的装配配合类型(如平行平面配合、圆柱面配合和球面配合等)的几何误差变动关系及约束条件，如表 7-2 所示。

表 7-2 常见的装配配合类型的几何误差变动关系及约束条件

序号	装配配合类型(图例)	几何误差变动关系表达式及约束条件
1	平行平面配合 	$$\begin{pmatrix} 1 & 0 & \Delta\theta_k^y & 0 \\ 0 & 1 & -\Delta\theta_k^x & 0 \\ -\Delta\theta_k^y & \Delta\theta_k^x & 1 & \Delta z_k \\ 0 & 0 & 0 & 1 \end{pmatrix}\begin{pmatrix} x_P \\ y_P \\ z_P \\ 1 \end{pmatrix}$$ $$=\begin{pmatrix} x_P + \Delta\theta_k^y z_P \\ y_P - \Delta\theta_k^x z_P \\ -\Delta\theta_k^y x_P + \Delta\theta_k^x y_P + z_P + \Delta z_k \end{pmatrix}$$ (两平行平面不发生干涉的约束条件: 两平面变动最小间隙大于等于 0) $$\mathrm{Gap}_{\min} = \arg\min_i \left(\left|z_{2i} - z_{2i-1}\right| - \left|\Delta\theta_{2i-1}^y x_{2i} - \Delta\theta_{2i}^y x_{2i-1}\right| \right.$$ $$\left. - \left|\Delta\theta_{2i-1}^x y_{2i} - \Delta\theta_{2i}^x y_{2i}\right| - \left|\Delta z_{2i-1} - \Delta z_{2i}\right| \right) \geqslant 0$$
2	圆柱面配合 	$$\begin{pmatrix} 1 & 0 & \Delta\theta_k^y & \Delta x_k \\ 0 & 1 & -\Delta\theta_k^x & \Delta y_k \\ -\Delta\theta_k^y & \Delta\theta_k^x & 1 & 0 \\ 0 & 0 & 0 & 1 \end{pmatrix}\begin{pmatrix} (R_k \pm \Delta R_k)\cos\theta_P \\ (R_k \pm \Delta R_k)\sin\theta_P \\ z_P \\ 1 \end{pmatrix}$$ $$=\begin{pmatrix} (R_k \pm \Delta R_k)\cos\theta_P + \Delta\theta_k^y z_P + \Delta x_k \\ (R_k \pm \Delta R_k)\sin\theta_P - \Delta\theta_k^x z_P + \Delta y_k \\ (-\Delta\theta_k^y\cos\theta_P + \Delta\theta_k^x\sin\theta_P)(R_k \pm \Delta R_k) + z_P \\ 1 \end{pmatrix}$$ (两圆柱面不发生干涉的约束条件: 两圆心变动距离不超过半径之差) $$\mathrm{Gap}_{\min} = \arg\min_i \left[(\Delta R_{2i} - \Delta R_{2i-1})^2 - (\Delta\theta_{2i-1}^y z_{2i} + \Delta x_{2i-1} - \Delta\theta_{2i}^y z_{2i} - \Delta x_{2i})^2 \right.$$ $$\left. - (\Delta\theta_{2i-1}^x z_{2i} + \Delta y_{2i-1} - \Delta\theta_{2i}^x z_{2i} - \Delta y_{2i})^2 \right] \geqslant 0$$
3	球面配合 $\varphi_P \in \left[\dfrac{\pi}{2}, \pi\right]$	$$\begin{pmatrix} 1 & 0 & 0 & \Delta x_k \\ 0 & 1 & 0 & \Delta y_k \\ 0 & 0 & 1 & \Delta z_k \\ 0 & 0 & 0 & 1 \end{pmatrix}\begin{pmatrix} (R_k \pm \Delta R_k)\cos\theta_P\sin\varphi_P \\ (R_k \pm \Delta R_k)\sin\theta_P\sin\varphi_P \\ (R_k \pm \Delta R_k)\cos\varphi_P \\ 1 \end{pmatrix}$$ $$=\begin{pmatrix} (R_k \pm \Delta R_k)\cos\theta_P\sin\varphi_P + \Delta x_k \\ (R_k \pm \Delta R_k)\sin\theta_P\sin\varphi_P + \Delta y_k \\ (R_k \pm \Delta R_k)\cos\varphi_P + \Delta z_k \\ 1 \end{pmatrix}$$ (两球面不发生干涉的约束条件: 两球心变动距离不超过半径之差) $$\mathrm{Gap}_{\min} = \arg\min_i \left[(\Delta R_{2i} - \Delta R_{2i-1})^2 - (\Delta x_{2i} - \Delta x_{2i-1})^2 \right.$$ $$\left. - (\Delta y_{2i} - \Delta y_{2i-1})^2 - (\Delta z_{2i} - \Delta z_{2i-1})^2 \right] \geqslant 0$$

7.4 考虑多维度误差源的产品装配误差分析

7.4.1 多维度误差源及其误差表达

在传统几何精度建模和产品装配误差传递分析中，基本上均采用理想特征表面和刚体假设，来实现产品 AFR 的几何特征表面空间位姿描述，以及产品装配体误差传递更新迭代求解。然而，在实际零件装配过程中，由零件加工制造导致的几何形状误差，以及零件装配过程中由重力等外部载荷作用导致的零件表面变形和装配配合定位误差是不可避免的，尤其是针对复杂机械精密系统的产品装配而言，其装配关键特征的几何形状误差和各关键零件的变形往往不可忽略。如图 7-13 所示，将包含几何形状误差的两个零件通过螺栓连接的方式装配起来，几何形状误差和螺栓预紧力的存在必然会导致 AJS 处发生变形，从而使得 AFR 产生偏差，以上分析表明，存在几何形状误差的实际零件表面不仅影响 AJS 的偏差变动量，而且影响实际装配环境中外部载荷引起的变形量。

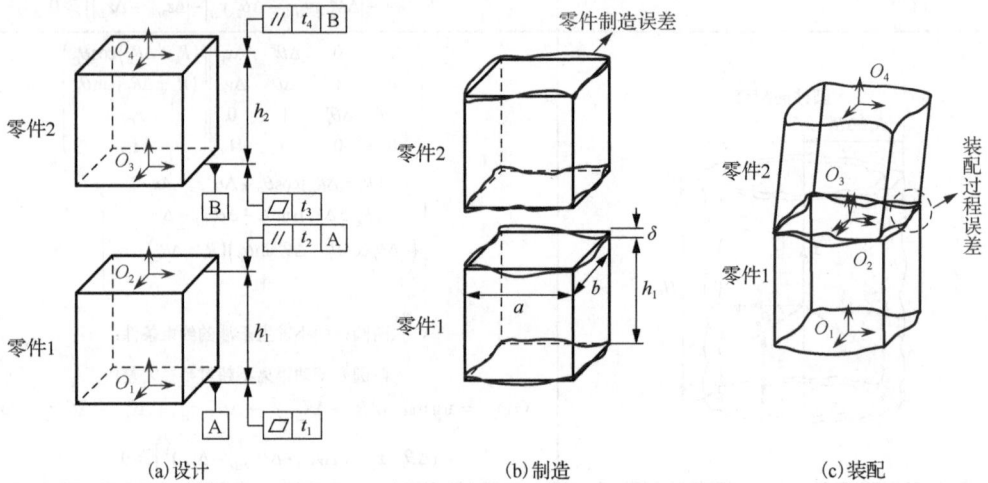

图 7-13 包含几何形状误差的两个零件装配

因此，为研究和探讨产品数字孪生装配误差传递过程的基本特性，首先需针对产品装配过程中涉及的多维度误差源进行描述和表征，本节将多维度误差源分为两大类：零件制造误差和装配过程误差，其中，零件制造误差主要考虑位置误差、方向误差和形状误差三类，零件微观表面形貌误差(如波纹度和表面粗糙度)不予考虑，而装配过程误差则考虑零件表面变形误差以及装配配合定位误差。下面针对多维度误差源的各误差项进行分别描述。

1. 零件制造误差表达

可以将零件制造误差分为两部分来分别进行建模和表达，即由位置误差和方向误差组成的定位定向误差，以及几何形状误差。为定量表示零件加工制造后各几何功能要素(geometric functional element，GFE)定位定向的变动误差，可以采用 SDT 理论描述变动几何约束下的六自由度旋量参数。理论上将 GFE 归纳为七种"恒定类"表面，如表 7-3 所示，其中，d_x、d_y、

d_z 以及 θ_x、θ_y、θ_z 分别表示某变动几何约束沿 x、y、z 轴方向的平动旋量参数和转动旋量参数，并可利用变动几何约束的旋量参数与公差域之间的映射关系，形成在自参考类和互参考类公差、配合公差以及相互之间存在相关原则时的约束不等式，从而可以采用蒙特卡罗采样法通过大量误差样本进行定位定向误差的表达。

表 7-3　七种"恒定类"表面及其旋量参数

表面 类型	平面	圆柱面	旋转面	球面	棱柱面	螺旋面	复杂面
图例							
旋量 矩阵	$\begin{bmatrix} \theta_x & 0 \\ \theta_y & 0 \\ 0 & d_z \end{bmatrix}$	$\begin{bmatrix} 0 & 0 \\ \theta_y & d_y \\ \theta_z & d_z \end{bmatrix}$	$\begin{bmatrix} 0 & d_x \\ \theta_y & d_y \\ \theta_z & d_z \end{bmatrix}$	$\begin{bmatrix} 0 & d_x \\ 0 & d_y \\ 0 & d_z \end{bmatrix}$	$\begin{bmatrix} \theta_x & 0 \\ \theta_y & d_y \\ \theta_z & d_z \end{bmatrix}$	$\begin{bmatrix} 0 & 0 \\ \theta_y & d_y \\ \theta_z & d_z \end{bmatrix}$	$\begin{bmatrix} \theta_x & d_x \\ \theta_y & d_y \\ \theta_z & d_z \end{bmatrix}$

相比于上述定位定向误差通常采用理想表面特征六自由度旋量参数的表达形式(即一次曲线和一次曲面)来说，几何形状误差的表达和描述更具有"高阶"特征(一般为二次及以上)。在几何形状误差的定量描述中，可以运用前述的 SMS(肤面形状模型)生成方法实现几何形状误差的重构。对于规范生成方法而言，可采用不同模态的基函数对任意空间几何形状特征实现数学解析表达。对于认证生成方法而言，可通过"滤波"的方式将原始采样测量表面的形状误差、波纹度以及表面粗糙度进行明确区分和提取，进而在不同生成方法下实现零件真实几何形状特征的误差表达，并在此基础上，将定位定向误差和几何形状误差叠加，从而构成零件制造误差的整体表达。

以图 7-14 所示的长方体零件为例说明零件制造误差的建模和表达方法，将零件的顶部矩形平面作为关键几何功能要素，其形位公差包括位置度 t_p、平行度 t_o 和平面度 t_f，且有 $t_p \geq t_o \geq t_f$，对应上平面公差域的变动旋量参数为 $[d_z \ \theta_x \ \theta_y]$，则有上述三个变动旋量参数的约束不等式关系如下：

$$\begin{cases} -t_p/2 \leq d_z \leq t_p/2 \\ -t_o/b \leq \theta_x \leq t_o/b \\ -t_o/a \leq \theta_y \leq t_o/a \end{cases} \tag{7-22}$$

$$\begin{cases} -t_o/2 \leq \theta_y \cdot x + \theta_x \cdot y \leq t_o/2 \\ -t_p/2 \leq \theta_y \cdot x + \theta_x \cdot y + d_z \leq t_p/2 \end{cases} \tag{7-23}$$

式中，a 和 b 分别表示零件顶部矩形平面的长度(x 轴方向)和宽度(y 轴方向)。

因此，运用蒙特卡罗采样法在式(7-22)和式(7-23)的变动几何约束不等式条件下可获取零件顶部矩形平面的变动表面的定位定向误差，用符号 D_p 表示，具体的表达式为

$$D_p = f(x_i, y_j) \tag{7-24}$$

式中，$f(\cdot)$ 表示零件变动表面特征的定位定向误差函数，具体大小由零件顶部矩形平面的采样点 (x_i, y_j) 在 z 轴方向上的变动量决定；i 和 j 表示零件顶部矩形平面在 x 和 y 轴方向的采样点序号，$1 \leq i \leq m$，$1 \leq j \leq n$，采样点数量为 $N=m \times n$。

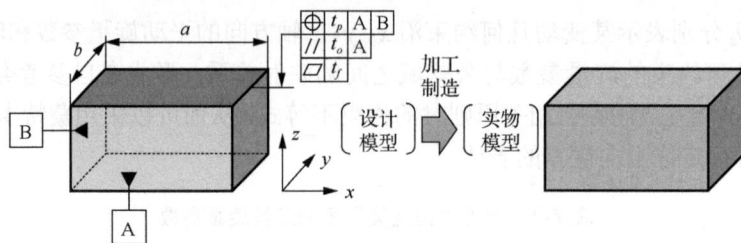

图 7-14 长方体零件的设计模型和实物模型示意图

同样地,可以通过不同的生成方法获取零件顶部矩形平面的几何形状误差,用符号 D_f 表示,具体的表达式可写成如下分段形式:

$$D_f = \begin{cases} D_f^{(SP)} = F_f\left(x_i, y_j\right) = \sum_{k=1}^{m \times n} \lambda_k g_k, & \text{采用规范生成方法(SP)} \\ D_f^{(VE)} = H_f\left(x_i, y_j\right), & \text{采用认证生成方法(VE)} \end{cases} \quad (7\text{-}25)$$

式中, $F_f(\cdot)$ 表示零件表面特征采用规范生成方法获得的几何形状误差函数,对于矩形平面而言,则是采用以指定的核函数 g_k 作为基函数的离散余弦变换法来模拟其几何形状误差,其中, λ_k 为对应基函数的相关系数,一般取[-1, 1]的随机值,需要指出的是,对于其他表面(如圆形平面和圆柱面),可采用相对应的基函数来模拟相应的表面几何形状误差; $H_f(\cdot)$ 表示零件表面特征采用认证生成方法获得的几何形状误差函数。

综上所述,根据零件顶部矩形平面对于定位定向误差和几何形状误差的生成结果,通过将两者叠加可得到零件顶部矩形平面的制造误差(图 7-15),用符号 D_t 表示,则有

$$D_t = D_p + D_f = \begin{cases} D_p + D_f^{(SP)} = f\left(x_i, y_j\right) + F_f\left(x_i, y_j\right) \\ D_p + D_f^{(VE)} = f\left(x_i, y_j\right) + H_f\left(x_i, y_j\right) \end{cases} \quad (7\text{-}26)$$

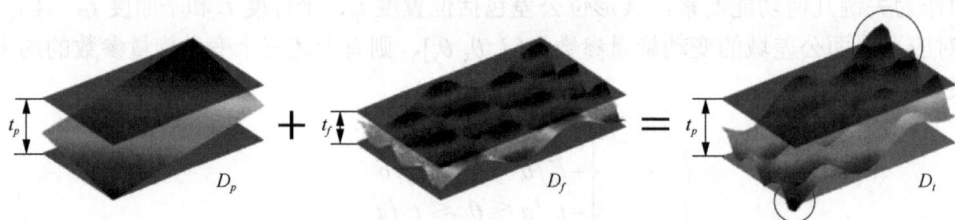

图 7-15 零件顶部几何平面形成的制造误差

很显然,经由式(7-26)得到的零件顶部矩形平面制造误差也可作为基于 SMS 的孪生表面模型的另一种表达形式。需要说明的是,最终形成的零件顶部矩形平面制造误差值 D_t 同样受到变动几何特征位置度的约束,即 $D_t \leq t_p$,当不满足上述约束条件时,需通过定位定向误差重采样、几何形状误差等尺度缩放操作等方式来重新生成零件制造误差,经确认验证后才能作为有效的零件制造误差表达。因此,可以总结出更为通用的零件制造误差建模流程,如图 7-16 所示。

2. 装配过程误差表达

如前所述,导致零件装配过程误差的影响因素包括由外部载荷等引起的表面变形误差及

装配配合定位误差。对于零件表面变形误差建模来说，当前已有大量文献运用 FEA 法或商业有限元仿真软件实现了考虑形状误差或基于 SMS 的表面变形误差计算，因此本节在获得基于 SMS 的零件制造误差的基础上，也可采用 FEA 或 CAE 软件进一步考虑面向载荷约束实现 SMS 的修正；对于零件装配配合定位误差建模来说，在获得修正后的孪生表面模型的基础上，可分别针对基于孪生表面模型的串并联装配配合定位误差变动进行解析，经由装配特征接触定位求解方法（即 ERA 法和 CSR 法）计算装配配合定位误差后，对基于孪生表面模型的串联装配结合面和并联装配结合面的配合定位误差变动矩阵进行求解，从而可以得到零件装配配合定位误差在各 DOF 方向上的 SDT 参数。在图 7-15 所示的长方体零件制造误差表达的基础上，以两个长方体零件的串联装配为例说明零件间装配过程误差的建模和表达方法，如图 7-17 所示。

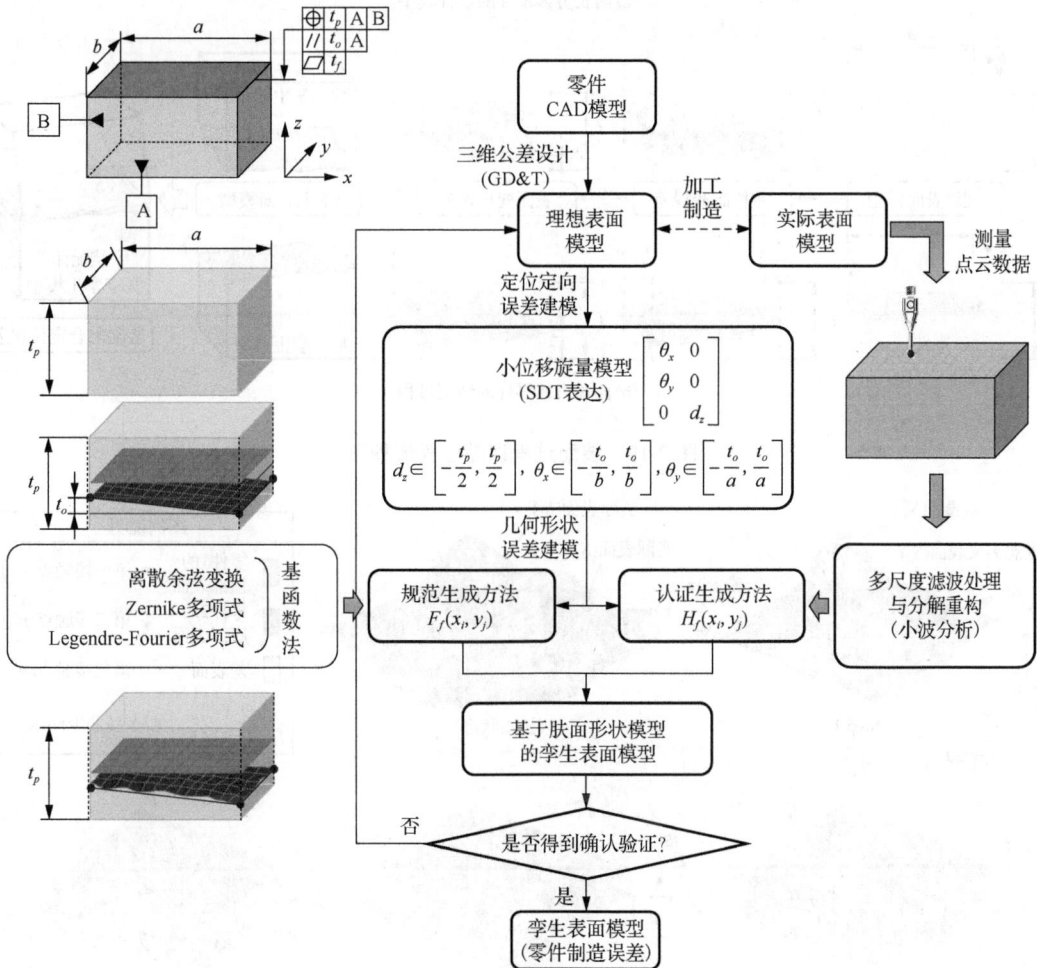

图 7-16　零件制造误差建模流程图

首先，针对零件 1 的顶部平面和零件 2 的底部平面运用图 7-16 所示的零件制造误差建模流程获得基于 SMS 的孪生表面模型；然后，考虑螺栓预紧力、重力等外部载荷作用，进一步采用 FEA 或 CAE 软件计算各零件表面的局部接触变形量 $\{\delta\} = \begin{bmatrix} C_k^D \end{bmatrix}$，其中 $\begin{bmatrix} C_k^D \end{bmatrix}$ 表示零件表面每个单元节点 $k(1 \leqslant k \leqslant N)$ 在载荷约束作用下的变形量；最后，将考虑载荷约束条件生成的修正后的孪生表面模型进行装配配合定位，对其采用 DSM（差表面法）和 PCM（渐进接触法）进行三维空间实体零件串联装配配合定位误差的求解。其流程如图 7-18 所示，计算过程如下。

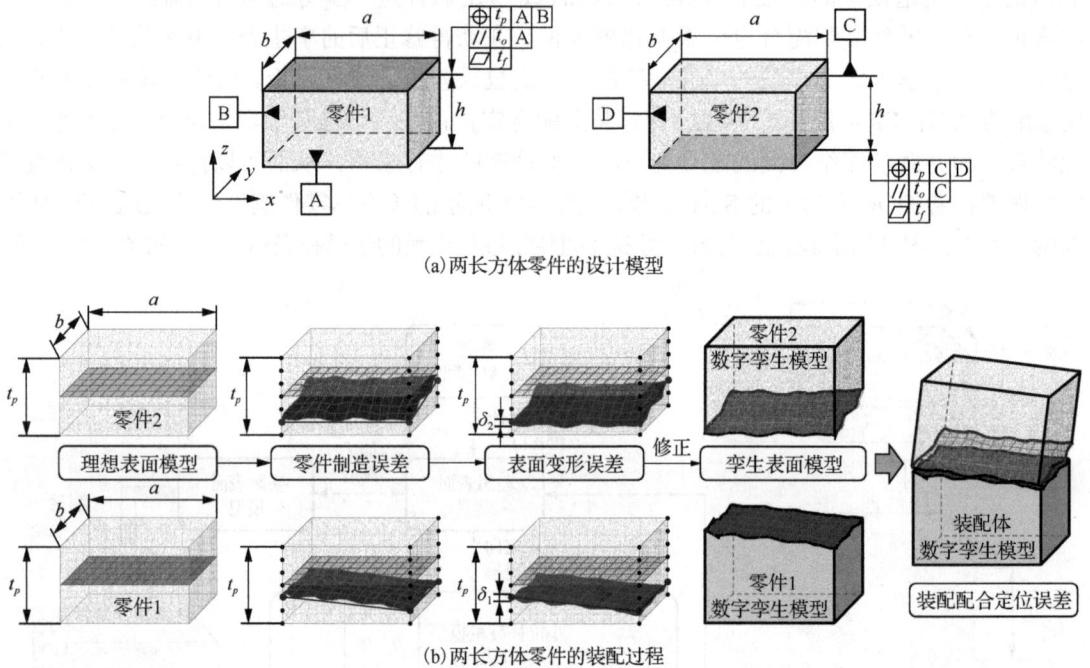

(a) 两长方体零件的设计模型

(b) 两长方体零件的装配过程

图 7-17 装配过程误差建模流程图

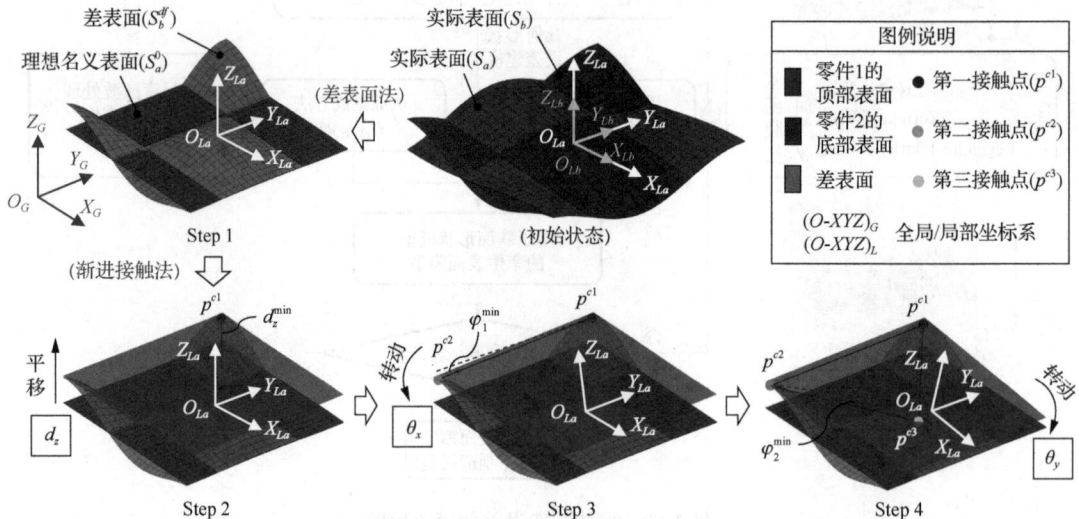

图 7-18 基于孪生表面模型的零件串联装配配合定位误差求解流程

Step 1：将零件 1 的顶部表面和零件 2 的底部表面生成的具有零件制造误差的实际表面（S_a 和 S_b）的装配配合问题，通过 DSM 转换为差表面（S_b^{df}）和理想名义表面（S_a^0）之间的装配配合问题。

Step 2：将理想名义表面（S_a^0）沿局部坐标系 Z_{La} 轴方向平移最小距离，得到理想名义表面（S_a^0）和差表面（S_b^{df}）的第一接触点 p^{c1}，其中，平移最小距离 $d_z^{\min}$ 可由式（7-27）计算得到：

$$d_z^{\min} = \underset{1 \leqslant i \leqslant m, 1 \leqslant j \leqslant n}{\arg\min} \left(p_Z^{(S_b^{df})} - p_Z^{(S_a^0)} \right) \tag{7-27}$$

式中，$p_Z^{(S_b^{df})}$ 和 $p_Z^{(S_a^0)}$ 为对应的差表面和理想名义表面上接触点在 z 轴上的数值。

Step 3：将理想名义表面（S_a^0）再绕第一接触点 p^{c1} 任意旋转最小角度，得到理想名义表面（S_a^0）和差表面（S_b^{df}）的第二接触点 p^{c2}，其中，绕第一接触点的旋转最小角度 $\varphi_1^{\min}$ 可由两个方向矢量 $\boldsymbol{v}_1^{(S_a^0)}$ 和 $\boldsymbol{v}_1^{(S_b^{df})}$ 计算得到：

$$\varphi_1^{\min} = \underset{1 \leqslant i \leqslant m, 1 \leqslant j \leqslant n}{\overset{(i,j) \notin p^{c1}}{\arg\min}} \left[\arccos\left(\frac{\boldsymbol{v}_1^{(S_a^0)} \cdot \boldsymbol{v}_1^{(S_b^{df})}}{\left| \boldsymbol{v}_1^{(S_a^0)} \right| \times \left| \boldsymbol{v}_1^{(S_b^{df})} \right|} \right) \right] \tag{7-28}$$

$$\begin{cases} \boldsymbol{v}_1^{(S_a^0)} = \left(p_X^{(S_a^0)} - p_X^{c1}, p_Y^{(S_a^0)} - p_Y^{c1}, p_Z^{(S_a^0)} - p_Z^{c1} \right) \\ \boldsymbol{v}_1^{(S_b^{df})} = \left(p_X^{(S_b^{df})} - p_X^{c1}, p_Y^{(S_b^{df})} - p_Y^{c1}, p_Z^{(S_b^{df})} - p_Z^{c1} \right) \end{cases} \tag{7-29}$$

Step 4：将理想名义表面（S_a^0）再绕第一接触点 p^{c1} 和第二接触点 p^{c2} 的连线 $\overline{p^{c1}p^{c2}}$ 任意旋转最小角度，得到理想名义表面（S_a^0）和差表面（S_b^{df}）的第三接触点 p^{c3}，为得到绕连线 $\overline{p^{c1}p^{c2}}$ 的旋转最小角度 $\varphi_2^{\min}$，需构造两个法矢量 $\boldsymbol{v}_N^{(S_a^0)}$ 和 $\boldsymbol{v}_N^{(S_b^{df})}$，即旋转前后的理想名义表面（$S_a^0$）的法矢量，其计算方式如下：

$$\begin{cases} \boldsymbol{v}_N^{(S_a^0)} = \boldsymbol{v}_1^{(S_a^0)} \times \boldsymbol{v}_2^{(S_a^0)} \\ \boldsymbol{v}_N^{(S_b^{df})} = \boldsymbol{v}_1^{(S_b^{df})} \times \boldsymbol{v}_2^{(S_b^{df})} \end{cases} \tag{7-30}$$

$$\begin{cases} \boldsymbol{v}_2^{(S_a^0)} = \left(p_X^{(S_a^0)} - p_X^{c2}, p_Y^{(S_a^0)} - p_Y^{c2}, p_Z^{(S_a^0)} - p_Z^{c2} \right) \\ \boldsymbol{v}_2^{(S_b^{df})} = \left(p_X^{(S_b^{df})} - p_X^{c2}, p_Y^{(S_b^{df})} - p_Y^{c2}, p_Z^{(S_b^{df})} - p_Z^{c2} \right) \end{cases} \tag{7-31}$$

因此，理想名义表面（S_a^0）绕连线 $\overline{p^{c1}p^{c2}}$ 旋转获得第三接触点 p^{c3} 的旋转最小角度 $\varphi_2^{\min}$ 可写成如下形式：

$$\varphi_2^{\min} = \underset{1 \leqslant i \leqslant m, 1 \leqslant j \leqslant n}{\overset{(i,j) \notin p^{c1} \& p^{c2}}{\arg\min}} \left[\arccos\left(\frac{\boldsymbol{v}_N^{(S_a^0)} \cdot \boldsymbol{v}_N^{(S_b^{df})}}{\left| \boldsymbol{v}_N^{(S_a^0)} \right| \times \left| \boldsymbol{v}_N^{(S_b^{df})} \right|} \right) \right] \tag{7-32}$$

由此，经由 PCM 可以得到零件 1 和零件 2 串联装配配合的变动误差，从而可获得该平面特征装配配合定位误差的 SDT 参数 $[d_z \ \theta_x \ \theta_y]$，由式（7-27）、式（7-28）和式（7-32）可知

$$\begin{cases} d_z = -d_z^{\min} \\ \theta_x = -\varphi_1^{\min} \\ \theta_y = -\varphi_2^{\min} \end{cases} \tag{7-33}$$

更进一步地，将零件制造误差和装配过程误差构成的多维度误差源进行数据融合，可以得到产品装配体数字孪生模型，其整体的实现流程如图 7-19 所示。

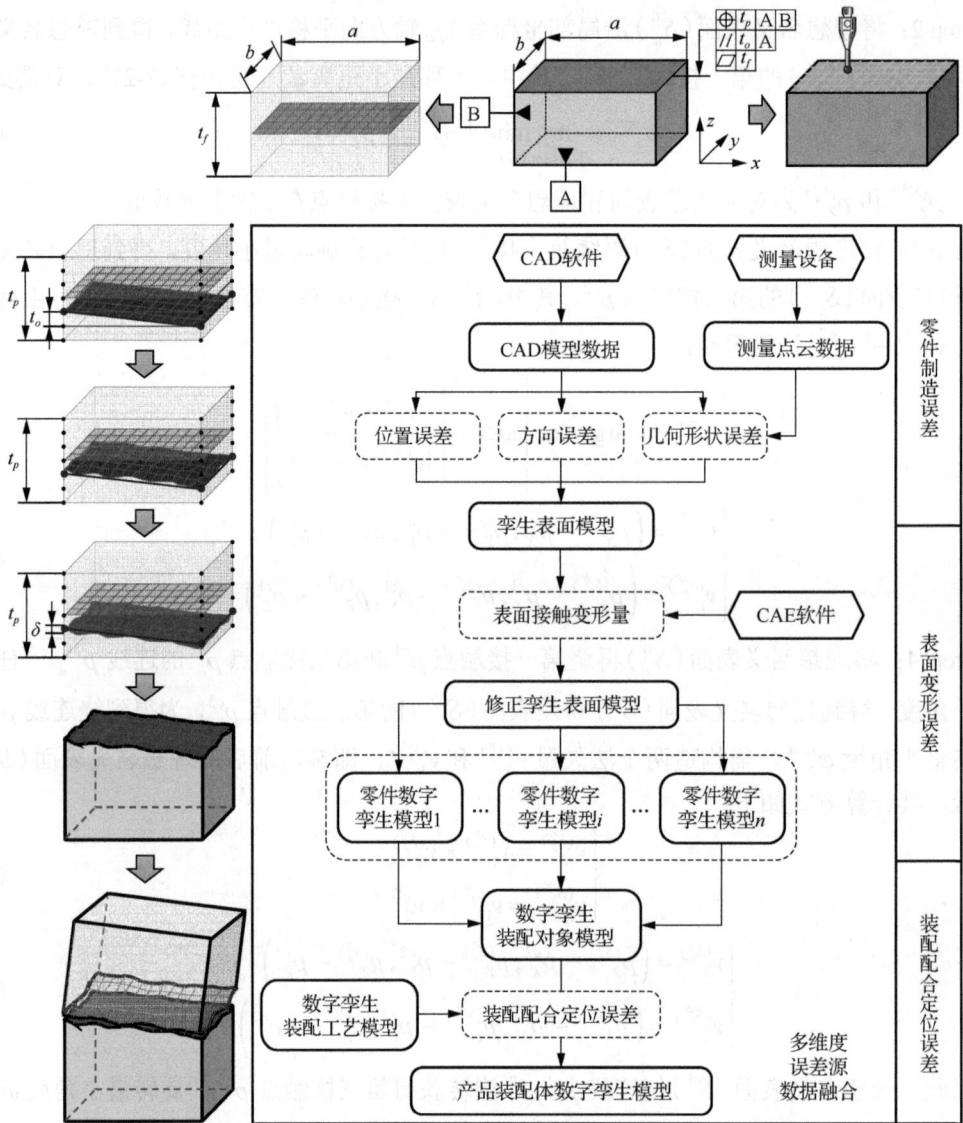

图 7-19　考虑多维度误差源的产品装配体数字孪生模型生成流程

7.4.2　产品装配误差传递更新迭代机制

作为产品装配精度预测的核心,装配误差传递与累积是产品装配精度分析中不可或缺的一环。虑及当前复杂产品装配过程往往受到零件制造误差、装配测量误差、夹具定位基准以及预紧力控制等多维度误差源综合因素的不确定性影响,上述耦合因素在每一阶段产生的装配误差在装配过程中将不断累积,并最终对产品装配精度产生影响。因此,在考虑多维度误差源及其误差表达的基础上,有必要针对产品数字孪生装配误差传递更新迭代机制进行研究,探究基于数字孪生装配工艺模型的装配过程与装配误差之间的关系,这对实现产品数字孪生装配精度预测具有重要的工程意义。

产品装配过程模型(assembly working procedure model,AWPM)具有伴随产品装配误差传

递而迭代更新的动态演变特性，因此可以容易获知，从产品基准零件出发，在装配工艺参数约束下经由低序体零件依次装配到高序体零件的过程中，后一个 $AWPM_i$ 在基准坐标系下的耦合累积误差是不断在前一个 $AWPM_{i-1}$ 的装配误差基础上累积得到的，如图 7-20 所示。通过对考虑多维度误差源的装配误差传递进行分析可知，产品实际装配过程中将受到许多因素及其耦合的影响，这些因素将导致装配误差计算结果无法反映真实装配情况，从而影响最终的产品装配精度，究其根本原因在于应用装配尺寸链计算装配误差分析时仅考虑了"静态"理论设计公差值，并没有考虑零件制造误差、装配配合定位误差、表面变形误差等装配过程中"动态"引入的多维度误差源信息。

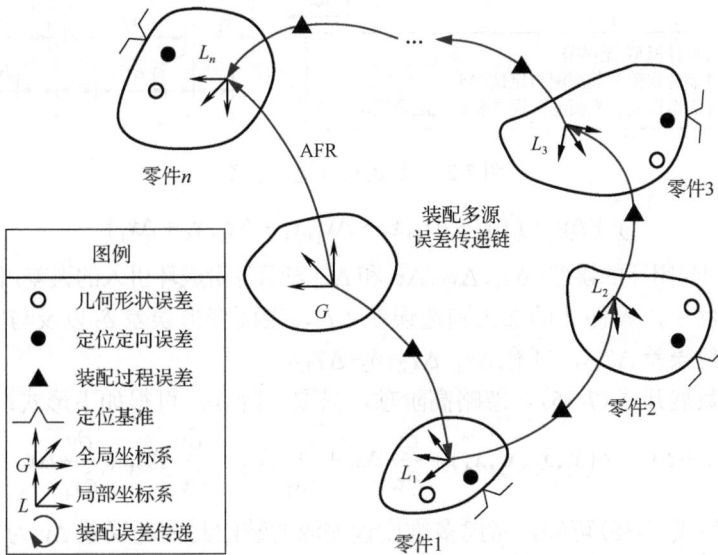

图 7-20　考虑多维度误差源的装配误差传递示意图

在产品装配误差传递更新迭代过程中，当计算装配封闭环尺寸时应考虑真实装配情况并从装配动态尺寸链的角度出发，将多维度误差源的几何尺寸误差作为装配尺寸链组成环的一部分，即随着装配工序的推进，引入影响装配误差累积的多维度误差源因素，建立考虑多维度误差源的装配动态尺寸链误差传递关系式，从而可将其作为产品装配误差传递更新迭代的理论基础。以图 7-21 所示的装配体为例说明装配动态尺寸链误差传递关系式的构建过程，假设 AFR 为封闭环 A_0，对应的封闭环尺寸为 x_0，建立的装配尺寸链函数关系表达式如下：

$$y = f(x_1, x_2, x_3, x_4) \tag{7-34}$$

式中，因变量 y 表示装配封闭环的尺寸；自变量 x_1、x_2、x_3 和 x_4 均表示装配尺寸链中各组成环的公称设计尺寸。

当采用理想公称设计模型进行装配尺寸链计算时(图 7-21(a))，式(7-34)作为静态装配尺寸链按照极值法或统计法进行装配封闭环的尺寸和公差计算；当引入多维度误差源(如零件制造误差、表面变形误差、装配配合定位误差等)进行装配尺寸链计算时(图 7-21(b)和(c))，式(7-34)将引入影响装配封闭环尺寸的各种独立动态变量，从而可得到装配动态尺寸链的如下函数关系表达式：

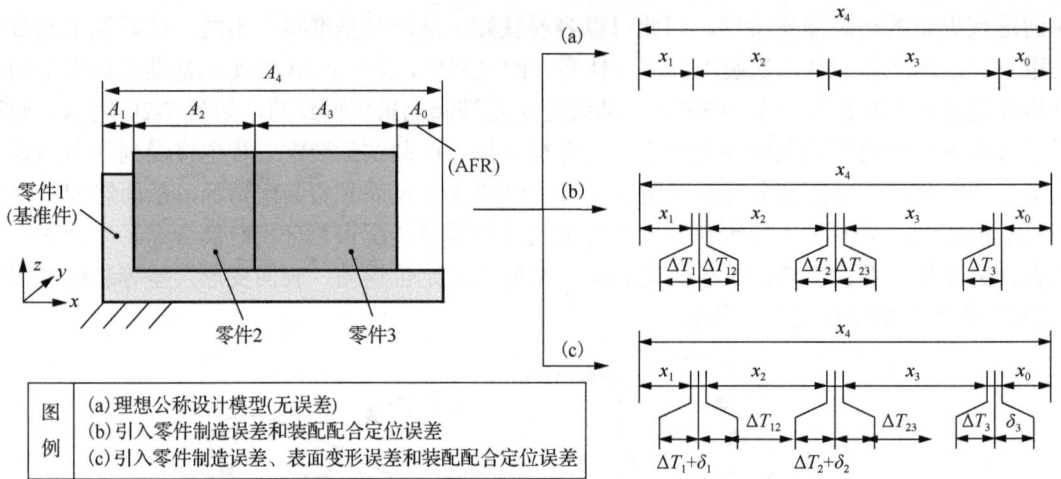

图 7-21　装配尺寸链示意图

$$y + \Delta y = f\left(x_1 + \Delta x_1, x_2 + \Delta x_2, x_3 + \Delta x_3, x_4 + \Delta x_4\right) \tag{7-35}$$

式中，Δy 表示装配封闭环的误差；Δx_1、Δx_2、Δx_3 和 Δx_4 表示各组成环引入的误差，例如，图 7-21（c）中装配零件 2 时将引入零件 2 的加工制造误差 ΔT_2、表面变形误差 δ_2 以及与零件 1 配合时产生的装配配合定位误差 ΔT_{12}，则有 $\Delta x_2 = \Delta T_2 + \delta_2 + \Delta T_{12}$。

利用泰勒级数展开式（7-35），忽略高阶项，只取一阶项，可得如下形式：

$$y + \Delta y = f\left(x_1, x_2, x_3, x_4\right) + \frac{\partial y}{\partial x_1}\Delta x_1 + \frac{\partial y}{\partial x_2}\Delta x_2 + \frac{\partial y}{\partial x_3}\Delta x_3 + \frac{\partial y}{\partial x_4}\Delta x_4 \tag{7-36}$$

由式（7-34）和式（7-35）可知，考虑多维度误差源的装配封闭环误差 Δy 为

$$\Delta y = \frac{\partial y}{\partial x_1}\Delta x_1 + \frac{\partial y}{\partial x_2}\Delta x_2 + \frac{\partial y}{\partial x_3}\Delta x_3 + \frac{\partial y}{\partial x_4}\Delta x_4 \tag{7-37}$$

式（7-37）采用各组成环在产品实际装配过程中的偏导数表示了装配封闭环的误差，因此，可进一步将式（7-38）改写成装配动态尺寸链误差传递关系更为一般的形式：

$$\Delta y = \sum_{i=1}^{n}\frac{\partial y}{\partial x_i}\Delta x_i \tag{7-38}$$

式中，$\dfrac{\partial y}{\partial x_i}$ 称为误差传递函数或误差传递因子，当 $\dfrac{\partial y}{\partial x_i} = 1$ 时，表明为线性装配误差传递。由于本节将多维度误差源划分为三种类型，可将式（7-38）改写成式（7-39），其中，$\Delta x_i (i = 1, \cdots, l-1)$ 表示零件制造误差（Ⅰ），$\Delta x_i (i = l, \cdots, m-1)$ 表示零件表面变形误差（Ⅱ），$\Delta x_i (i = m, \cdots, n)$ 表示零件间装配配合定位误差（Ⅲ）。

$$\Delta y = \sum_{i=1}^{n}\frac{\partial y}{\partial x_i}\Delta x_i = \underbrace{\sum_{i=1}^{l-1}\frac{\partial y}{\partial x_i}\Delta x_i}_{\text{Ⅰ}} + \underbrace{\sum_{i=l}^{m-1}\frac{\partial y}{\partial x_i}\Delta x_i}_{\text{Ⅱ}} + \underbrace{\sum_{i=m}^{n}\frac{\partial y}{\partial x_i}\Delta x_i}_{\text{Ⅲ}} \tag{7-39}$$

在产品装配动态尺寸链误差传递关系构建的基础上，我们已知产品装配误差是伴随着装配过程而逐渐累积与传递的，且随着装配过程的演变而变化。为研究产品装配误差累积与传递以及装配动态尺寸链的更新迭代过程，需要表达和分析产品 AFR 在每个装配步的误差状态。

对于考虑多维度误差源的产品零件装配过程，在几何层面上可以将零件间的装配视为几何特征要素间的相互配合与约束，而在物理层面上则可以将零件视为弹性体，几何特征要素在零件制造误差、表面变形误差、装配配合定位误差等影响下存在宏微观相耦合的误差约束，进而随着装配过程的演变影响产品最终的装配精度。因此，在产品从基础零件经每一道装配步形成 AWPM 的过程中，所有误差都将随着装配过程传递至后续的 AWPM 上，基于误差流（stream of variation，SoV）理论可以运用线性离散状态空间模型来构建具有多道装配工序/工步的复杂产品装配过程误差积累与传递机制，如图 7-22 所示，其递归表达形式如式(7-40)所示，该式描述了当前装配工序/工步的装配体误差状态与前一道装配工序/工步的装配体误差状态以及当前装配步中新装配零件引入的多维度误差源之间的关系。

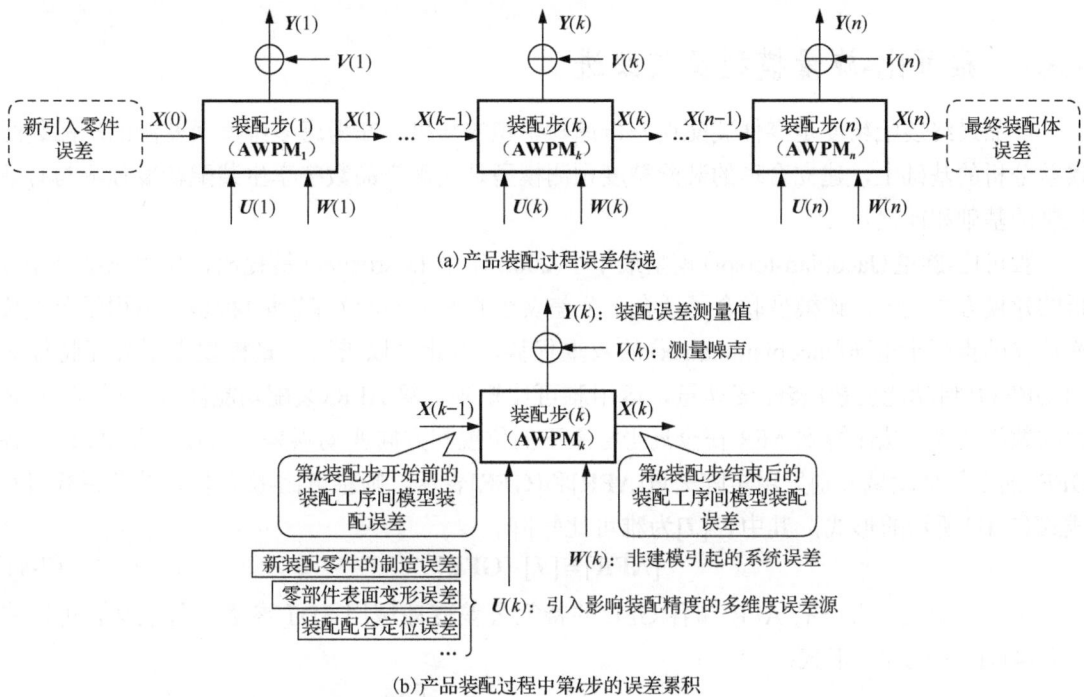

(a)产品装配过程误差传递

(b)产品装配过程中第k步的误差累积

图 7-22　基于误差流理论的产品装配过程误差累积与传递机制

$$\begin{cases} \boldsymbol{X}(k) = \boldsymbol{A}(k) \cdot \boldsymbol{X}(k-1) + \boldsymbol{B}(k) \cdot \boldsymbol{U}(k) + \boldsymbol{W}(k) \\ \boldsymbol{Y}(k) = \boldsymbol{C}(k) \cdot \boldsymbol{X}(k) + \boldsymbol{V}(k) \end{cases} \tag{7-40}$$

式中，$\boldsymbol{A}(k)$ 为单位矩阵；$\boldsymbol{X}(k)$ 为第 k 道装配工序/工步结束后装配体的累积误差状态量；$\boldsymbol{B}(k) \cdot \boldsymbol{U}(k)$ 为第 k 道装配工序/工步引入新装配零件的误差，其中，$\boldsymbol{B}(k)$ 表示转换矩阵，将装配过程中第 k 道装配工序引入的新装配零件误差从零件坐标系转换至基准坐标系(全局坐标系)，而 $\boldsymbol{U}(k)$ 表示在第 k 道装配工序/工步上引入影响装配精度的多维度误差源，包括新装配零件的制造误差、表面变形误差以及装配配合定位误差等输入量；$\boldsymbol{Y}(k)$ 为测量矩阵；$\boldsymbol{C}(k)$ 为元素为 1、−1 或 0 的观测矩阵，其列数与状态量行数相同；$\boldsymbol{W}(k)$ 和 $\boldsymbol{V}(k)$ 分别为相应的系统误差和测量噪声。

需要指出的是，由于在产品装配过程中每一道装配工序/工步的各零件受力状态均不相同，零部件表面变形误差在每一道装配工序/工步都会发生变化，这与零件制造误差只在某一步引入装配体时产生影响是不同的，为避免后续装配过程每一个装配步对已装配零件的变形产生影响，可将已装配完成的装配体看作一个完整"零件"，并通过 FEA 法准确计算零部件表面变形误差。

7.5 基于改进雅可比-旋量模型的产品数字孪生装配精度分析

7.5.1 雅可比-旋量模型及其改进

产品最终装配精度是零件装配误差传递与累积的结果。在考虑多维度误差源的产品装配误差分析的基础上，建立合理的装配精度预测模型是实现产品数字孪生装配精度预测与有效控制的基础和前提。

雅可比-旋量(Jacobian-torsor)模型最早于 2002 年由 Desrochers 等提出，作为三维公差分析的建模方法之一，该模型联合了适合于公差表达的 SDT(小位移旋量)模型和适用于公差传递计算的雅可比矩阵(Jacobian matrix)的双重优势，因此可以借助旋量模型表示装配特征对的 GFE(几何功能要素)装配变动量，运用雅可比矩阵计算 AFR(装配功能需求)与各 GFE 之间的数学关系，从而得到 AFR 在全局坐标系下的位置和方向变动误差。假设产品 AFR 和各GFE 的公差变动域分别采用矩阵矢量[**AFR**]和[**GFE**]表示，则雅可比-旋量模型的关系式可写成式(7-41)所示的形式，其中，[**J**]为雅可比矩阵。

$$[\mathbf{AFR}] = [\mathbf{J}] \cdot [\mathbf{GFE}] \tag{7-41}$$

更进一步地，将产品 AFR 和各 GFE 的特征公差变动域用 SDT 参数进行表达，可以将式(7-41)改写成如下形式：

$$\begin{bmatrix} \mathrm{d}\boldsymbol{\varepsilon}_{\mathrm{AFR}} \\ \mathrm{d}\boldsymbol{\rho}_{\mathrm{AFR}} \end{bmatrix} = \begin{bmatrix} \boldsymbol{J}_{\mathrm{GFE}_1} & \cdots & \boldsymbol{J}_{\mathrm{GFE}_n} \end{bmatrix} \cdot \begin{bmatrix} \mathrm{d}\boldsymbol{q}_{\mathrm{GFE}_1} \\ \vdots \\ \mathrm{d}\boldsymbol{q}_{\mathrm{GFE}_n} \end{bmatrix} \tag{7-42}$$

式中，$\mathrm{d}\boldsymbol{\varepsilon}_{\mathrm{AFR}}$ 和 $\mathrm{d}\boldsymbol{\rho}_{\mathrm{AFR}}$ 分别表示 AFR 的一组沿全局坐标轴的平移矢量$[u, v, w]^{\mathrm{T}}$ 和旋转矢量 $[\alpha, \beta, \gamma]^{\mathrm{T}}$，其中，$u$、$v$ 和 w 分别表示绕全局坐标轴 x、y 和 z 轴的平移量，α、β 和 γ 分别表示绕全局坐标轴 x、y 和 z 轴的旋转量；$\mathrm{d}\boldsymbol{q}_{\mathrm{GFE}_i}$ 表示第 i 个 GFE 在局部坐标系下的平移和旋转矢量；$\boldsymbol{J}_{\mathrm{GFE}_i}$ 表示与第 i 个装配特征对有关的 6×6 雅可比矩阵，其具体表达形式由式(7-43)～式(7-45)计算得到：

$$\begin{bmatrix} \boldsymbol{J}_{\mathrm{GFE}_i} \end{bmatrix} = \begin{bmatrix} [R_0^i]_{3\times3} \cdot [R_{PT}^i]_{3\times3} & [W_i^n]_{3\times3} \cdot \left([R_0^i]_{3\times3} \cdot [R_{PT}^i]_{3\times3}\right) \\ \hline [0]_{3\times3} & [R_0^i]_{3\times3} \cdot [R_{PT}^i]_{3\times3} \end{bmatrix}_{6\times6} \tag{7-43}$$

$$[R_0^i]_{3\times3} = \begin{bmatrix} [C_{1i}]_{3\times1} & [C_{2i}]_{3\times1} & [C_{3i}]_{3\times1} \end{bmatrix} \tag{7-44}$$

$$[W_i^n]_{3\times3} = \begin{bmatrix} 0 & -\mathrm{d}z_i^n & \mathrm{d}y_i^n \\ \mathrm{d}z_i^n & 0 & -\mathrm{d}x_i^n \\ -\mathrm{d}y_i^n & \mathrm{d}x_i^n & 0 \end{bmatrix} \tag{7-45}$$

式中，$[R_0^i]_{3\times3}$ 表示第 i 个 GFE 在局部坐标系(i)与全局坐标系(0)之间的相对方向变换矩阵，其中，$[C_{1i}]_{3\times1}$、$[C_{2i}]_{3\times1}$ 和 $[C_{3i}]_{3\times1}$ 分别表示局部坐标系(i)的 x_i、y_i 和 z_i 轴相对于全局坐标系(0)对应轴的单位方向变换向量；$[R_{PT}^i]_{3\times3}$ 表示投影矩阵，即 GFE 的公差变动域方向在局部坐标系(i)3 个坐标轴方向的投影系数；$[W_i^n]_{3\times3}$ 表示第 n 个局部坐标系相对于第 i 个局部坐标系的位置变换矩阵，其中，$\mathrm{d}x_i^n = \mathrm{d}x_n - \mathrm{d}x_i$，$\mathrm{d}y_i^n = \mathrm{d}y_n - \mathrm{d}y_i$，$\mathrm{d}z_i^n = \mathrm{d}z_n - \mathrm{d}z_i$，$\mathrm{d}x_i$ 和 $\mathrm{d}x_n$、$\mathrm{d}y_i$ 和 $\mathrm{d}y_n$、$\mathrm{d}z_i$ 和 $\mathrm{d}z_n$ 分别为局部坐标系(i 和 n)原点在全局坐标系(0)x、y、z 轴方向的坐标值。

产品 GFE 的特征类型以及公差值大小将决定公差变动域区间及特征间的相互约束关系，因此，各 GFE 中的 $\mathrm{d}\boldsymbol{q}_{\mathrm{GFE}_i}$ 参数分量将被约束在特征要素公差带允许的极限变动区间内。表 7-4 罗列了常见的四种装配特征功能要素表面的公差域及其对应的旋量参数约束条件，其中，T 和 t 分别为功能要素表面的位置度和平行度(或同轴度)。

综上所述，在满足产品几何公差约束及其几何特征间的相互约束关系的前提下，典型的产品 AFR 与各 GFE 之间的雅可比-旋量模型表达式可进一步改写成如下形式：

$$\begin{bmatrix} (\underline{u},\overline{u}) \\ (\underline{v},\overline{v}) \\ (\underline{w},\overline{w}) \\ (\underline{\alpha},\overline{\alpha}) \\ (\underline{\beta},\overline{\beta}) \\ (\underline{\gamma},\overline{\gamma}) \end{bmatrix}_{\mathrm{AFR}} = \begin{bmatrix} [\boldsymbol{J}]_{\mathrm{GFE}_1} & \cdots & [\boldsymbol{J}]_{\mathrm{GFE}_n} \end{bmatrix} \cdot \begin{bmatrix} \begin{bmatrix} (\underline{u_1},\overline{u_1}) \\ (\underline{v_1},\overline{v_1}) \\ (\underline{w_1},\overline{w_1}) \\ (\underline{\alpha_1},\overline{\alpha_1}) \\ (\underline{\beta_1},\overline{\beta_1}) \\ (\underline{\gamma_1},\overline{\gamma_1}) \end{bmatrix}_{\mathrm{GFE}_1} & \cdots & \begin{bmatrix} (\underline{u_n},\overline{u_n}) \\ (\underline{v_n},\overline{v_n}) \\ (\underline{w_n},\overline{w_n}) \\ (\underline{\alpha_n},\overline{\alpha_n}) \\ (\underline{\beta_n},\overline{\beta_n}) \\ (\underline{\gamma_n},\overline{\gamma_n}) \end{bmatrix}_{\mathrm{GFE}_n} \end{bmatrix}^{\mathrm{T}} \tag{7-46}$$

$$\mathrm{s.t.} \begin{cases} C_1(u_1,v_1,w_1,\alpha_1,\beta_1,\gamma_1) \in \{\mathrm{Constraint}_1\} \\ \vdots \\ C_n(u_n,v_n,w_n,\alpha_n,\beta_n,\gamma_n) \in \{\mathrm{Constraint}_n\} \end{cases} \tag{7-47}$$

式中，$\underline{u},\underline{v},\underline{w},\underline{\alpha},\underline{\beta},\underline{\gamma}$ 和 $\overline{u},\overline{v},\overline{w},\overline{\alpha},\overline{\beta},\overline{\gamma}$ 分别表示产品 AFR 与各 GFE 旋量参数的上下公差极限；$C_i(\cdot)$ 表示第 i 个 GFE 的旋量参数遵循的约束条件 $\{\mathrm{Constraint}_i\}$，如表 7-4 所示。

可以将上述修正后的雅可比-旋量模型作为在极值法(worst case)和统计分析(statistical analysis)下较为高效可靠的三维公差分析手段，并且该模型还成功应用于产品几何偏差管理、机加工误差传递分析、串并行装配分析、再制造装配质量控制等多学科工程领域中。然而，修正后的雅可比-旋量模型并没有考虑几何形状误差对 GFE 公差变动域的影响，更没有考虑基于几何形状误差下由外部载荷引起的变形误差影响，从而无法实现面向现场真实装配环境的实际装配配合与最终 AFR 影响的定量分析与评价，因此需要针对当前雅可比-旋量模型存在的不足进行进一步改进，以解决无法考虑几何形状误差的不足，进而提供一个更加精确且适用于产品现场装配场景的公差分析模型。

表 7-4　常见装配功能要素表面的公差域及其对应的旋量参数约束条件

功能要素类型	图例	小位移旋量	公差变动域及约束条件 {Constraint}
平面特征		$\begin{bmatrix} 0 & \alpha \\ 0 & \beta \\ w & 0 \end{bmatrix}$	$\begin{cases} -T/2 \leqslant w \leqslant T/2 \\ -t/a \leqslant \alpha \leqslant t/a \\ -t/b \leqslant \beta \leqslant t/b \end{cases}$ $\begin{cases} -t/2 \leqslant \beta X + \alpha Y \leqslant t/2 \\ -T/2 \leqslant \beta X + \alpha Y + w \leqslant T/2 \end{cases}$
圆柱特征		$\begin{bmatrix} u & \alpha \\ v & \beta \\ 0 & 0 \end{bmatrix}$	$\begin{cases} -T/2 \leqslant u \leqslant T/2 \\ -T/2 \leqslant v \leqslant T/2 \\ -t/2l \leqslant \alpha \leqslant t/2l \\ -t/2l \leqslant \beta \leqslant t/2l \end{cases}$ $(u+\beta Z)^2 + (v+\alpha Z)^2 \leqslant (T/2)^2$
圆锥特征		$\begin{bmatrix} u & \alpha \\ v & \beta \\ w & 0 \end{bmatrix}$	$\begin{cases} -T/2 \leqslant u \leqslant T/2 \\ -T/2 \leqslant v \leqslant T/2 \\ -(T/2)\cdot\cot\theta \leqslant w \leqslant (T/2)\cdot\cot\theta \\ -T/2l\cdot\cos\theta \leqslant \alpha \leqslant T/2l\cdot\cos\theta \\ -T/2l\cdot\cos\theta \leqslant \beta \leqslant T/2l\cdot\cos\theta \end{cases}$ $Z\tan\theta - T/2$ $\leqslant \sqrt{(u+\beta Z + Z\tan\theta)^2 + (v+\alpha Z + Z\tan\theta)^2}$ $\leqslant Z\tan\theta + T/2$
球面特征		$\begin{bmatrix} u & 0 \\ v & 0 \\ w & 0 \end{bmatrix}$	$\begin{cases} -T/2 \leqslant u \leqslant T/2 \\ -T/2 \leqslant v \leqslant T/2 \\ -T/2 \leqslant w \leqslant T/2 \end{cases}$ $-T/2 \leqslant \sqrt{u^2+v^2+w^2} \leqslant T/2$

为解决上述问题，本节将第 5 章提出的基于 SMS 的零件孪生表面模型集成至雅可比-旋量模型中，从而形成新的雅可比-孪生表面模型，这不仅可以将零件孪生表面模型中涵盖的几何形状误差引入新模型中，直接计算获得最终 AFR 的累积偏差确定值，而且可以充分利用雅可比-旋量模型只针对关键 GFE 进行分析的优点，避免零件孪生表面模型重构所有表面，而只是基于装配关键特征进行孪生表面模型生成即可。由于产品零件的装配关键特征用孪生表面模型替代，可以运用 7.4 节针对考虑多维度误差源的产品装配误差分析结果，将零件制造误差(包含位置误差、方向误差和形状误差)、表面变形误差以及装配配合定位误差的多维度误差源统一至雅可比-孪生表面模型中，从而可以结合装配工艺规划结果以及产品装配误差传递路径，计算每道关键装配工序/工步及其产品最终 AFR 的装配误差。图 7-23 为传统的雅可比-旋量模型与改进后的雅可比-孪生表面模型对比。

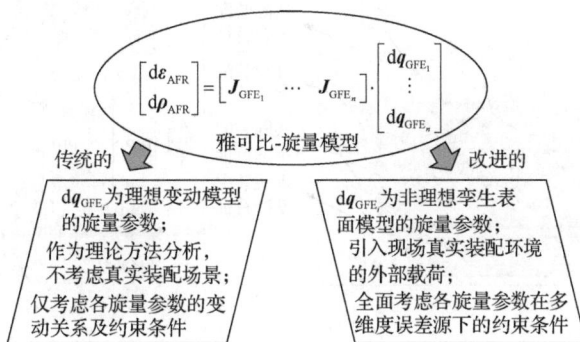

图 7-23　传统的雅可比-旋量模型与改进后的雅可比-孪生表面模型

对于雅可比-孪生表面模型而言，依然保留了传统雅可比-旋量模型中各 GFE 之间的装配特征对的定义和分类，按装配特征对的 GFE 组成分类，装配特征对包括内部功能要素副 (internal functional element pair，IFEP)和接触功能要素副(contact functional element pair，CFEP)。常见的接触功能要素副(也称为运动副)又可分为平面副(planar pair，PlP)、圆柱副 (cylindrical pair，CyP)和球面副(spherical pair，SpP)等。按装配特征对的串并行关系分类，装配特征对包括串行功能要素对(serial functional element pair，SFEP)和并行功能要素对(parallel functional element pair，PFEP)。

以图 7-24 所示的装配体为例，可以绘制出基于 ACOG 的装配连接图，其中包含 8 个内部副(IFEP)以及 4 个接触副(CFEP)，每个接触副(CFEP)由装配基准特征和装配配合(目标)特征构成，其中，标号 $i.j$ 表示第 i 个零件的第 j 个 GFE。以 GFE1.1 和 GFE2.1 组成的平面副(PlP)为例，该平面副的各 GFE 之间的旋量参数将由基于 SMS 的孪生表面模型形成的实际装配基准特征与实际装配配合特征的装配定位约束确定，而对于与之并行的平面副(GFE1.2 和 GFE2.2)，将采用基于孪生表面模型的串并联装配配合误差变动解析方法，计算得到当前并行功能要素对(PFEP)的装配配合误差变动的小位移旋量。依次类推，根据考虑多维度误差源的产品装配误差传递更新迭代机制，可以计算并预测随着装配工艺演变的每道关键装配工序/工步以及产品最终 AFR 的装配误差。

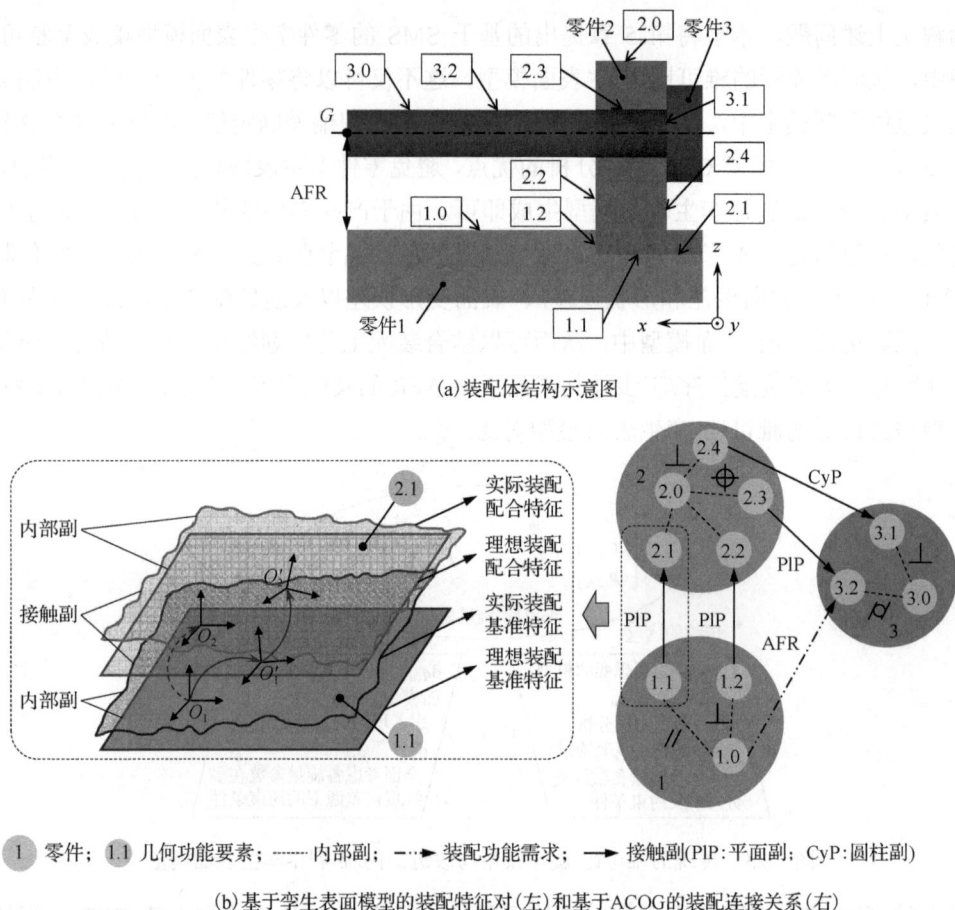

(a) 装配体结构示意图

① 零件；1.1 几何功能要素；------ 内部副；-·-► 装配功能需求；—► 接触副(PIP:平面副；CyP:圆柱副)

(b) 基于孪生表面模型的装配特征对(左)和基于 ACOG 的装配连接关系(右)

图 7-24　某型装配体结构及其对应的装配连接关系

7.5.2　产品数字孪生装配精度分析流程

根据 7.5.1 节提出的雅可比-孪生表面模型，并结合考虑多维度误差源的产品数字孪生装配精度预测总体流程，本节以产品装配精度计算为目标，提出一种通用的产品数字孪生装配精度预测基本框架与分析流程，如图 7-25 所示，主要分为前处理(pre-processing)、处理(processing)与后处理(post-processing)三个阶段，简称 3P 阶段或 P^3 阶段，其中，处理阶段又可分为零件孪生表面模型生成阶段和装配精度预测分析阶段。具体实现步骤如下，其中，Step 1 属于前处理阶段，Step 2～Step 5 属于处理阶段，Step 6 属于后处理阶段。

Step 1：根据产品装配体 CAD 模型和零件实物模型，解析 CAD 模型中所有关键几何特征的 GD&T 信息以及装配连接关系，并采用测量设备获取零件实物模型的实测点云数据，同时从基于三维模型的产品装配工艺规划设计中提取装配工艺参数，包括关键装配工序/工步、装配顺序、装配路径以及装配方向等，完成装配精度预测前期的初始化准备工作。

Step 2：依据装配工艺参数，从基础零件开始构建零件 $i(1 \leqslant i \leqslant n)$ 上关键功能要素表面的基于 SMS 的孪生表面模型，获得零件关键几何特征的制造误差。

Step 3：考虑零件约束条件对 SMS 进行补偿与修正，计算零件关键几何特征的表面变形误差，实现修正孪生表面模型的生成，判断零件 i 所有关键功能要素是否全部处理完毕，若未处理完成，返回 Step 2 继续处理，否则转至 Step 4。

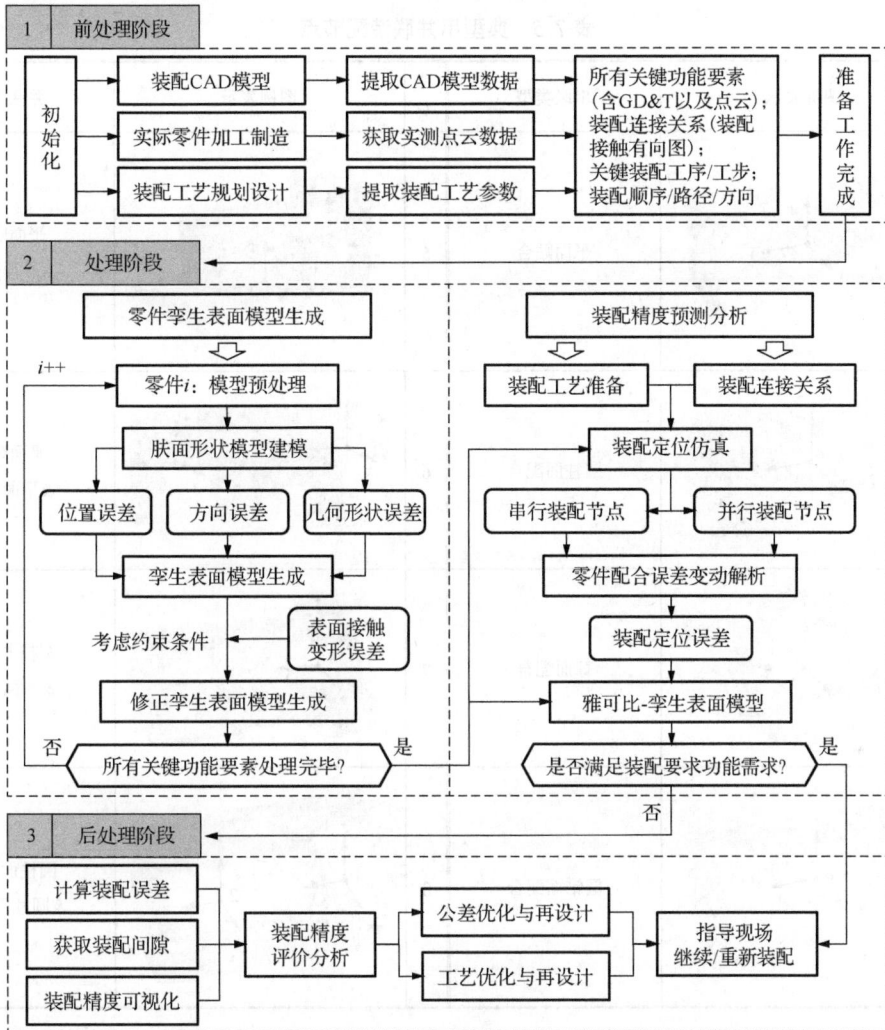

图 7-25　产品数字孪生装配精度预测基本框架与分析流程

Step 4：通过装配连接关系获得 ACOG，区分所有装配节点的串并联关系，表 7-5 为典型串并联装配节点，并结合装配顺序、装配路径以及装配方向等工艺参数，分别解析在串并联装配节点下基于修正孪生表面模型的零件配合误差变动的 SDT 参数，获得串并联装配节点的装配配合定位误差。

Step 5：建立雅可比-孪生表面模型，计算得到当前装配工序/工步下的装配功能需求以及产品最终 AFR，实现产品装配精度预测分析，并判断是否满足装配要求功能需求，若满足条件，则可直接用于指导现场装配过程，否则转至 Step 6。

Step 6：针对不满足装配要求功能需求的情况，将计算得到的装配误差、装配间隙等装配精度结果用于装配精度评价分析，对于不符合产品公差设计规范的情况需进行零件公差优化与再设计，而对于不满足产品装配工艺设计需求的情况需进行装配工艺优化与再设计，并返回至 Step 1 重新进行装配精度预测，从而对现场继续/重新装配进行指导。

表 7-5　典型串并联装配节点

序号	图例表示	串联类型	序号	图例表示	并联类型
1		平面贴合	5		平面贴合 &平面贴合
2		圆柱面配合	6		平面贴合 &平面贴合
3		球面配合	7		圆柱面配合 &平面贴合
4		圆锥面配合	8		圆柱面配合 &圆柱面配合

思 考 题

1. 简述基于非理想表面模型的装配接触仿真的定位求解方法。
2. 简述串并联装配结合面组的实际误差传递属性计算流程。
3. 简述常见的 7 种"恒定类"表面以及它们的旋量矩阵。
4. 简述多维度误差源中零件制造误差和装配过程误差的表达方法。
5. 简述产品数字孪生装配精度分析的具体流程。

第8章 产品装配过程修配方案生成与推荐

8.1 概　述

本章基于装配误差传递模型进行敏感性分析，对敏感度较大的公差环进行修配方案的推荐与生成，控制修配成本，提高修配效率。

修配方案推荐有两个主要目标：其一是使产品的生产成本最小；其二是使组成公差对功能要求的影响程度最小。考虑公差与成本的关系，即公差-成本函数，从制造角度出发，重点关注的是公差对成本的影响；而从设计角度出发，重点研究组成公差对功能要求的影响和贡献，同样有助于成本的控制。敏感度反映了组成公差的变化对功能要求变化的影响程度。依据敏感度，可将装配体中的零件分为关键零件和非关键零件。通过控制关键零件的公差，达到质量和成本的均衡。

由于在现实生产过程中，零件的制造误差都呈现出一定的概率分布，因此，本章基于误差概率分布，介绍通过智能算法生成修配方案，加深对产品装配过程修配方案生成与推荐技术的理解和应用。

8.2　产品装配过程修配方案生成与推荐总体流程

产品装配过程修配方案生成与推荐的总体流程如图 8-1 所示。

当进行装配精度分析时，若精度结果不满足装配要求，则要进行修配，因此首先要确定修配对象以及修配量。以前述构建的误差传递模型为基础进行误差敏感性分析，敏感度较大的误差为误差源，对应的装配环节为关键装配环节。

接着，以误差源为修配对象，利用改进粒子群优化算法进行修配仿真，生成可行的修配方案。为了确保生成的修配方案满足精度要求，以装配精度作为函数适应度，即将仿真产生的修配量重新代入误差传递函数中进行分析计算，从而确定修配方案的可行性。

最后，通过改进粒子群优化算法生成的修配方案有多组，但由于实际装配现场的情况不同，每组修配方案执行起来的难易程度、修配效果等都存在差异，因此应结合实际情况设置评价指标，对各修配方案进行评价，利用 TOPSIS (technique for order of preference by similarity to ideal solution) 法综合对各组修配方案进行评价择优，推荐出最优的修配方案。

在上述描述中，关于敏感度的基本概念及装配误差敏感性分析方法，请读者参考其他相关文献，这里不作赘述。

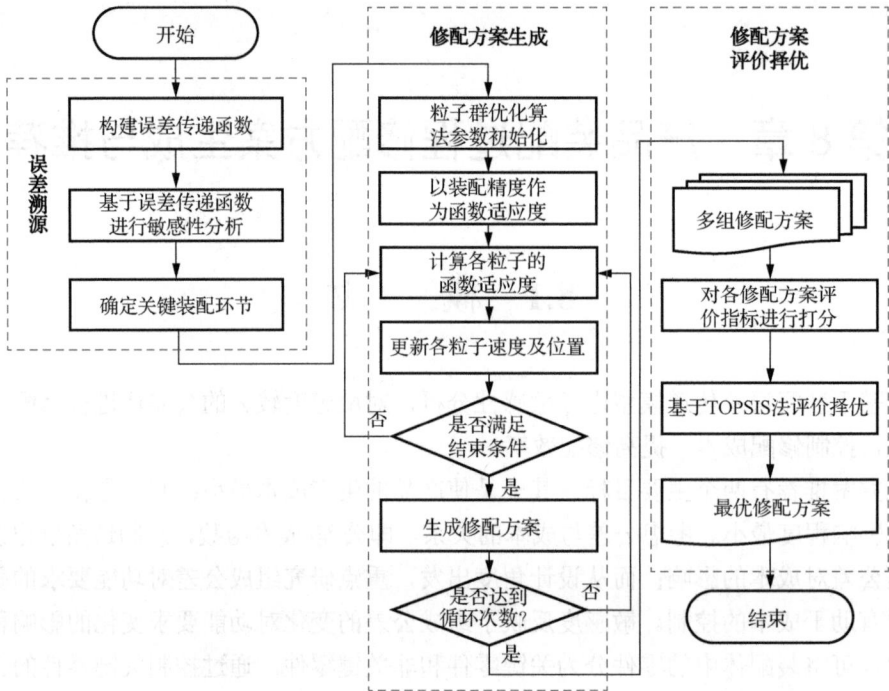

图 8-1　产品装配过程修配方案生成与推荐的总体流程

8.3　产品装配过程修配仿真优化及修配方案生成方法

修配方案旨在提供保证产品装配精度所需的修配补偿信息,主要包括修配区域和修配量。然而,传统的修配方法存在以下问题:首先,精确性不足。传统的修配量计算方法基于装配尺寸链,未考虑零组件的实际加工状态,得到的修配量范围仅为大致估计,修配过程存在很大的不确定性。其次,修配成本高且效率低。传统修配方法主要依赖人工操作,操作人员需要反复进行试装、测量和修配,最终只能满足装配精度要求,难以兼顾修配成本和效率。

为了解决上述问题,本书提出一种融合实测数据的修配仿真优化方法。该方法利用产品实测数据,在虚拟空间中仿真实际修配过程,以修配质量、成本和难度为目标,通过智能优化算法计算并优化修配量,利用 TOPSIS 法推荐最优修配方案,从而在事前实现修配方案的精确生成,提高产品装配效率。

修配仿真优化的总体方案如图 8-2 所示。根据敏感性分析结果,进行误差溯源,确定关键装配环节。在修配方案生成过程中应赋予关键装配环节更多的关注度,选取关键误差源作为待优化的修配区域。除此之外,在修配区域的选择上还应遵循以下原则:①优先选择形状较简单、修配区域较小的零件;②优先选择便于加工及拆卸的零件;③一般不选择装配接触面较多的零件。确定完待优化目标之后,以装配精度作为指标,对待优化目标进行仿真优化。目标优化算法有许多,如遗传算法(genetic algorithm,GA)、蚁群优化(ant colony optimization,ACO)算法、模拟退火(simulated annealing,SA)算法、粒子群优化(particle swarm optimization,PSO)算法等。改进粒子群优化算法具有适应性强、全局搜索能力强、搜索速度快、寻优精度高等优点，适用于以装配精度保证为目的的寻优优化。经过改进粒子群优化算法仿真优化之后，可以生成多组可行的修配方案。最后，结合装配现场情况，量化评价指标，对生成的修配方案进行评价择优。综合考虑修配成本、修配质量、修配难度以及配套资源等指标，对各修配方案依次进行评价，最后综合考虑这些评价指标，利用 TOPSIS 法进行综合评价打分，推荐出最优的修配方案。

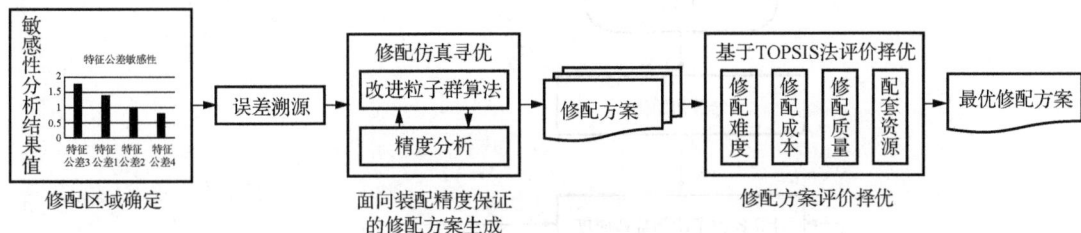

图 8-2　修配仿真优化总体方案

综上所述，根据优化目标以及优化流程，选取了不同的优化方法，依次进行两次优化，以得到最优的修配方案。首先，利用改进粒子群优化算法，以装配精度为目标进行仿真优化，生成多组满足装配精度要求的修配方案。然后，利用 TOPSIS 法结合装配现场的具体条件，对修配方案进行评价择优，得到一组最优的修配方案以指导现场修配。

8.3.1　面向装配精度保证的修配仿真优化

修配方案具体指的具体修配区域上产生的修配量。修配量指的是在相应修配区间上需要加垫或者打磨的量。传统的修配量计算方法通过构建装配尺寸链，使用极值法求解修配环尺寸的极值，从而确定满足封闭环尺寸误差要求的修配量。然而，这种方法存在以下缺陷。

1) 仅保障尺寸误差

传统方法主要保障尺寸误差，对于曲面位置偏差等形位误差，由于测量和计算复杂且具有非线性特点，难以通过极值法有效解决。

2) 忽视修配难度和配合

计算过程中只考虑整体零件的修配尺寸数值，未考虑各修配区域的修配难度和修配量的配合。无法具体了解零件上多个区域的修配量分布情况，可能导致某些区域修配量过大，从而增加修配成本和难度。

3) 未考虑组成环尺寸敏感性

计算前未考虑尺寸敏感性，导致在计算的过程中目的性较弱。不能给予关键误差源更多的关注度，导致修配效率较低，修配成本增高。这些问题表明，传统修配量计算方法在实际应用中存在显著局限，难以全面优化修配过程并降低相关成本。

粒子群优化算法具有无须依赖目标函数的严格数学性质、工程实现简单等优点。此外，作为一种非确定性优化算法，它具备更高的概率找到全局最优解，能够有效解决复杂多维的优化问题。粒子群优化算法通过模拟群体智能行为，在全局搜索和局部搜索之间取得平衡，使其适用于各种应用场景，如函数优化、路径规划和机器学习等领域。其算法结构灵活，可以与其他优化方法结合，提高优化效率和效果。本节提出基于改进粒子群优化(improved particle swarm optimization，IPSO)算法的修配量寻优计算方法，结合修配仿真与装配精度预测，利用 IPSO 算法实现不同区域修配量的寻优计算，流程如图 8-3 所示。结合敏感度分析结果，选取敏感度排名较高的误差作为待优化对象，初始化对应参数，每次更新粒子速度及位置之后，以装配精度为函数适应度更新个体最优解以及全局最优解，重复该优化过程可得到多组可行的修配方案。

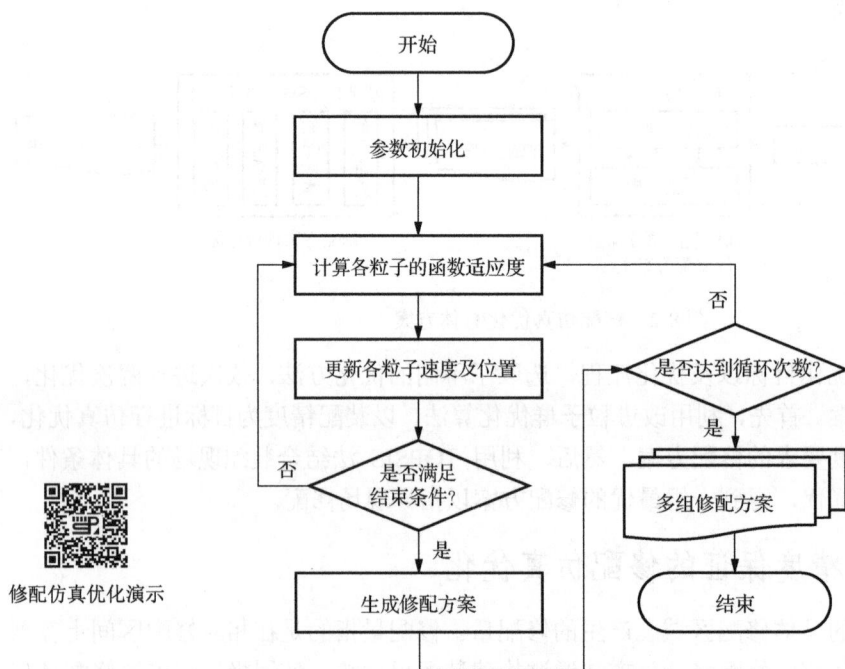

图 8-3　基于 IPSO 算法的修配方案生成

使用 IPSO 算法进行修复仿真优化前，需要基于实际装配情况及需求来设置相关参数，对粒子群进行初始化，具体如下。①设置粒子维度：根据待修配区域数设置粒子的维度。②确定粒子群优化算法的函数适应度：在修配仿真过程中，以装配精度作为函数适应度，其具体表现形式为目标点的装配精度。③设置粒子迭代速度：粒子迭代速度代表粒子群在寻优过程中的变动量，迭代速度越大，仿真寻优速度越快，但寻优能力会下降，可以根据实际需求设定。④设置寻优结束条件：将装配精度性能要求设置为寻优结束条件，即将生成的修配量代入误差传递函数中进行仿真计算，判断目标点的误差是否满足装配要求，若满足则结束本次寻优，否则继续迭代。⑤设置迭代区间：根据修配区域的可修配量来设置粒子的运动区间，以免生成的修配量不满足实际要求。

在以装配精度作为函数适应度时，其具体表现形式为目标点的装配精度，在实际运算过程中通过构建误差传递函数来得到目标点的装配精度。通过定义上述参数值和修配工艺约束，并结合修配仿真得到的适应度值进行优化计算，可以获得一组可行的修配方案。由于 IPSO 算法是一种非确定性优化算法，在处理包含多组局部最优解的问题时，每次优化的结果会有所不同。因此，通过多次循环上述优化过程，可以得到多组可行的修配方案。

修配仿真是指在仿真环境中按修配方案精确模拟修配，预测修配后的装配精度，评价修配质量。修配的本质是改变组成环零件的尺寸。为了提高仿真精确性，需要在产品设计模型的基础上，利用实测数据对模型进行重构。本章在构建装配模型时以装配关键特征为重点，在满足修配区域外形精度及装配仿真准确度的基础上，降低点云处理及模型构建难度，提高模型的构建效率。其中，装配关键特征指具有一定工程意义且可发生装配约束(如对齐、贴合、同轴、相切等)的几何元素与拓扑关联的集合，它以一定的几何结构为载体，为装配关系服务。以装配关键特征为重点重构产品模型的步骤如图 8-4 所示，通过逆向工程重构产品关键特征，将设计模型中关键特征对应的几何元素替换为重构几何，通过缝合和实体化，生成能表达装配关键特征几何元素实际位置和形状偏差分布的产品重构模型。

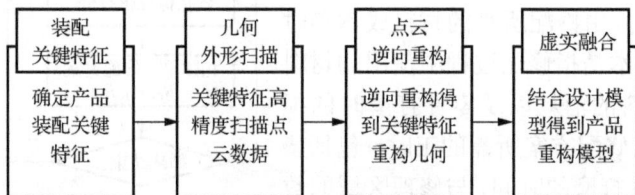

图 8-4　模型重构步骤

复杂产品的装配受多种误差源影响，主要涵盖以下几个方面：零组件制造误差、工装定位误差、柔性件变形误差以及装配测量误差。在传统有限元和公差分析的基础上，结合实测数据，将真实误差纳入装配精度预测过程，以提高预测结果的准确性。

装配精度预测基于产品的重构模型，其中包括考虑零组件制造误差。利用实测工装定位点对产品进行定位，同时考虑工装定位误差的影响。柔性件变形误差由传统有限元分析方法确定，考虑由重力和夹紧力引起的变形，并将其叠加至产品的重构模型中。装配测量误差主要源于仪器测量精度，通过仪器的标称精度计算装配测量误差。首先将带有零组件制造误差信息的产品重构模型利用采集的装配工装定位点进行定位，并通过有限元分析计算由自身重力或夹紧力等因素产生的变形，将其叠加到模型中；随后，将装配顺序、装配约束关系等定义在模型中，通过装配精度分析软件实现误差传递路径的自动生成。

在装配精度预测和模拟修配过程中，关注产品表面的误差是至关重要的。使用蒙特卡罗算法进行装配精度计算时，特别需要关注带有装配约束关系的产品模型表面的误差。重构模型时，模型表面的重构误差是不可避免的，主要包括测量误差和重构算法误差。测量误差主要由测量仪器的精度引起，通常可以仅考虑仪器的标称精度。重构算法误差则指使用 CAD 造型软件拟合点云时产生的最大误差，可以通过误差检测功能获取，这些误差共同构成了模型表面的重构误差，即重构表面与真实零件表面的差异。一旦获取了模型表面重构误差，就可以利用蒙特卡罗算法来模拟修配过程。在模拟修配过程中，将修配区域表面按照修配量进行偏移：向外偏移代表加垫，向内偏移代表打磨。这种偏移模拟了修配操作，通过调整组件的外部尺寸来实现修配目标。随后，利用蒙特卡罗算法进行目标装配精度的计算。这个过程可以多次迭代优化，直到装配精度达到设计要求。优化的装配方案能够有效指导现场装配操作，形成了装配方案的"优化-反馈-改进"机制。

总结来说，模拟修配通过在虚拟环境中模拟实际修配过程，结合蒙特卡罗算法的装配精度计算，帮助优化装配方案并指导现场操作，实现了虚实融合和以虚控实的目标。

8.3.2　基于 TOPSIS 法的修配方案评价择优

基于 IPSO 算法的修配方案生成主要以装配精度为函数适应度，因此生成的修配方案并未考虑装配现场的实际修配条件，如修配成本、修配质量、修配难度以及配套资源等因素。因此要综合考虑这些因素来推荐出最适合装配现场的修配方案。本节从修配成本、修配质量、修配难度、配套资源四方面分别对修配方案进行评价，最后综合推荐出最合适的修配方案。图 8-5 为评价择优流程。

（1）修配成本（R_C）由修配所需的材料成本和时间成本构成。材料成本是指修配过程中使用的材料损耗，包括垫片材料的消耗以及零件打磨时的损耗；时间成本则是指修配方案所需的工时，包括垫片加工的时间和零件打磨的时间，与修理区域的数量、面积及修配量成正比。

（2）修配质量（R_Q）指的是按照各修配方案修配后得到的最终的修配精度情况。在修配方案仿真生成过程中装配精度作为函数适应度，以精度要求作为终止条件，得到的修配方案虽然都满足精度要求，但是精度也各自有所不同。

（3）修配难度（R_D）指的是执行该修配方案时的困难程度，主要指标包括修配区域材料、修配区域复杂度、修配区域面积。其中，修配区域材料指的是待修配区域的材料特性，其直接决定了修配的难度；修配区域复杂度主要指的是修配区域的形状以及关联特征情况；修配区域面积指的是待修配区域的总面积，面积越大则修配难度越高。

（4）配套资源（S_R）主要指的是执行修配方案所需要的工装资源。例如，常见的修配操作包括加垫与打磨，二者所需的配套资源不同，且执行效率不同。

常用多目标综合评价方法有 D-S 证据理论、灰色关联度评价、模糊综合评价法等，这些方法修配成本、修配难度、修配成本、配套资源等指标属于不同属性的评价指标，难以用统一的方法进行评价。而 TOPSIS 法是一种常用的多属性决策方法，能够通过计算各方案与理想解和负理想解的距离来进行定量评价。本章通过 TOPSIS 法，依据修配方案综合评价指标来量化评价初步寻优生成的修配方案。具体步骤为：①根据综合评价指标建立评价指标集；②构建评价矩阵，并对矩阵进行标准化处理；③确定各指标的权重向量；④计算各方案的加权标准化决策矩阵；⑤确定理想解和负理想解；⑥计算各方案与理想解和负理想解的距离；⑦计算各方案的相对接近度，并进行排序；⑧确定系统得分，完成对修配方案的评价，从中择优并指导现场装配。

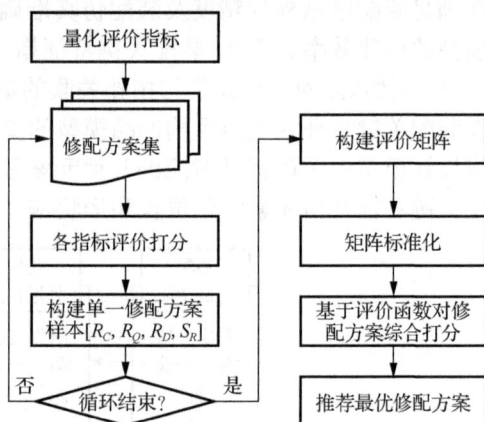

修配方案评价演示

图 8-5　基于 TOPSIS 法的评价择优

8.4　产品装配过程修配方案生成与推荐实例

某型号卫星结构模型如图 8-6 所示，主要由对地板、背地板、承力筒、$\pm X$ 外板、$\pm Y$ 外板、侧板、角条等组件组成。要求对地板与背地板之间的平行度在 -0.5~0.5mm 内。本节以对地板与背地板的平行度控制为例，借助实测数据重构产品模型，对总装完成后二者的平行度进行预测，事先生成合适的修配方案，并在装配现场进行应用验证。

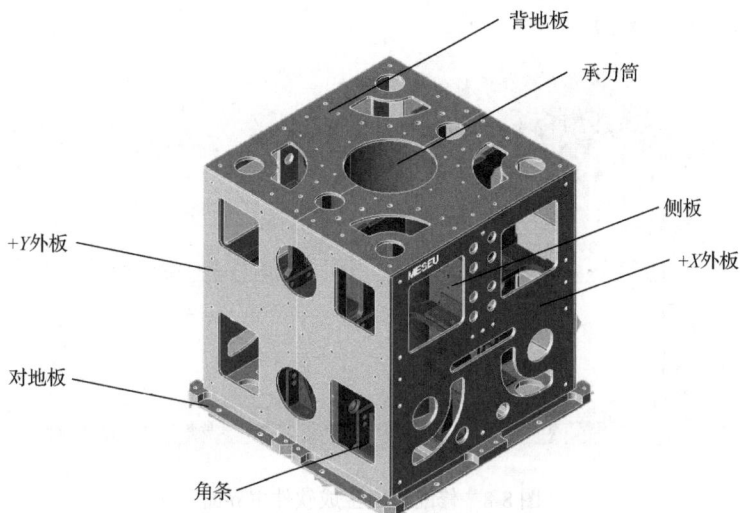

图 8-6　某型号卫星结构模型

8.4.1　修配方案生成软件工具开发

为了便捷高效地生成修配方案，开发了修配方案生成软件工具。利用 Microsoft Visual Studio 作为开发平台，基于微软基本类库(Microsoft foundation class library，MFC)对话框进行程序编写，其功能结构如图 8-7 所示。

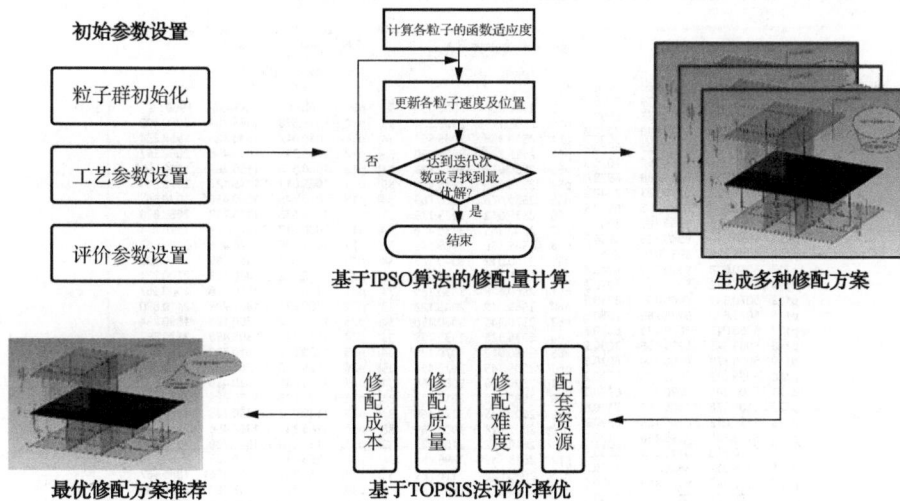

图 8-7　修配方案生成软件功能结构

软件主要包括修配工艺参数设置模块、评价参数设置模块、IPSO 修配量寻优模块以及修配方案展示模块。软件以 IPSO 修配量寻优为核心：寻优前输入修配区域个数、修配量范围等修配工艺参数；寻优中与修配仿真信息交互，传输过程修配量与目标装配精度；寻优后将修配方案输出并按修配成本、修配难度等因素进行综合评价择优，最终生成修配方案文件。软件主界面如图 8-8 所示。

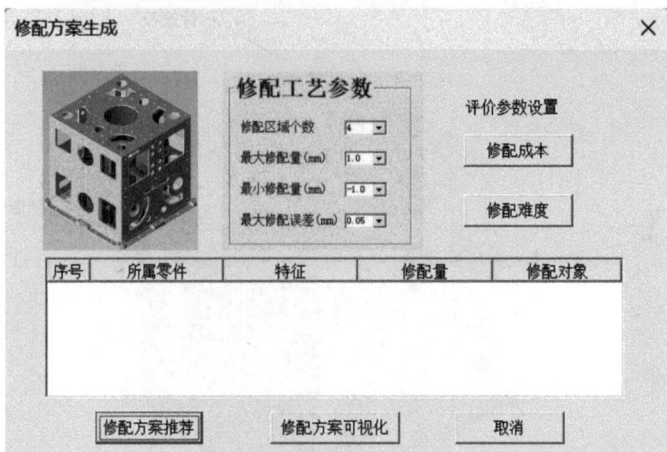

图 8-8　修配方案生成软件主界面

8.4.2　装配误差预测与修配方案生成

本节从某型号卫星结构模型重构、基于重构模型的误差预测、面向目标特征装配精度控制的修配方案生成三方面对所提方法进行应用。

(1)卫星结构模型重构。结合装配工艺确定卫星结构的关键特征,如对地板与背地板配合面、外板与侧板配合面、角条与侧板连接面、角条与外板连接面等关键特征,采用激光跟踪仪对上述关键特征进行测量,部分测量点坐标数据如图 8-9 所示。

图 8-9　关键特征实测数据

利用实测数据进行几何重构,并采用 Deviation Analysis 功能检测点云与重构特征面的偏差。将重构特征同步到卫星结构模型当中,得到卫星结构的重构模型。

(2)基于重构模型的误差预测。选择 AMTProcesser 软件作为装配误差预测平台(具体原型系统开发详见第 9 章),将重构模型导入软件中,如图 8-10 所示。

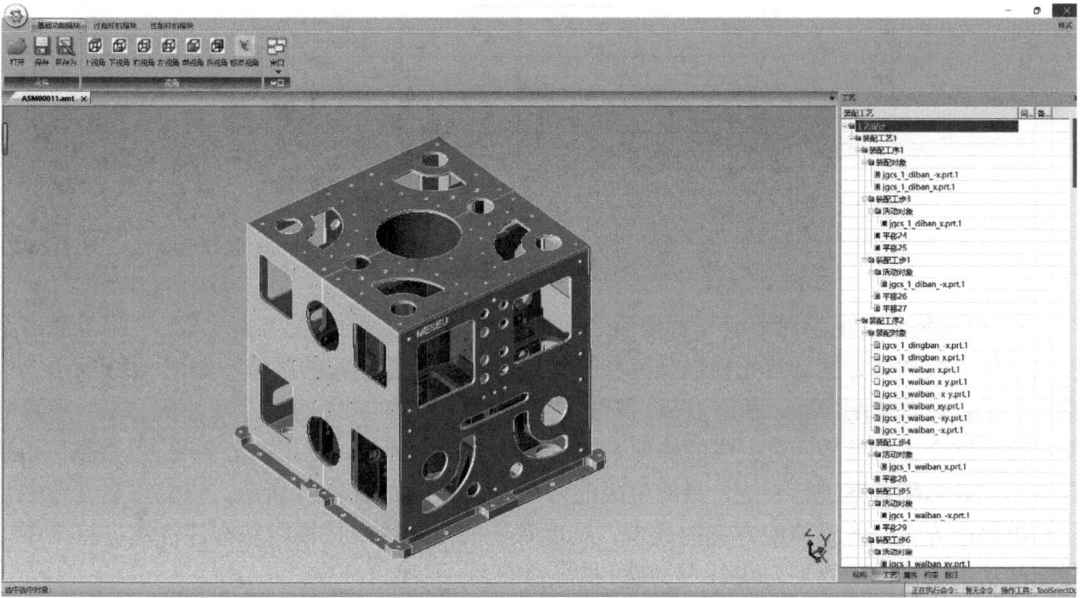

图 8-10 打开模型主界面

通过导入装配序列，生成误差传递路径，利用装配精度分析功能分析计算是否满足装配性能需求，其装配精度分析功能主界面如图 8-11 所示，最终结果采用控制图表达，如图 8-12 所示，可以看出平行度偏差有部分不满足工艺要求，需要通过修配来保证装配性能要求。

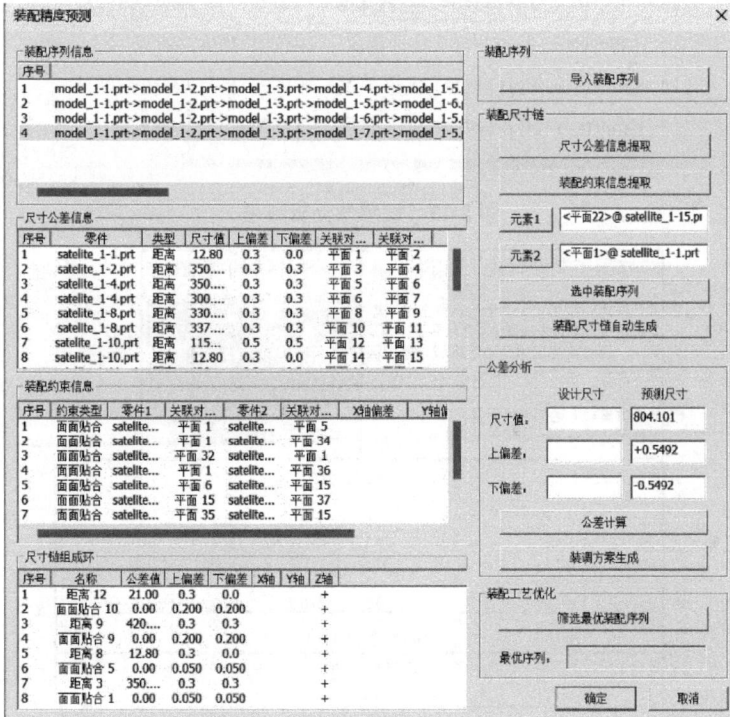

图 8-11 装配精度分析功能主界面

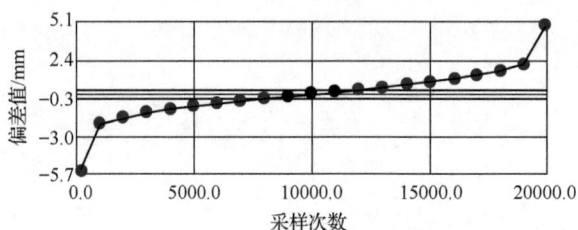

图 8-12　分析结果控制图

（3）面向装配现场的对地板与背地板之间平行度偏差控制的修配方案生成。利用修配方案生成软件生成具体方案。首先根据敏感性分析结果，选择待修配的区域，如图 8-13 所示。根据修配工艺设置修配参数，利用 IPSO 算法计算各修配区域的修配量，生成修配方案。设置修配材料等综合评价参数，对生成的修配方案进行定量综合评价，利用"文字-图片-数据"相结合的形式对修配方案进行表达，最终生成的修配方案文件如图 8-14 所示。修配方案文件中包含多组修配方案，各组修配方案的成本、难度等不同，文件中按模糊综合评价法进行排序，装配时从中选择最优修配方案（1 号方案）指导修配。

	特征信息	有效性公差	敏感度
1	satellite_1-1.prt,plane_3,平面度,	3.09949e-05	0.000619897
2	satellite_1-7.prt,plane_12,垂直度,	3.43925e-05	0.000687851
3	satellite_1-4.prt,plane_6,平面度,	0.000153675	0.0030735
4	satellite_1-6.prt,plane_21,平面度,	0.000131603	0.00263205
5	satellite_1-10.prt,plane_9,平面度,	3.25006e-05	0.000650011

图 8-13　敏感性分析结果

图 8-14　修配方案文件

　　偏差控制的传统修配方案仅给出了"区域允许加垫量不超过 1mm，打磨量不超过 0.5mm"的描述，不涉及具体的修配区域及修配量值，且无法实现指导修配区域的整体分布情况，导致装配人员需要凭借经验反复修配，装配效率较低。本节通过分析多个修配区域的配合情况，在所生成的修配方案文件中，明确给出了不同修配区域所需的修配量值，避免了修配的盲目性。另外，通过给出多组备选的修配方案，并按 TOPSIS 法进行排序，可更好地适应现场装配情况。通过优化计算，本节所得到的最优修配方案为：plane_3 区域打磨 0.2mm，plane_12、plane_6 区域的加垫量分别为 0.3mm、0.4mm，各区域的修配量均在工艺允许修配量范围内。

思　考　题

1. 简述产品装配误差敏感性分析与修配方案推荐技术的总体流程。
2. 简述敏感度的定义及计算方法。
3. 简述基于 TOPSIS 法的产品修配方案评价择优的具体流程。

第9章 数字孪生驱动的高精度装配原型 系统开发与应用

9.1 概　　述

本书围绕基于 DT(数字孪生)的复杂产品装配精度预测关键技术开展研究工作,其核心任务和目的在于解决面向现场装配的复杂产品装配精度预测与高效指导装配工艺规划等实际工程问题。通过前述章节的研究,解决了基于 DT 的复杂产品装配精度预测所涉及的若干共性基础关键技术问题。为了验证提出的基于 DT 的复杂产品装配精度预测的各种方法,本章首先提出并阐述基于 DT 的复杂产品装配精度预测的集成演示系统设计及应用总体框架;然后,在独立开发的三维装配工艺设计原型系统的基础上,进一步开发面向 DT 的装配精度预测模块,并通过搭建面向复杂产品高精度装配的软硬件系统平台,构建基于 DT 的复杂产品装配精度预测集成演示系统;最后,针对实际工程需求,在面向航天器结构部装的产品高精度装配中开展应用验证工作,通过实例验证表明本书所提技术方法可服务于复杂产品现场装配过程,为复杂产品装配精度预测与保障提供了一种切实可行的新思路和新途径。

9.2 数字孪生驱动的高精度装配原型系统构建与开发基础

9.2.1 原型系统硬件构建基础

数字孪生驱动的高精度装配原型系统的硬件构建基础包括数据采集设备、感知执行设备和网络通信技术/协议等。

1. 数据采集设备介绍

1)三坐标测量机

三坐标测量机是一种精密测量设备,用于测量物体的几何形状,如图 9-1 所示。它通过测量点来确定物体表面的三维空间坐标,从而描述物体的尺寸、形状和位置。通常用于制造业和工程领域,特别是应用在质量控制和工件检测方面。

2)激光扫描仪

激光扫描仪是一种利用激光技术进行物体表面测量和数据获取的设备,如图 9-2 所示。它通过发射激光束到物体表面,然后接收反射回来的激光束,从而获取物体的三维坐标信息。激光扫描仪广泛应用于三维建模、逆向工程、测量和检测等领域。其工作原理主要包括以下几种。

(1)激光发射：扫描仪发射一束或多束激光光线到被测物体表面。

(2)激光反射：激光光线在物体表面反射，反射光被扫描仪内的传感器接收。

(3)距离测量：根据激光发射和接收的时间差(飞行时间法)或相位差(相位测量法)，计算出扫描仪与物体表面之间的距离。

(4)数据记录：不断移动激光束以覆盖物体表面，记录大量的距离数据点，从而构建出物体的三维点云数据。

(5)数据处理：将点云数据传输到计算机，通过软件进行处理和分析，生成三维模型。

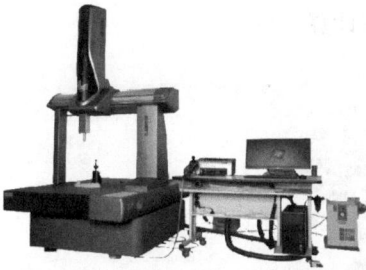

图 9-1　三坐标测量机工作示意图

图 9-2　激光扫描仪工作示意图

3) 表面轮廓仪

表面轮廓仪是一种用于测量物体表面粗糙度、轮廓和形态的精密仪器，如图 9-3 所示。它能提供高分辨率的表面特征数据，广泛应用于材料科学、制造业、半导体工业和质量控制等领域。表面轮廓仪主要通过以下两种方法进行测量。

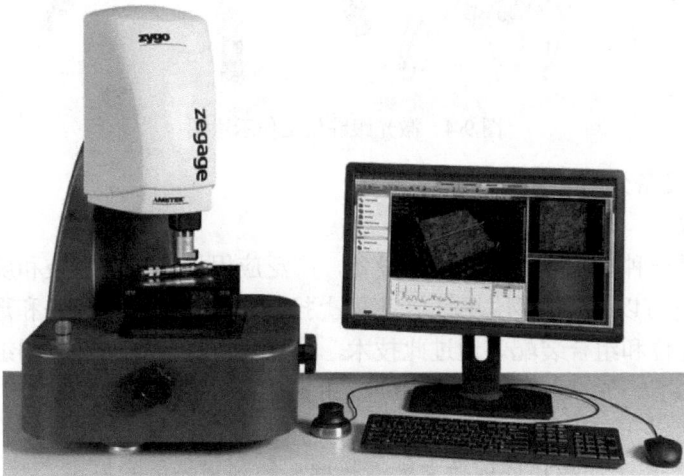

图 9-3　表面轮廓仪工作示意图

(1)接触式测量：使用探针接触物体表面，通过探针的垂直位移记录表面轮廓信息。探针在表面移动时，位移传感器记录探针的上下运动，生成表面轮廓数据。

(2)非接触式测量：利用激光或白光干涉技术，通过光束照射和反射，记录表面的高度变化。常见的光学表面轮廓仪包括激光共焦显微镜和干涉显微镜。

4）激光跟踪仪

激光跟踪仪是一种高精度测量设备，用于实时跟踪和测量物体在三维空间中的位置和运动轨迹，如图 9-4 所示。它通常用于大尺度的几何测量、校准和零件装配，广泛应用于航空航天、汽车制造、船舶建造等高精度工业领域。主要由以下几部分组成。

（1）激光发射器：用于发射高精度激光束。

（2）目标反射器：通常是一个经过精密加工的球形反射镜，用于反射激光束。

（3）角度测量系统：常由水平和垂直两个旋转轴组成，用于测量激光束的角度。

（4）距离测量系统：通过飞行时间法或相位测量法来测量激光束与目标反射器的距离。

（5）控制系统和软件：用于数据采集、处理和三维坐标计算。

图 9-4　激光跟踪仪工作示意图

2．感知执行设备介绍

1）激光投影仪

激光投影仪是一种高精度的数字投影设备，广泛应用于制造、组装和质量控制等领域，如图 9-5 所示。它可以在实际物体和工作表面上投射出虚拟模板、线条和形状，从而帮助操作员进行精确的定位和组合装配。通过此技术，可以大大提高生产效率和组装精度。激光投影仪的主要组件如下。

（1）激光发射器：用于产生高精度的激光束，用于图像投影。

（2）控制系统：用于加载和处理数字模型数据，控制激光束的投影。

（3）投影镜头：用于调整激光束的角度、方向和焦距，以确保精确投影。

（4）定位系统：帮助确定激光投影仪的位置和角度，以便精确对准工作区域。

2）机器人

机器人装配是现代制造业中至关重要的流程之一。随着工业 4.0 和智能制造的迅速发展，机器人装配技术正在逐步改变传统的生产方式，提高了生产效率、质量和灵活性，如图 9-6 所示。机器人装配主要分为以下几种类型。

图 9-5　激光投影仪工作示意图

图 9-6　机器人装配示意图

（1）固定机器人装配：这类机器人通常固定安装在生产线上，执行重复性高、速度快的装配任务。它们广泛应用于汽车制造、电子产品和家电的加工装配领域。

（2）移动机器人装配：采用移动底盘使机器人可以在不同工位间移动，提高其工位覆盖能力。移动机器人适用于复杂的装配任务或在大面积生产区域内使用。

（3）协作机器人装配：用于与工人协同工作，协作机器人具备安全传感技术，可在无防护设施的情况下进行操作。这类机器人常用在高灵活性和高精度的小批量生产中。

3）图像传感器

图像传感器主要为相机等视觉采集设备，如 CCD（charge coupled device，电荷耦合器件）相机、CMOS（complementary metal oxide semiconductor，互补金属氧化物半导体）相机、红外相机等。图像传感器在装配场景中的应用广泛且多样化，其主要作用是通过捕捉和处理图像来执行各种任务，包括质量控制、自动化监测以及精细装配操作，如图 9-7 所示。

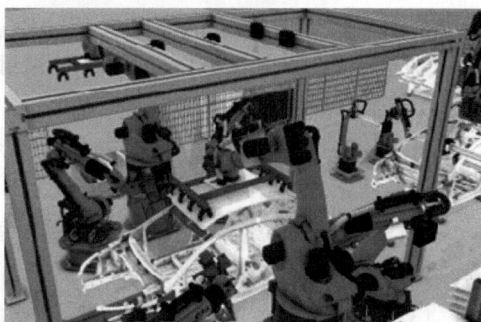

图 9-7　图像传感器在装配场景中的应用示意图

3．网络通信技术/协议介绍

1）RFID（radio frequency identification，射频识别）

RFID 是一种通过电磁场自动识别和读取数据的无线通信技术，通常用于物品的跟踪和管理，如物流与仓储管理、资产跟踪、供应链管理、门禁控制、电子支付等，如图 9-8 所示。配套设备如下。

（1）阅读器：固定阅读器，安装在固定位置，用于读取通过的 RFID 标签；手持阅读器，为便携式设备，用于移动场景的标签读取。

（2）RFID 标签：被动标签，不含电源，依靠阅读器的射频能量激活；主动标签，内置电源，发送信号到阅读器，通常用于远程读取及高速移动物体；半主动（半被动）标签，内置电源，但激活依赖阅读器信号。

（3）天线：用于发送和接收 RFID 信号。

（4）中间件软件：用于处理、存储和管理 RFID 数据。

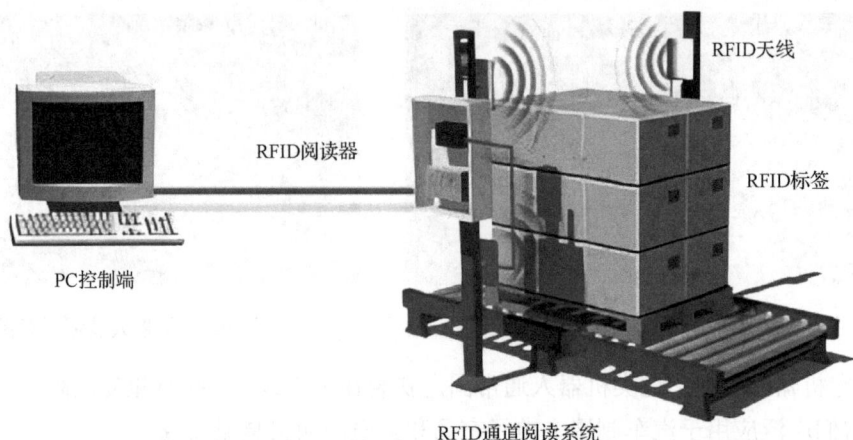

图 9-8　RFID 应用场景示意图

2）5G（第五代移动通信技术）

5G 是新一代无线通信技术，具有超高速度、低延迟、高容量等特点，支持大规模物联网（IoT）应用，如应用于增强现实/虚拟现实（AR/VR）、智能制造、智慧城市、自动驾驶等领域，如图 9-9 所示。配套设备如下。

（1）5G 基站：提供 5G 网络覆盖，分为宏基站、微基站、皮基站等。

（2）5G 核心网络设备：用于管理和传输数据，如网关、路由器、交换机。

（3）5G 终端设备：如智能手机、平板，支持 5G 网络连接。

图 9-9　5G 在智能物流领域中的应用示意图

（4）IoT 设备：如智能家居设备、工业传感器、自动驾驶汽车等，支持 5G 网络连接。

3）MQTT（message queuing telemetry transport，消息队列遥测传输）协议

MQTT 协议是一种轻量级、基于发布/订阅模式的消息传输协议，其通信模型如图 9-10 所示，专为低带宽、不稳定网络环境下的设备间通信设计，应用于物联网（IoT）设备通信、远程监控、智能家居、工业物联网（IIoT）等领域。配套设备如下。

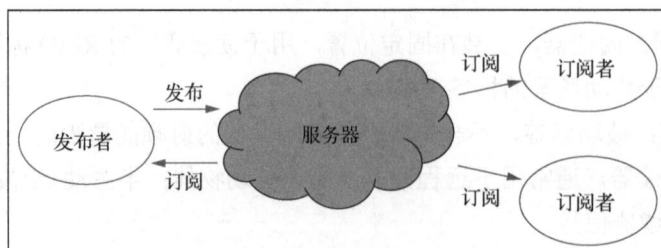

图 9-10　MQTT 通信模型

（1）MQTT Broker：在服务器端应用，管理客户端连接并转发消息，常见的 MQTT Broker 有 Eclipse Mosquitto、HiveMQ 等。

（2）MQTT 客户端：指连接到 Broker 的设备，发送和接收消息，如传感器、手机应用程序、边缘设备等。

（3）开发工具和库：如 Paho、Eclipse Milo 等，用于开发 MQTT 应用。

4）TCP/IP（transmission control protocol/Internet protocol，传输控制协议/互联网协议）

TCP/IP 是一组协议，用于在计算机网络中实现通信和数据传输，如图 9-11 所示。TCP/IP 协议包括 IP、TCP、UDP 等多个协议，构成了互联网的基础，应用于几乎所有的网络通信，包括因特网、企业内网、网络电话、车间视频传输等。配套设备如下。

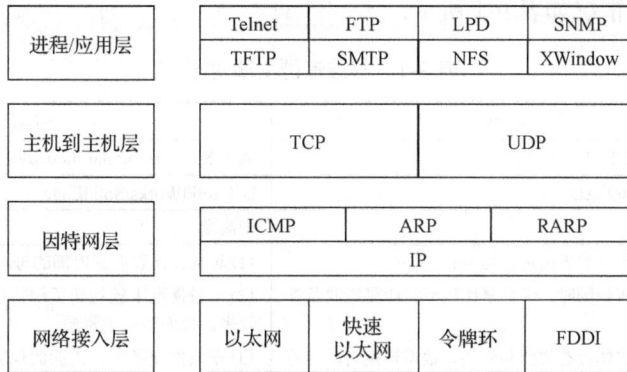

| 进程/应用层 | Telnet | FTP | LPD | SNMP |
| | TFTP | SMTP | NFS | XWindow |

| 主机到主机层 | TCP | | UDP | |

| 因特网层 | ICMP | | ARP | | RARP |
| | IP | | | | |

| 网络接入层 | 以太网 | 快速以太网 | 令牌环 | FDDI |

图 9-11　TCP/IP

（1）网络适配器：如网卡，用于网络连接。

（2）路由器：管理数据包在不同网络之间的转发。

（3）交换机：在同一网络中，管理数据包的转发。

（4）服务器与客户端设备：参与网络通信的计算机、手机、物联网设备等。

9.2.2　原型系统软件开发基础

数字孪生驱动的高精度装配原型系统的软件开发基础包括软件开发方法选择、软件内核选择、软件编程语言选择和软件开发架构确定等。

1．软件开发方法选择

三维软件系统的开发方法主要有两种：基于商业 CAD 软件进行二次开发、基于内核进行原型系统开发。商业 CAD 软件具有完善的系统框架、良好的三维建模及显示平台，且为客户提供了丰富的 API（应用程序编程接口）。开发人员可以利用 API 函数，在 CAD 软件基础上进行功能扩展。基于内核的开发属于底层开发，主要完成的任务如下。

（1）制定系统软件架构。其主要任务是根据功能模块将系统拆分为组成构件，并确定构件之间的接口。完善的软件架构是保证系统高效运行的基本前提。

（2）创建系统信息管理机制。其主要任务包括创建各种类型的信息管理器、制定信息的表达及存储方法。系统运行过程中生成或使用的信息种类繁多，需要通过合理的管理方法，才能使数据层更好地为功能层服务。

（3）详细开发各组成构件。构件是系统的组成单元，是系统功能的载体。构件的开发内容包括自身的开发及构件之间接口的设计。

对比基于商业 CAD 软件的二次开发，基于内核的开发具有如下特点：难度大、工作量大、细节烦琐。

2. 软件内核选择

"基于内核进行原型系统开发"中的内核是指三维造型引擎及三维显示渲染引擎。前者用于构造三维几何模型，后者用于将三维几何模型在视图中显示，一般的三维 CAD 软件都需要使用这两种引擎。

1）系统三维造型引擎的选择

现阶段常见三维造型引擎有 Parasolid、ACIS、Granite、OpenCasCade 等，其中前两种应用更为广泛，其对比情况如表 9-1 所示：

表 9-1　三维造型引擎对比

造型引擎	ACIS	Parasolid
公司	美国 Spatial Technology 公司	德国 Siemens Digital Industries Software 公司
CAD 软件	Inventor/AutoCAD	UG/SolidWorks/SolidEdge
产品档次	低端	中高端
运算特点	(1)主要对实体的表面进行运算； (2)当零件较规则时，该引擎比较节省计算资源及存盘空间； (3)构造的实体没有质感和张力，数据转换时，容易出现丢面现象	(1)对从实体表面到内部的每一个点进行运算； (2)一般情况下较耗费资源，但若零件较为复杂，碎面较多，反而能节省资源； (3)在数据交换时，丢面的现象较少，要么整个零件丢掉，不会只丢几个曲面

由对比情况可知：以 ACIS 为内核的 CAD 系统一般都为低端产品，而以 Parasolid 为内核的 CAD 系统一般都为中高端产品。两者在运算特点上各有千秋，考虑到系统对三维造型及运算能力的要求并不高，只需实现基本的零件造型即可，不需要太过复杂的运算；此外，Spatial Technology 公司与国内很多高校企业都有合作，并提供了良好的售后培训。从综合性价比的角度来看，选择 ACIS 作为系统造型引擎更合适。

2）系统三维显示渲染引擎的选择

常见的显示渲染引擎有 OGRE(object-oriented graphics rendering engine)、OSG(open scene graph)、HOOPS/3dAF(HOOPS 3D application framework)等。

OGRE 是一款开源三维图形引擎，实现了对 DirectX、OpenGL 的完全封装且具有基于插件的体系结构，便于用户直接使用。但 OGRE 体系庞大、使用复杂，用户很难掌握。

OSG 是一款商用三维图形引擎，主要应用于仿真、虚拟现实及游戏等领域。该引擎采用渲染树来实现渲染管理，效果比渲染队列的管理机制更好，但只实现了对 OpenGL 的封装，并没有实现对 DirectX 的封装。

HOOPS/3dAF 具有一个可扩展的、模块化的、开放型的架构，提供了非常全面的 API 函数，可供用户选择。

由于 HOOPS/3dAF 也是由 Spatial Technology 公司销售的，且公司同时推出了 H/A Bridge 组件，所以能够很好地将 HOOPS 与 ACIS 进行关联。此外，公司还提供了相关培训，使得用户很容易上手，非常适合高校研究使用。综合考虑下，决定使用 HOOPS/3dAF 作为该原型系统的显示渲染引擎。

3．软件编程语言选择

由于三维造型引擎 ACIS 是使用 C++开发的，且 HOOPS/3dAF 支持包含 C++在内的多种编程语言，所以原型系统的开发语言使用 C++。微软公司提供了基本类库，MFC 中的各种类相结合，构成了一个应用程序框架。程序员可以在此基础上开发 Windows 环境中的应用程序。

4．软件开发架构确定

图 9-12 为原型系统的软件开发架构。在 HP Z400 工作站上，安装 Windows10 64 位旗舰版操作系统，以 Visual Studio C++ 2019 为开发平台，采用业内应用比较广泛的 ACIS 作为三维造型引擎，采用 HOOPS/3dAF 作为渲染引擎，开发了三维装配工艺设计与仿真软件 AMTProcesser。在这个软件的基础上开发了三维尺寸标注智能规范与检测原型系统。为了能够对三维 CAD 模型上标注的三维尺寸进行处理，采用 Interop 作为中间数据接口，可以实现主流 CAD 模型及其三维尺寸标注信息的导入。同时，开发了尺寸信息输出功能，加入了 Xerces 组件，可以将尺寸信息以 XML 格式进行输出。

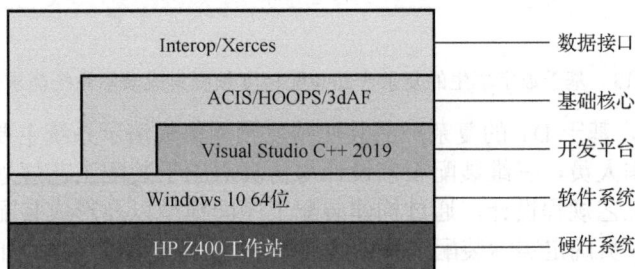

图 9-12　原型系统软件开发架构

9.3　数字孪生驱动的高精度装配原型系统设计与分析

9.3.1　原型系统需求分析

复杂产品装配精度预测与保障不仅源自产品设计人员的零件公差与精度设计，也取决于产品装配工艺规划以及实际装配过程的测量与调整，其中，在产品装配设计与实际装配过程之间起承前启后连接作用的装配工艺规划环节尤为重要。众所周知，相较于传统装配而言，DT 驱动的产品装配过程是将集成所有装配工艺装备的物联网，用于产品装配过程物理世界与信息世界的深度融合，并通过智能化软件服务平台及相关工具，实现产品装配过程的精准控制，从而对复杂产品装配过程进行统一高效的管控。因此，为实现基于 DT 的复杂产品装配精度预测，需要集成产品零部件几何尺寸精度设计、装配工艺设计/仿真/演示、实物装配测量与调整、装配精度预测、工艺优化反馈以及信息管理等功能，其对应的集成演示系统应包括能提供给装配工艺规划人员进行装配工艺设计与仿真、装配精度预测、装配工艺优化反馈、装配测量与调整工艺规划的指导，能提供给现场装配操作人员进行装配工艺演示、实物装配测量与调整、实测数据处理与分析等的软件工具，以及由辅助装配硬件设备构成的数字化组合测量辅助装配平台，图 9-13 为基于 DT 的复杂产品装配精度预测集成演示系统需求分析示意图。

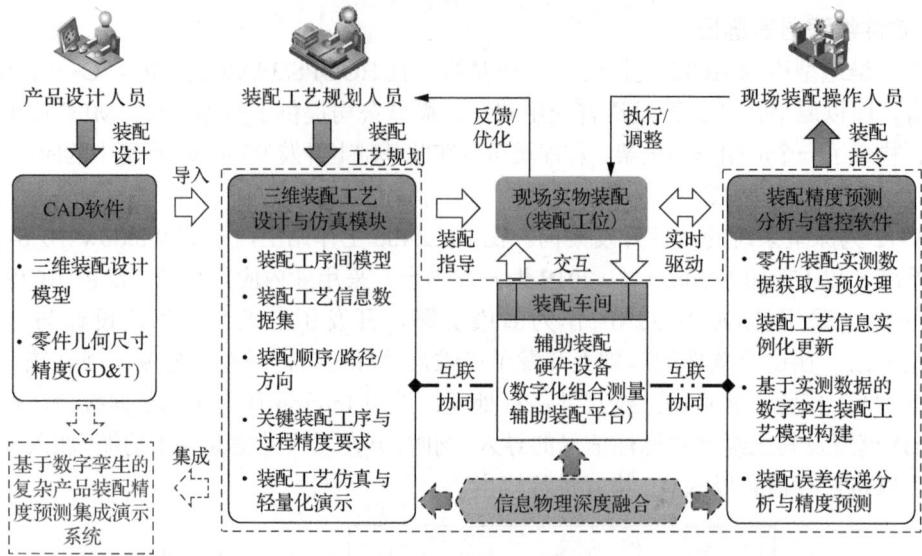

图 9-13　基于数字孪生的复杂产品装配精度预测集成演示系统需求分析

如图 9-13 所示，基于 DT 的复杂产品装配精度预测集成演示系统主要面向装配工艺规划人员和现场装配操作人员，三维装配工艺设计与仿真对应于装配工艺规划人员在装配工艺设计阶段中进行装配工艺规程设计，通过构建装配工序间模型以及形成装配工艺信息数据集，帮助装配工艺规划人员确定实际装配过程中的装配顺序/装配路径/装配方向、每个关键装配工序的装配要求以及应当达到的装配过程精度要求，并通过仿真验证装配工艺的合理性并输出轻量化演示文件；装配精度预测分析与管控对应于现场装配操作人员在实际装配执行前和装配过程执行中进行产品装配误差准确估计和精准预测，通过现场装配车间（工位）布置的辅助装配硬件设备，可以帮助现场装配操作人员获取零件加工制造以及装配过程的实测数据，进一步通过软件构建基于实测数据的数字孪生装配工艺模型（digital twin-based assembly process model，DT-APM），不断动态迭代更新装配工艺信息，经由装配误差传递分析与精度预测来评估产品的装配可行性，确保产品现场装配的高可靠性、高质量、高效率实施。

综上所述，基于 DT 的复杂产品装配精度预测集成演示系统是一个集软、硬件工具于一体的综合集成演示平台，软、硬件工具之间通过信息物理深度融合形成产品装配"模型-数据-信息"三者之间的互联互通，其关键核心在于三维装配工艺设计与精度预测仿真软件平台，而数字化组合测量辅助装配平台则作为软件平台的实测数据支撑，用于获取实际零件和装配过程中的几何精度测量结果，并传输至软件平台用于构建产品 DT-APM，以提供产品装配精度预测、装配可行性评估以及装配工艺优化等服务决策，方便装配工艺规划人员和现场装配操作人员的使用。

9.3.2　原型系统体系结构

为满足上述针对基于 DT 的复杂产品装配精度预测集成演示系统应用的新需求，且为使 DT 技术进一步在产品装配工艺设计领域落地实施，基于第 3 章中面向装配的产品数字孪生模型参考架构，将数字孪生五维概念模型的通用参考架构应用于基于 DT 的复杂产品装配精度预测集成演示系统中，其核心在于构建面向产品装配工艺服务平台的系统体系，以便对产品装配工艺应用过程中涉及的装配工艺规划、装配工艺仿真、装配精度预测、装配流程管控等功能进行服务化封装，并提供不同层次用户、不同业务阶段所需的相关装配工艺孪生数据，最终以应用软件的形式提供给用户，实现对装配工艺服务的按需定制与应用。

通过上述系统需求分析可知，基于 DT 的复杂产品装配精度预测集成演示系统可以由完整独立的功能组件构成，并且可以进一步整合至任意的三维设计软件中。综合考虑当前产品高精度装配的实际应用需求和技术能力条件，以及各功能组件的开发架构与功能验证需要，在前期开发的基于三维模型的产品装配工艺设计与仿真软件（AMTProcesser）体系结构的基础上，进一步添加了面向 DT 的产品装配精度预测计算分析功能组件，搭建了具有针对性的数字化组合测量辅助装配平台，建立的系统整体框架体系结构如图 9-14 所示。

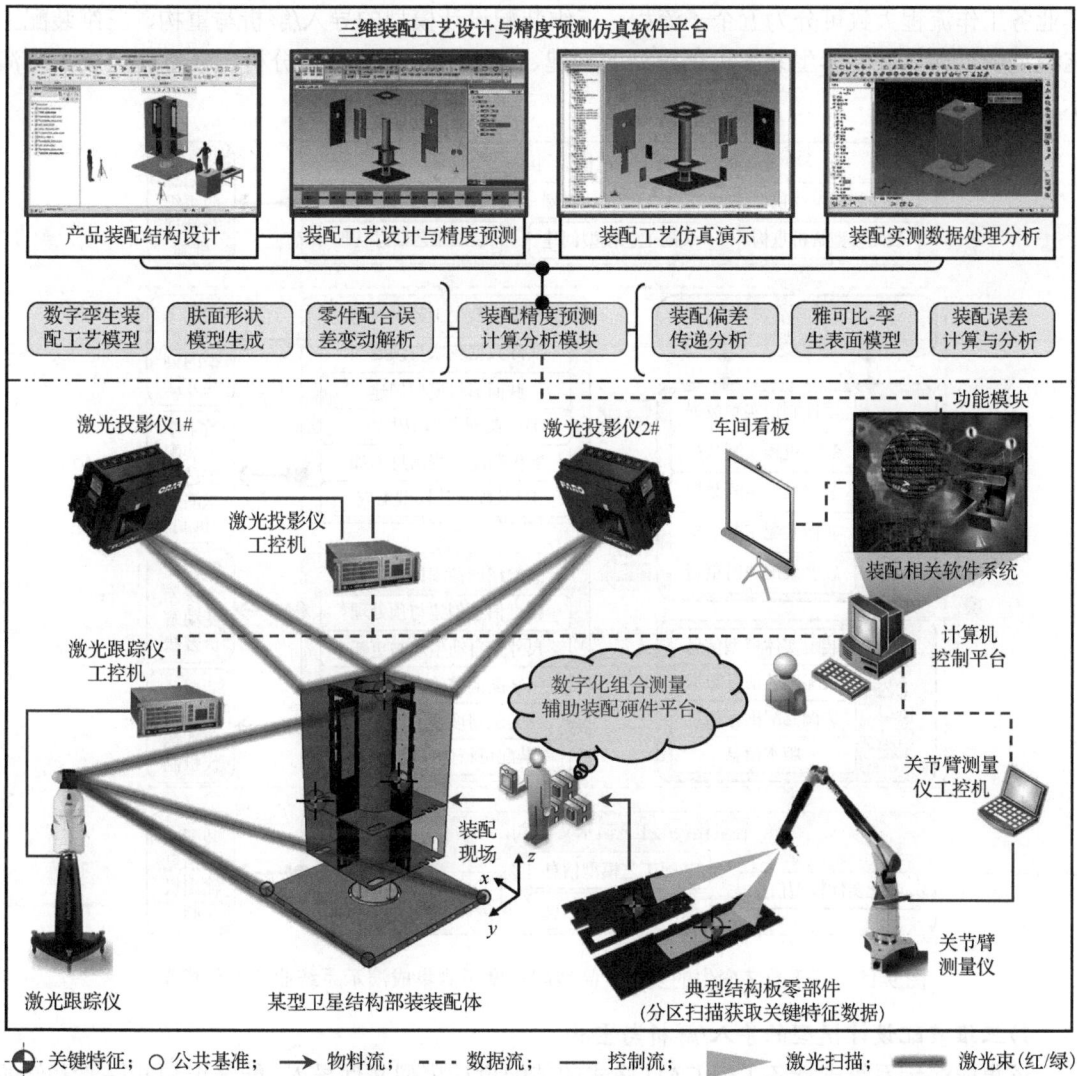

图 9-14　基于数字孪生的复杂产品装配精度预测集成演示系统体系结构图

上述基于 DT 的复杂产品装配精度预测集成演示系统体系结构包含两大平台：三维装配工艺设计与精度预测仿真软件平台和数字化组合测量辅助装配硬件平台。其中，软件平台又包括产品装配模型导入/导出模块、三维装配工艺模型创建模块、数字孪生装配工艺模型构建模块以及装配精度预测计算分析模块等；而硬件平台则需要面向不同装配应用业务场景搭建具有针对性的数字化组合测量辅助装配硬件设备，后续内容将面向航天器产品结构部装的产品装配精度预测服务阐述相关硬件平台的构建方案，以此作为该集成演示系统硬件平台的参考范例。

9.3.3 原型系统工作流程

结合上述针对基于 DT 的复杂产品装配精度预测集成演示系统的体系结构和功能需求分析，本节分解了该集成演示系统的工作流程，建立的整个系统的业务过程模型如图 9-15 所示，其业务工作流程大致可分为五个子流程：三维装配设计模型的导入/解析与重构、三维装配工艺模型的创建、数字孪生装配工艺模型的构建、装配精度预测计算分析、轻量化装配工艺演示文件的输出。

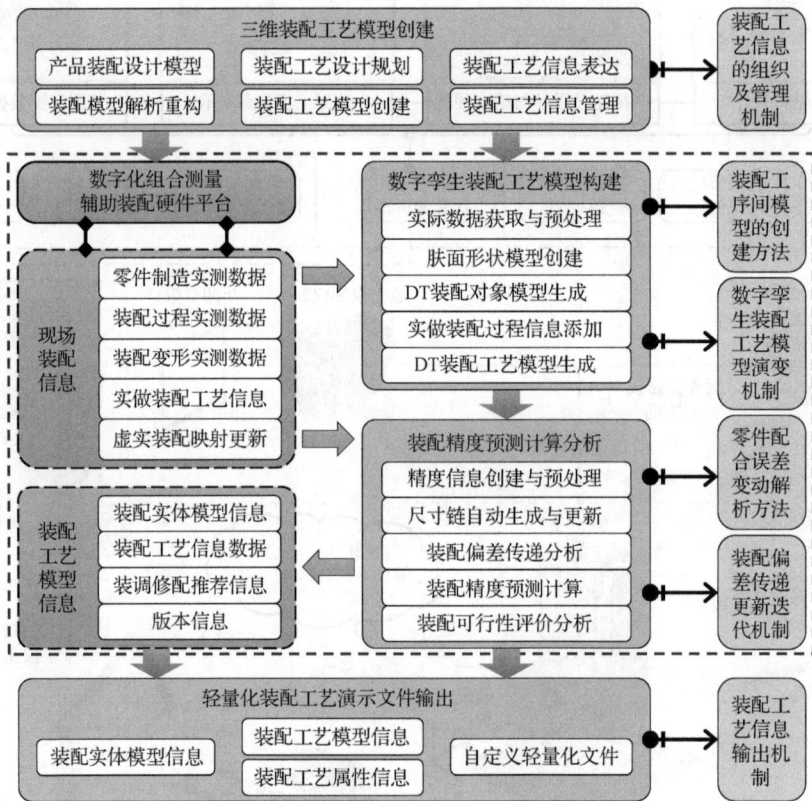

图 9-15 基于数字孪生的复杂产品装配精度预测集成演示系统业务过程模型

1）三维装配设计模型的导入/解析与重构

该集成演示系统支持各主流 CAD 格式的装配设计模型文件导入，能够识别并提取零件的 GD&T 信息、标注信息以及零部件模型的基本属性信息（如材料属性、零件名称代号等），用于创建符合该系统的三维装配模型。

2）三维装配工艺模型的创建

通过人机交互或装配约束关系特征识别分析，运用几何推理知识进行装配顺序规划和装配路径规划，实现产品装配工艺/工序/工步的设计规划，基于装配工艺路线演变创建 AWPM，随之添加相对应的预规划装配工艺信息，完成三维装配工艺模型的创建。

3）数字孪生装配工艺模型的构建

利用数字化组合测量辅助装配硬件平台获取零件实物及装配过程的实测数据，在新一代 GPS 标准体系指导下，提出基于 SMS 的零件孪生表面模型生成方法，实现基于数字孪生的装配对象模型（DT-based assembly object model，DT-AOM）的构建，在此基础上结合三维装配工艺模型，进一步添加相对应的实做装配工艺信息，最终完成 DT-APM 的构建。

4）装配精度预测计算分析

在考虑多维度误差源的基础上，在基于装配工艺路线将产品零部件逐渐动态演变形成产品装配体的过程中，通过逐步实现产品装配尺寸链的自动生成与更新，可以进一步完善产品装配误差的传递更新迭代，并采用雅可比-孪生表面模型和蒙特卡罗算法计算装配误差，从而实现产品装配精度预测，其具体的功能实施技术路线图如图 9-16 所示。

5）轻量化装配工艺演示文件的输出

将最终形成的装配工艺模型信息以轻量化的形式进行输出，通过专用的装配工艺浏览器并借助车间看板以三维可视化的形式演示装配工艺信息，指导产品现场装配生产活动，提供合理有效的装配指令。

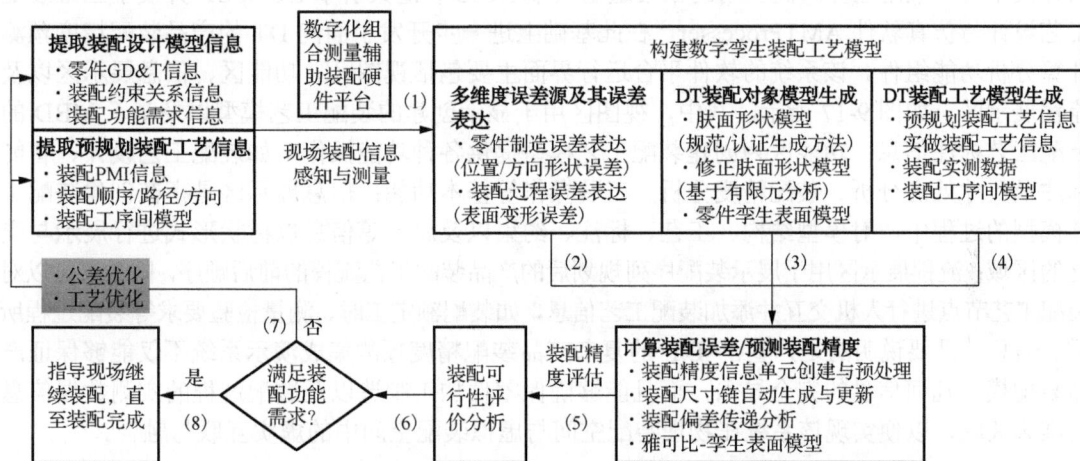

图 9-16　复杂产品数字孪生装配精度预测功能实施技术路线图

9.4　数字孪生驱动的高精度装配原型系统开发与应用案例

9.4.1　原型系统开发与运行示例

如前所述，本章设计的基于 DT 的复杂产品装配精度预测集成演示系统包括两大平台，即三维装配工艺设计与精度预测仿真软件平台和数字化组合测量辅助装配硬件平台，其中，核心服务平台是三维装配工艺设计与精度预测仿真软件平台，因此该集成演示系统以软件平台为主，辅以与数值分析计算和有限元分析组件以及数字化组合测量辅助装配硬件平台的接口集成，目前构建的集成演示系统软件平台运行界面如图 9-17 所示。

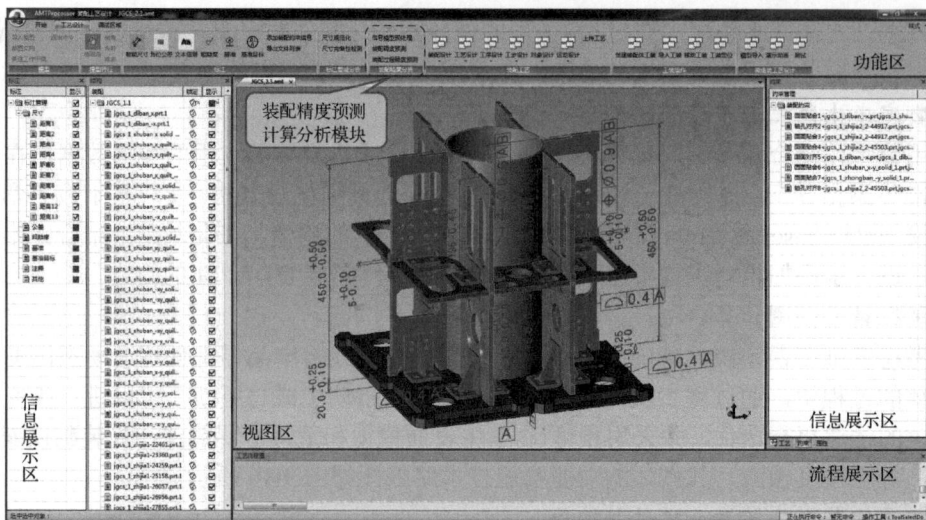

图 9-17　三维装配工艺设计与精度预测仿真软件平台运行界面

在 HP Z400 工作站上采用微软 Windows 10 64 位操作系统，以 Visual Studio C++ 2019 作为开发平台，采用业界广泛应用的三维造型引擎 ACIS 和渲染引擎 HOOPS，开发了三维装配工艺设计与仿真软件 AMTProcesser，在此基础上进一步开发了面向 DT 的产品装配精度预测计算分析功能组件。该系统的软件平台运行界面主要包括视图区、功能区、信息展示区以及流程展示区，如图 9-17 所示，其中，视图区用于显示创建的装配工艺模型以及基于 MBD 的装配工艺标注信息；功能区为创建装配工艺模型提供各种功能操作，如装配工艺设计、智能标注及尺寸处理分析、装配精度分析、工装操作等基本功能；信息展示区是指在创建装配工艺模型的过程中，对模型结构、工艺、标注、约束以及属性等信息以树状形式进行展示与交互的区域；流程展示区用于展示装配序列规划后的产品装配工艺流程的前后顺序，同时还可以对装配工艺节点进行人机交互并添加装配工艺信息，如装配额定工时、测量检验要求等装配过程所需的信息。需要说明的是，基于 DT 的复杂产品装配精度预测集成演示系统不仅能够保证产品装配模型几何信息的完全导入，而且能够确保零件加工制造以及装配过程的实测数据信息的准确关联，以便实现该系统在物理装配空间与虚拟装配空间中的虚实互联与融合。

9.4.2　原型系统应用案例——航天器产品结构部装

1. 案例背景介绍

作为典型的复杂产品之一，航天器具有产品结构复杂、零部件数目和种类多、装配精度要求高、装配协调关系复杂等特点，其现场装配过程是公认的离散型装配，即使在航天器产品各零部件全部合格的情况下，也较难保障产品装配后的合格率以及装配一次成功率。卫星作为航天器产品的典型代表之一，当前其生产模式仍为单件小批量研制，装配过程以手工操作为主，在现场装配过程中受到典型结构件的加工与测量精度、装配基准变换、定位精度以及外在因素等多重不确定性耦合因素的相互影响，为保证卫星装配的最终精度，往往需要经过多次选择试装、修配、调整装配，甚至拆卸、返工，只有这样才能装配出合格产品。另外，卫星典型件(如卫星结构板、卫星管路等)主要采用复合材料，由于复材典型件存在成形精度低、刚性弱、难以满足装配需求等问题，复材构件装配变形也一直是备受关注的质量问题之一，而造成复材构件装配变形的原因很多，如构件结构设计不合理、原材料中树脂分布不均匀、生产环境温度不稳定等，这些因素也都对卫星装配性能与相关装配工艺装备提出了更高的要求，导致前述装配方法（如选择装配法、修配/调整装配法等）用于保证卫星装配精度也愈发困难，已无法适应当前卫星研制生产任务与装配能力的实际需求。

针对上述问题，本节重点面向航天器装配的现场实际装配需求，以卫星典型件结构部装为例，融合 DT 思想，借助实验室场景搭建的基于 DT 的复杂产品装配精度预测集成演示系统软硬件平台，并以产品数字孪生装配精度预测为主线开展了相对应的系统开发以及应用实例分析研究。

2. 构建软硬件平台

以面向卫星典型件结构部装的产品装配精度预测提供有效方法为目的，结合卫星装配车间现场的实际装配需求，在实验室场景下构建了基于 DT 的复杂产品装配精度预测集成演示系统，其具体的软硬件布局示意图如图 9-14 所示。以创建产品 DT-APM 为基础，通过搭建数字化组合测量辅助装配硬件平台作为物理装配实测数据源，基于 ACIS 和 HOOPS 软件内核实现了三维装配工艺设计与精度预测仿真软件平台原型系统的开发，并集成了基于 Matlab 的装配精度预测计算分析功能模块。下面分别介绍面向卫星典型件结构部装的相应软硬件平台的构建与组成情况。

1) 数字化组合测量辅助装配硬件平台

数字化组合测量辅助装配硬件平台属于物理装配空间范畴，主要是围绕卫星典型件结构部装过程所涉及的辅助装配工艺装备进行硬件部署，以便实现产品现场装配过程的数据采集、信息处理与监控，进而实现虚拟装配与物理装配之间的映射和交互。当前，本实验所构建的数字化组合测量辅助装配硬件平台由测量设备、引导设备、计算机控制平台以及配套的数据处理分析软件 4 部分构成。其中，测量设备由关节臂测量仪和激光跟踪仪以及相对应的工控机构成，主要用于对零件实物和装配过程实测数据的采集，实际测量过程中采用的关节臂测量仪的设备型号为海克斯康（Hexagon）Romer 系列 RA7525SEI 型，扫描精度为 28μm；引导设备主要是指激光投影仪（设备型号为法如（FARO）TracerM 型），用于指导装配过程以及零部件的精确定位，避免装配过程中的错装和漏装；计算机控制平台是整套数字化组合测量辅助装配平台的控制中枢和数据信息处理中心，其配套的数据处理分析软件安装在计算机控制平台上，主要用于对上述设备采集的实测数据进行分析处理。

需要指出的是，测量设备是实现卫星典型件结构部装数字化组合测量的基础，各设备本体通过电缆与之对应的工控机相连接，实现数据通信链路的贯通，并采用点对点网线同计算机控制平台进行连接，获取实测数据并实时处理分析后，再输入至三维装配工艺设计与精度预测仿真软件平台进行产品 DT-APM 的创建以及装配精度预测计算分析等具体任务。

2) 三维装配工艺设计与精度预测仿真软件平台

三维装配工艺设计与精度预测仿真软件平台属于装配工艺服务平台的一部分，集成了装配模型导入/导出、装配工艺模型创建、数字孪生装配工艺模型构建以及装配精度预测计算分析等模块。产品 DT-APM 是该软件平台的"模型-数据-信息"管理的核心，保证了各模块之间的数据一致性，并确保了产品装配过程中的"虚实融合、以虚控实"的顺利进行。

为实现基于 DT 的复杂产品装配精度预测的有效应用，该软件平台有效集成了上述硬件平台构建了一整套复杂产品装配精度预测集成演示系统实验平台，如图 9-18 所示，其具体执行步骤如下。

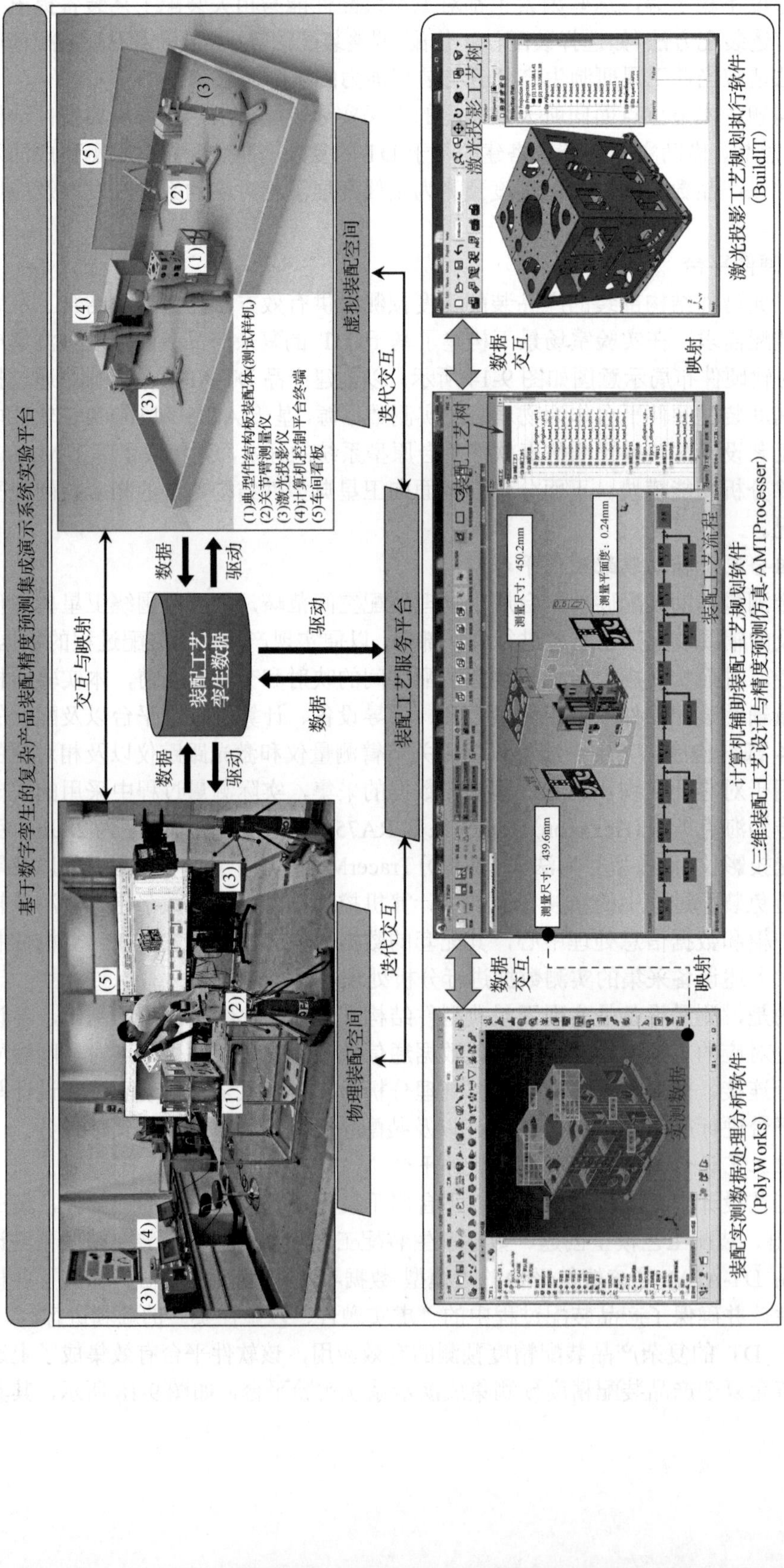

图 9-18 基于数字孪生的复杂产品装配精度预测集成演示系统实验平台

首先，围绕现场装配对象以及装配实测数据现场感知与采集需求，对物理装配空间涉及的装配工艺装备进行合理布局，创建数字化组合测量辅助装配硬件平台，并实现现场装配工艺装备与装配工艺设计、数据处理分析等相关软件的有效集成。

其次，在虚拟装配空间中，通过三维装配工艺设计与精度预测仿真软件平台的产品装配工艺设计规划确定装配工艺设计参数，利用装配工艺仿真演示的车间可视化看板实现对现场装配任务的有效指导。

再次，根据装配过程实测数据感知与实时采集，并结合装配工艺设计参数，在虚实装配过程映射更新机制驱动下使得产品装配"模型-数据-信息"三者可以在不同系统之间实现闭环传递与双向流动，以此实现产品 DT-APM 的精准建模与动态迭代更新。

最后，在此基础上，基于实测数据的装配误差传递更新迭代机制，计算当前装配工序/工步下 DT-APM 的装配精度，并根据装配精度预测结果动态评价产品装配可行性，从而判断是否继续执行当前装配操作任务，当该步装配操作完成且符合设计装配精度要求时，再进入下一装配环节直至装配出合格的产品。

总结上述执行步骤，可知实施流程如图 9-19 所示。

原型系统应用案例

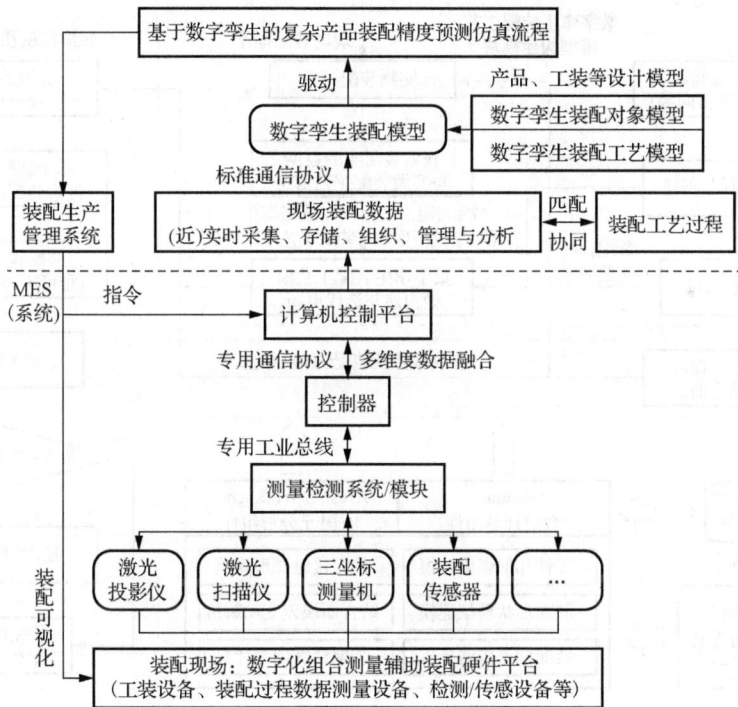

图 9-19　基于数字孪生的复杂产品装配精度预测集成演示系统实施流程

3. 应用实施效果

为验证本书提出的产品数字孪生装配精度预测相关关键技术与方法的可行性，我们面向卫星典型件结构部装的装配特点，通过仿照缩比的方式试制出典型件结构板进行实物装配，按照上述的软硬件平台进行系统布局，并通过以下步骤进行总体应用实施：①分析上述结构部装体的三维装配设计模型并规划其装配工艺流程；②基于几何偏差仿真与有限元仿真相结合的方法生成 DT-AOM；③基于预规划装配过程与实做装配过程相互映射更新的方法生成 DT-APM；④基于实测数据进行装配误差计算与精度预测分析；⑤进行装配体零件公差优化分配以及装配工艺优化反馈。

针对基于 DT 的复杂产品装配精度预测集成演示系统而言，①数字孪生装配工艺模型构建模块是该集成演示系统的基础模块，主要功能是将装配体预规划装配工艺流程与实做装配工艺流程相互结合，共同实现基于 MBD 的产品 DT-APM 的建立；②装配精度预测计算分析模块则是该集成演示系统的核心模块，主要功能是根据装配体几何结构、精度设计信息以及相关零部件与装配过程的实测数据信息，借助 Matlab 数值计算组件和 ANSYS/Workbench 有限元分析组件模块生成零件孪生表面模型，建立考虑多维度误差源的装配误差传递模型并通过装配尺寸链生成与计算实现装配精度预测。上述两个模块的具体功能实现如图 9-20 所示。

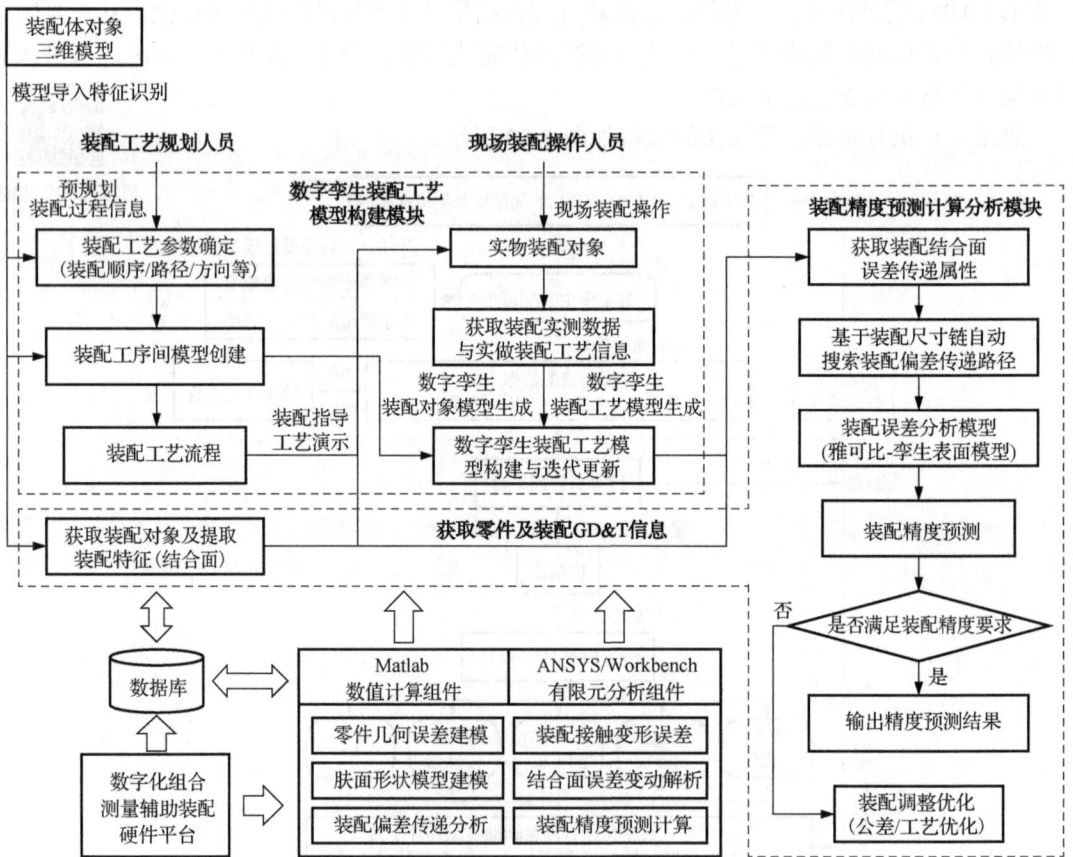

图 9-20 数字孪生装配工艺模型构建与装配精度预测计算分析模块

软件使用人员分为装配工艺规划人员和现场装配操作人员。其中，装配工艺规划人员主要负责产品装配对象的装配工艺预规划、定义装配工艺信息以及设计装配精度要求；而现场装配操作人员主要负责产品 DT-APM 的构建，在系统中选择对应装配对象输入装配实测数据、添加装配约束信息以及设置 AFR(装配功能需求)的起点和终点。其余的 GD&T(几何尺寸和公差)信息获取、装配误差传递路径以及装配精度预测计算等均由系统根据既定程序自动完成。

需要特别说明的是，为将考虑多维度误差源的装配实测数据融入装配精度预测计算中，在实际装配过程中，某些装配实测数据(如螺钉拧紧扭矩、激光扫描点云等)可能需要通过手工采集、数据预处理等手段进行人工录入，并最终基于实测数据进行装配精度预测计算。

1) 数字孪生装配工艺模型构建模块

在数字孪生装配工艺模型构建模块中，包含两部分内容：数字孪生装配对象模型(DT-AOM)生成和数字孪生装配工艺模型(DT-APM)生成，现场装配操作人员需要根据装配工艺规划人员设计的装配工艺预规划信息以及 AWPM，进行装配实测数据获取与预处理，并给定实做装配工艺信息，从而实现 DT-AOM 和 DT-APM 的生成。该模块的基本框架如图 9-21 所示，需要指出的是，基于 SMS(肤面形状模型)的 DT-AOM 的生成由外部的 Matlab 数值计算组件和 ANSYS/Workbench 有限元分析组件共同决定，但此功能并非与该模块无缝集成，仅以零件 GD&T 实测值和预处理后的数值形式进行标注和高亮显示。

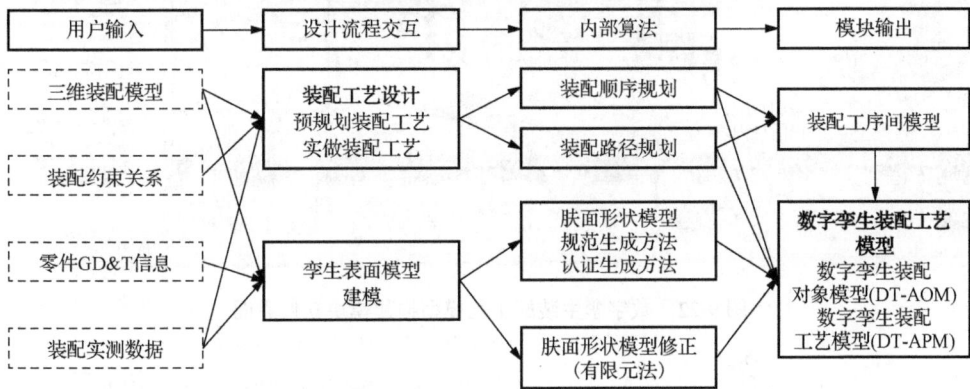

图 9-21　数字孪生装配工艺模型构建模块

在三维装配工艺设计与精度预测仿真软件平台中进行 DT-APM 的构建，其软件界面截图如图 9-22 所示，可以针对特定的关键装配工序中的关键几何特征，通过数字化组合测量辅助装配硬件平台依照测量工艺要求获取装配实测数据，从而建立基于 SMS 的零件孪生表面模型，并将实测数据用于输入并更新装配精度信息，而针对输出的 AWPM 以及装配工艺流程，可以进一步添加实做装配工艺信息，将其与 AWPM 实现关联映射与更新，从而初步形成基本的 DT-APM。

其中，为验证数字孪生装配工艺模型构建模块中孪生表面模型的应用效果，考虑到典型件结构部装中 L 形支架的安装精度将影响相邻垂直隔板结构板之间的距离，从而影响中间水平隔板结构板的装配可行性，因此，本节选取 L 形支架为例进行基于肤面形状模型的孪生表面模型的构建，其关键几何特征为与底板和垂直隔板结构板发生接触定位的表面 S_1 和 S_2，图 9-23 为 L 形支架的三维设计模型与 GD&T 信息以及实物零件模型。

针对 L 形支架零件关键几何特征的肤面形状模型构建，这里采用规范生成方法，通过对关键几何特征的表面特征识别与提取以及网格离散化处理，得到该零件模型的两个关键平面特征的网格模型，其中，平面特征 S_1 和 S_2 的网格模型分别由 1532 个三角形单元和 3195 个节点、2362 个三角形单元和 4917 个节点构成，在此基础上，通过基于 Matlab 的计算机数值仿真分析，可以得到 L 形支架零件关键几何特征(平面特征 S_1 和 S_2)的规范 SMS，如图 9-24 所示。同样地，通过采用认证生成方法对 L 形支架实物零件模型的关键几何特征进行测量，可以对实际测量原始表面形貌进行可视化仿真，从而得到基于认证 SMS 的孪生表面模型，具体步骤这里不再赘述。

图 9-22　数字孪生装配工艺模型构建模块软件界面

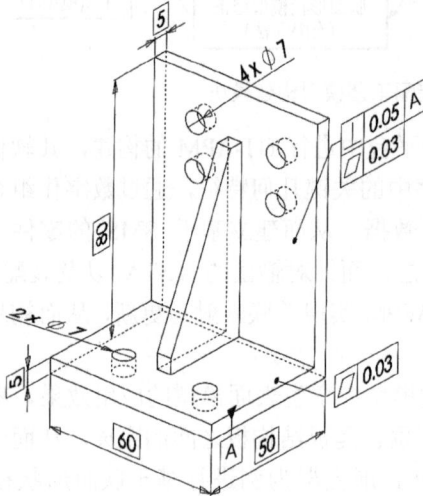

(a) 三维设计模型与GD&T信息　　　　　　　　(b) 实物零件模型

图 9-23　L 形支架零件模型

由此，可以将计算得到的孪生表面模型的具体几何误差值添加至尺寸公差编辑框中，用于更新该零件的设计几何精度信息，为后续装配精度预测计算分析提供数据支持。当进一步考虑 L 形支架在装配过程中的受力变形时，可采用 ANSYS/Workbench 有限元分析组件计算得到修正后的孪生表面模型，再用变形后得到的几何数值替换原先的几何精度，以便为装配精度预测提供更为准确的几何误差信息。

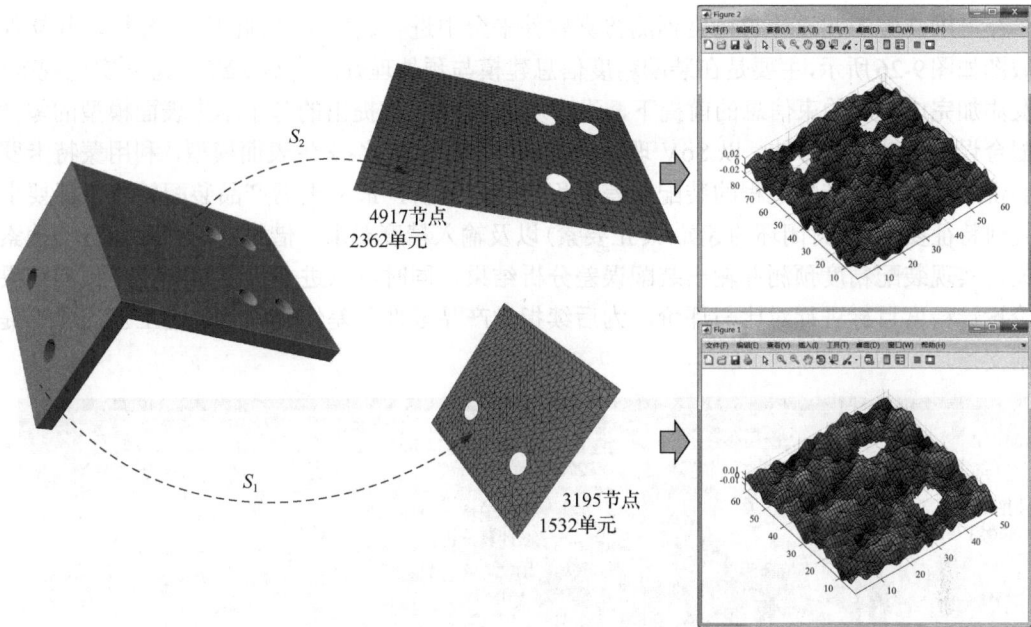

图 9-24　L 形支架零件关键几何特征生成的规范肤面形状模型

2) 装配精度预测计算分析模块

在装配精度预测计算分析模块中，需要根据设计人员给定的三维装配模型、装配约束信息、装配序列信息和装配精度目标，通过定义装配结合面连接方式或者指定配合关系，在软件中对关键装配特征实现基于孪生表面模型的串并联零件装配配合误差变动解析，并基于装配尺寸链自动搜索与生成，执行基于雅可比-孪生表面模型的装配误差累积与传递分析计算过程，从而实现装配精度预测结果输出以及在前一模块(数字孪生装配工艺模型构建模块)的基础上获得装配过程精度计算结果。该模块的基本框架如图 9-25 所示。

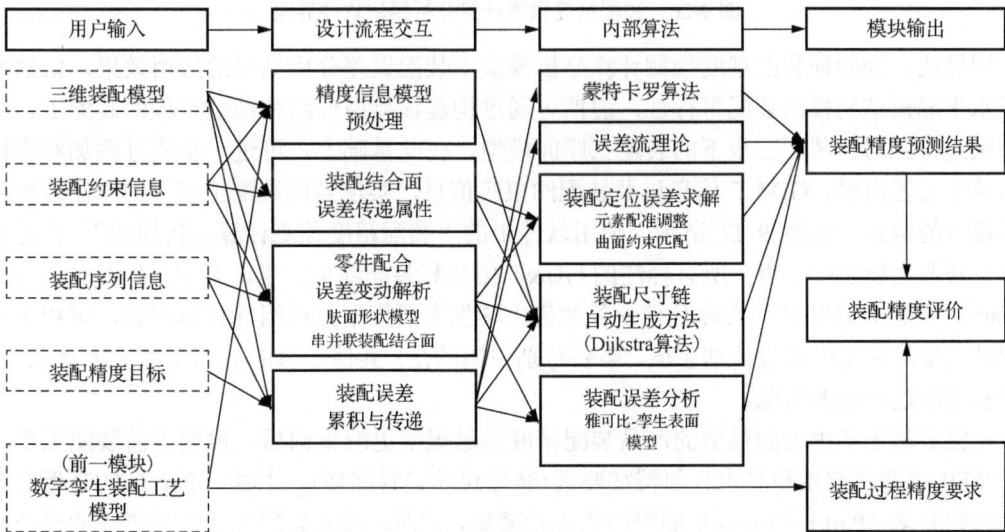

图 9-25　装配精度预测计算分析模块

在三维装配工艺设计与精度预测仿真软件平台中进行装配精度预测计算分析，其软件界面截图如图9-26所示，主要是在装配精度信息建模与预处理好所有GD&T信息并实现规范化，以及添加完成装配约束信息的前提下，进一步依据第7章提出的基于孪生表面模型的零件装配配合误差变动解析方法，以SoV理论为基础，采用雅可比-孪生表面模型，利用蒙特卡罗算法实现产品每一步装配过程的装配误差累积与传递分析，最后根据产品装配精度目标要求选取几何特征要素（即封闭环的起始/终止要素）以及输入精度要求，借助装配尺寸链自动搜索与生成，实现装配精度预测并输出装配误差分析结果，同时可以进一步将装配精度预测结果与理论设计精度目标进行对比与评价，为后续指导产品零件公差优化以及装配工艺优化等提供数据支撑。

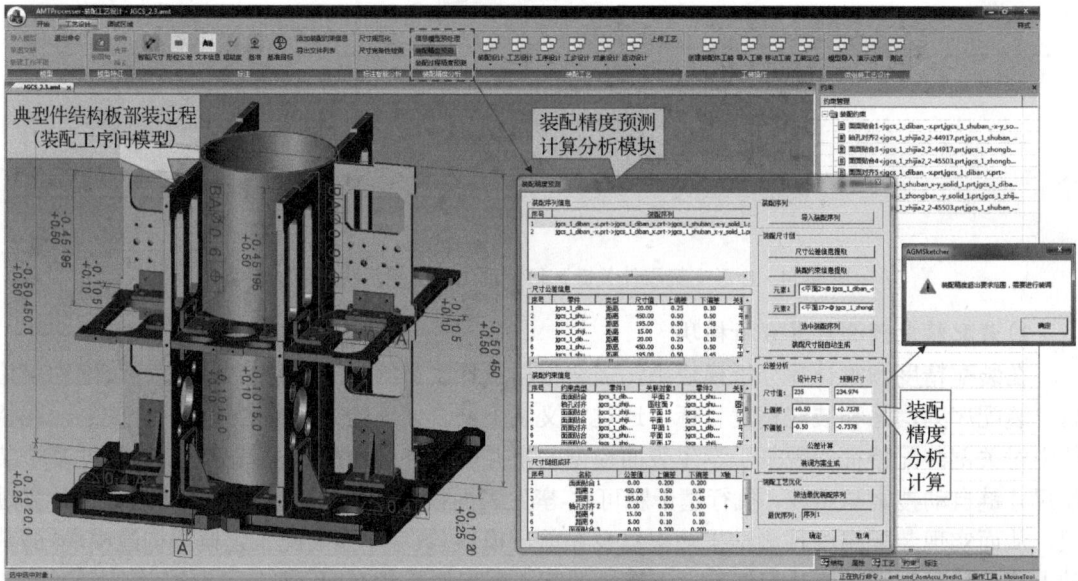

图 9-26　装配精度预测计算分析模块软件界面

同样地，为验证装配精度预测计算分析模块中装配误差分析结果的应用效果，依然考虑中间水平隔板结构板的装配可行性，前期可通过构建该典型件结构部装过程的装配工艺结构树，快速得到对应装配工步下的装配工序间模型，在此基础上，可进一步通过添加对应模型下的装配工艺内容、GD&T信息以及装配约束等信息，实现当前装配工步下的产品装配精度信息模型的构建。如图9-27所示，使用软件中的"装配精度预测计算分析模块"，在对话框中可以获取当前装配工步下所有标注的GD&T信息和装配约束信息，其中，L形支架（Part B和Part E）关键几何特征的实际几何误差数值由孪生表面模型建模组件计算得到，可用于更新装配精度信息模型中的设计理想值。需要特别说明的是，其他多余的L形支架并未计入其中，即没有考虑过约束的情况。

在完成基于孪生表面模型的产品装配精度信息模型更新重构后，根据当前装配工步所要求的AFR来选择起始和终止几何特征要素（装配尺寸链封闭环），其中，Part C的竖板右侧平面为起始要素，Part F的竖板左侧平面为终止要素，同时，输入装配尺寸链封闭环的设计精度要求；然后，系统可按照给定的装配序列和标注信息，基于当前装配工序下对应的装配接触有向图(图 9-28(a))自动生成装配尺寸链,并在此基础上完成装配误差传递分析以及装配误差计算,从而实现当前装配工序下的装配精度预测。

对于如图 9-28 所示的当前装配工序下的装配接触有向图以及对应的局部坐标系而言,该装配接触有向图忽略了竖板(Part C 和 Part F)与底板(Part A 和 Part D)之间的配合,只考虑串联装配结构形式,且各零件的局部坐标系均设置在装配特征对配合面区域的理论中心位置。

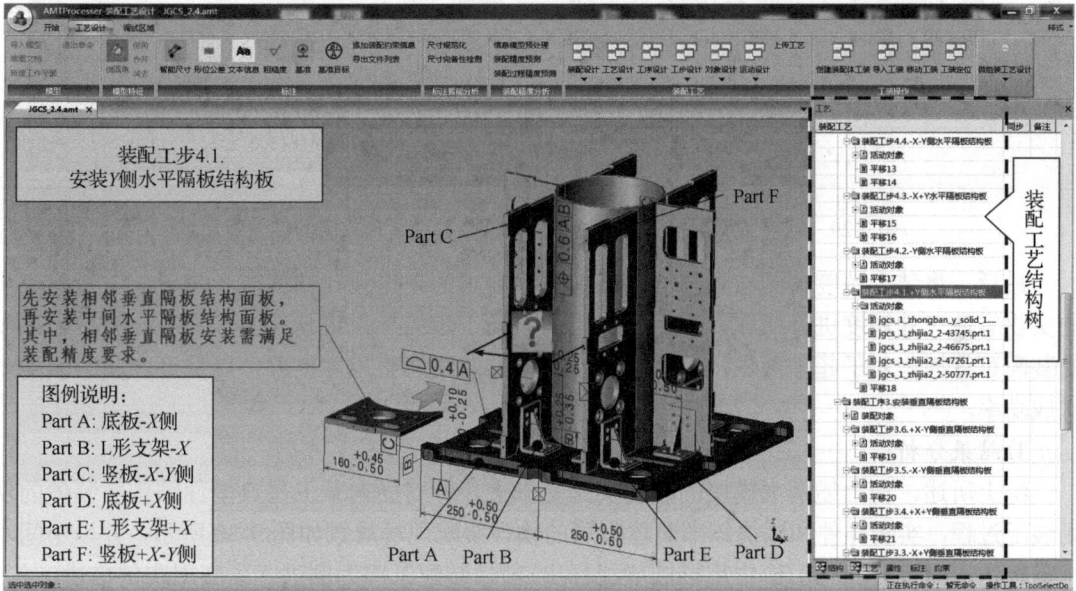

图 9-27　装配工步为安装 Y 侧水平隔板结构板的装配精度信息模型构建

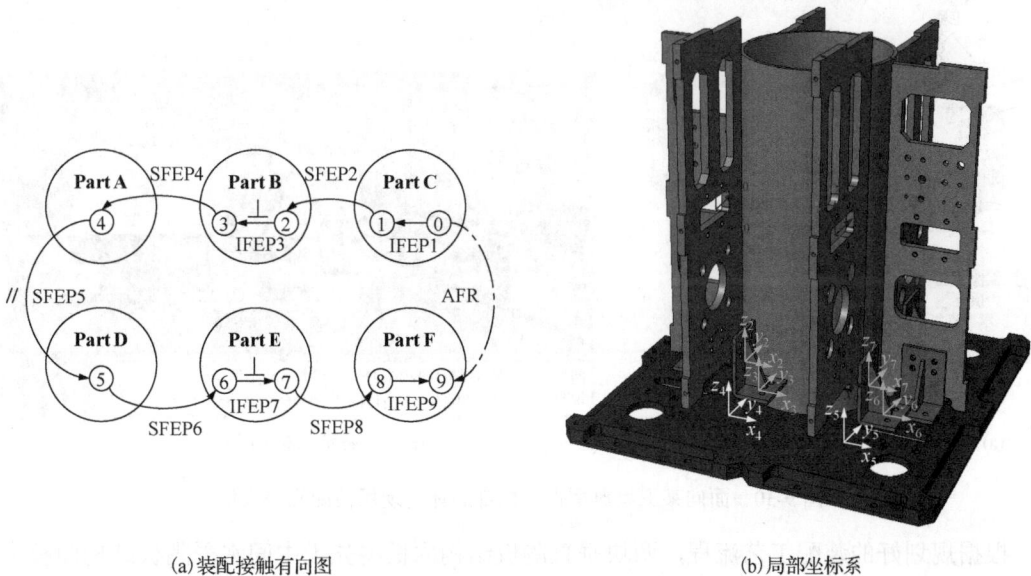

(a)装配接触有向图　　　　　　　　　　(b)局部坐标系

图 9-28　当前装配工序下对应的装配接触有向图和局部坐标系

经计算，我们关心的是当前装配工序下 AFR 在 x 轴方向 (u) 的变动域，即两竖板左右侧平面之间的误差累积范围[−0.4740, +0.5768]，具体的计算结果如图 9-29 所示。

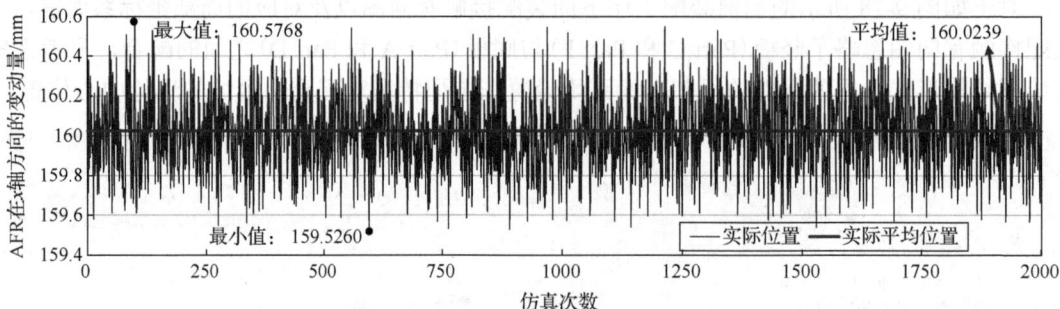

图 9-29　当前装配工序下对应的装配功能需求在 x 轴方向的偏差变动域

最后，将装配精度预测结果与当前装配工序要求的理论设计精度或者与下一道装配工步的实物零件尺寸精度进行比较，进而判断当前装配工步的一次成功率并预测下一道装配工步的装配可行性，对于超差现象，则需要进行后续的装配调整方案推荐，以保证产品的装配一次成功率。

3) 结果分析

综上所述，在上述两大模块的应用实施基础上，针对面向某卫星典型件结构部装体的现场装配过程，实物样件和围绕该部装体布局的物理装配现场场景如图 9-30 所示，并以中间水平隔板结构面板(图 9-30(b)中用椭圆虚线标出)前后装配工序为例进行了应用实例描述。

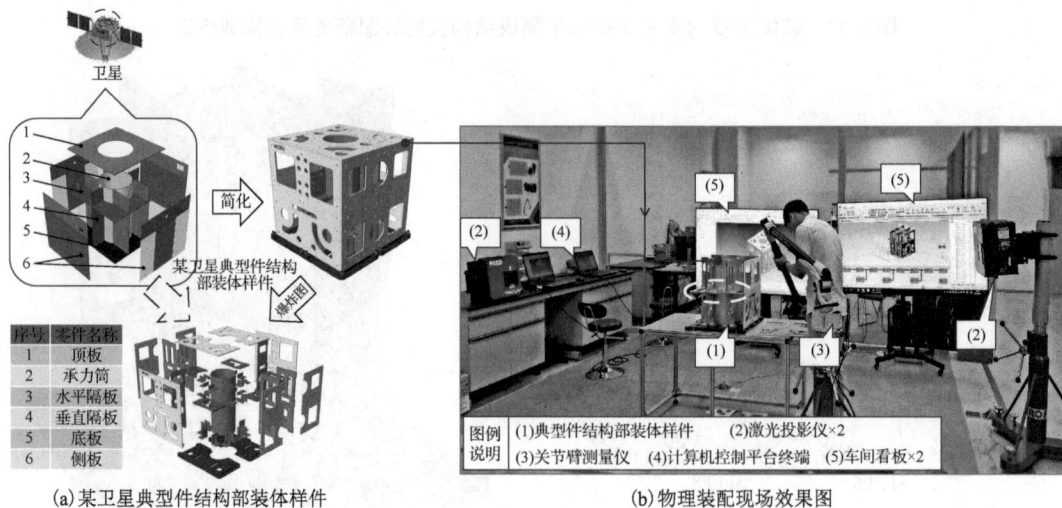

(a)某卫星典型件结构部装体样件　　　(b)物理装配现场效果图

图 9-30　面向某卫星典型件结构部装体的现场装配应用实例

根据规划好的装配工艺流程，两块垂直隔板结构面板将先于中间水平隔板结构面板进行装配，其装配精度(如垂直度、对称度等装配精度要求)将会影响中间水平隔板结构面板的装配可行性，传统装配方法是直接试装中间水平隔板结构面板后，再检测和调整其安装的装配精度，而本书方法则是根据当前两块垂直隔板结构面板的装配精度状态以及由软件平台动态创建的当前装配工序相对应的 DT-APM,经融合中间水平隔板结构面板的装配实测数据后,对下一步安装的水平隔板结构面板在装配精度预测计算分析模块中实现装配误差计算,判断该结构面板是否满足 AFR,从而通过仿真达到预测水平隔板结构面板装配精度的目的,并实现在产品装配过程中"虚实融合、以虚控实"的装配应用效果,同时还可以减少装配过程中的试装和调整时间,提高了装配精度和装配一次成功率。表 9-2 为面向某卫星典型件结构部装体装配实施过程采用的传统装配方法与本书方法的对比。

表 9-2　基于传统装配方法与本书方法的卫星典型件结构部装体实施过程对比

对比参数	传统装配方法	本书方法
装配工步数	24	28
参与人员/个	5	3
装配工时/h	约 5.5	约 2.5
平均装配额定工时/min	13.8	5.4
装配调试时间/min	65	30
返工次数	6	1
装配工具/装备数量	7	8
检测/测量精度/mm	0.1	3.8×10^{-2}
目标距离/mm	≤2.4	≤1.0
对称度/mm	≤1.5	≤0.8
垂直度/mm	≤1.5	≤0.8
装配一次成功率/%	75	96.4

思 考 题

1. 简述数字孪生驱动的高精度装配原型系统的硬件构建与软件开发所需要的基础条件。

2. 简述数字孪生驱动的高精度装配原型系统的体系结构与工作流程。

3. 结合航天器产品结构部装的应用案例,试谈一谈数字孪生驱动的高精度装配原型系统具备的特点。

4. 针对本书介绍的数字孪生驱动的高精度装配原型系统,思考还可以解决哪些产品的高精度装配问题,请举例说明。

参 考 文 献

鲍强伟, 樊友高, 丁晓宇, 等, 2016. 基于信息单元的装配尺寸链自动生成技术[J]. 计算机辅助设计与图形学学报, 28(11): 1989-1999.

陈帅, 郭飞燕, 孟月梅, 等, 2022. 融合实测数据的航空结构件修配量迭代寻优及评价方法[J]. 中国机械工程, 33(17): 2061-2070, 2078.

程亚龙, 刘晓军, 刘金锋, 等, 2015. 基于相差轨迹的三维标注缺失尺寸推荐[J]. 计算机集成制造系统, 21(2): 410-416.

范玉青, 2012. 基于模型定义技术及其实施[J]. 航空制造技术(6): 42-47.

郭崇颖, 刘检华, 唐承统, 等, 2014. 基于图论的装配尺寸链自动生成技术[J]. 计算机集成制造系统, 20(12): 2980-2990.

郭飞燕, 刘检华, 邹方, 等, 2019. 数字孪生驱动的装配工艺设计现状及关键实现技术研究[J]. 机械工程学报, 55(17): 110-132.

国家自然科学基金委员会工程与材料科学部, 2021. 机械工程学科发展战略报告(2021~2035)[M]. 北京: 科学出版社.

蒋科, 刘检华, 宁汝新, 等, 2014. 定位优先级约束下间隙配合的变动解析与装配成功率计算[J]. 机械工程学报, 50(15): 136-146.

蒋向前, 2007. 新一代 GPS 标准理论与应用[M]. 北京: 高等教育出版社.

李培根, 高亮, 2021. 智能制造概论[M]. 北京: 清华大学出版社.

李智勇, 谢玉莲, 2009. 机械装配技术基础[M]. 北京: 科学出版社.

刘欢连, 易扬, 刘晓军, 等, 2022. 面向现场装配的产品装配工艺模型表达与管理方法[J]. 计算机集成制造系统, 28(1): 31-42.

刘继红, 王峻峰, 2011. 复杂产品协同装配设计与规划[M]. 武汉: 华中科技大学出版社.

刘检华, 2013. 三维数字化设计制造技术推动产品研制模式重大变革[J]. 新型工业化, 3(9): 1-13.

刘检华, 孙清超, 程晖, 等, 2018. 产品装配技术的研究现状、技术内涵及发展趋势[J]. 机械工程学报, 54(11): 2-28.

刘检华, 张志强, 夏焕雄, 等, 2021. 考虑表面形貌与受力变形的装配精度分析方法[J]. 机械工程学报, 57(3): 207-219.

刘检华, 夏焕雄, 巩浩, 等, 2023. 精密装配的内涵、技术体系和发展趋势[J]. 机械工程学报, 59(20): 436-450.

刘婷, 2019. 基于肤面模型的装配误差分析方法研究[D]. 杭州: 浙江大学.

吕程, 2016. 基于结合面误差建模的装配精度预测与优化研究[D]. 长沙: 湖南大学.

吕程, 刘子建, 2015. 基于装配定位优先级的并联结合面误差建模[J]. 中国机械工程, 26(24): 3295-3301.

倪中华, 刘晓军, 2023. 基于 MBD 的三维装配工艺设计技术[M]. 北京: 科学出版社.

陶飞, 刘蔚然, 刘检华, 等, 2018. 数字孪生及其应用探索[J]. 计算机集成制造系统, 24(1): 1-18.

陶飞, 刘蔚然, 张萌, 等, 2019. 数字孪生五维模型及十大领域应用[J]. 计算机集成制造系统, 25(1): 1-18.

陶飞, 张辰源, 戚庆林, 等, 2022. 数字孪生成熟度模型[J]. 计算机集成制造系统, 28(5): 1267-1281.

王恒, 宁汝新, 唐承统, 2005. 三维装配尺寸链的自动生成[J]. 机械工程学报, 41(6): 181-187.

王瑜, 2019. 产品公差设计与虚拟装配[M]. 哈尔滨: 哈尔滨工业大学出版社.

吴玉光, 2022. 装配公差分析自动化方法[M]. 北京: 科学出版社.

徐旭松, 2008. 基于新一代 GPS 的功能公差设计理论与方法研究[D]. 杭州: 浙江大学.

易扬, 2021. 基于数字孪生的复杂产品装配精度预测关键技术研究[D]. 南京: 东南大学.

易扬, 刘晓军, 冯锦丹, 等, 2019. 面向数字孪生的产品表面模型表达与生成方法[J]. 计算机集成制造系统, 25(6): 1454-1462.

易扬, 冯锦丹, 刘金山, 等, 2021. 复杂产品数字孪生装配模型表达与精度预测[J]. 计算机集成制造系统, 27(2): 617-630.

张开富, 程晖, 骆彬, 2023. 智能装配工艺与装备[M]. 北京: 清华大学出版社.

张人超, 2021. 面向复杂产品装配过程的装配精度预测方法研究[D]. 南京: 东南大学.

赵长发, 2008. 机械制造工艺学[M]. 哈尔滨: 哈尔滨工程大学出版社.

周秋忠, 范玉青, 2019. MBD 数字化设计制造技术[M]. 北京: 化学工业出版社.

庄存波, 刘检华, 熊辉, 等, 2017. 产品数字孪生体的内涵、体系结构及其发展趋势[J]. 计算机集成制造系统, 23(4): 753-768.

GUO J K, LI B T, LIU Z G, et al. , 2016. Integration of geometric variation and part deformation into variation propagation of 3-D assemblies[J]. International journal of production research, 54(19): 5708-5721.

LIU J H, ZHANG Z Q, DING X Y, et al. , 2018. Integrating form errors and local surface deformations into tolerance analysis based on skin model shapes and a boundary element method[J]. Computer-aided design, 104: 45-59.

LIU X J, XU X K, YI Y, et al. , 2020. An assembling algorithm for fixture in an assembly process planning system[J]. Proceedings of the institution of mechanical engineers, Part B: journal of engineering manufacture, 234(8): 1133-1155.

LU YQ, LIU C, WANG K I K, et al. , 2020. Digital twin-driven smart manufacturing: connotation, reference model, applications and research issues[J]. Robotics and computer-integrated manufacturing, 61: 101837.

SCHLEICH B, ANWER N, MATHIEU L, et al. , 2014. Skin model shapes: a new paradigm shift for geometric variations modelling in mechanical engineering[J]. Computer-aided design, 50: 1-15.

SCHLEICH B, ANWER N, MATHIEU L, et al. , 2017. Shaping the digital twin for design and production engineering[J]. CIRP annals – manufacturing technology, 66(1): 141-144.

TAO F , ZHANG M , NEE A Y C, 2019 . Digital twin driven smart manufacturing[M]. London: Elsevier-Academic Press.

TAO F , LIU A , HU T L , et al. , 2020. Digital twin driven smart design[M]. London: Elsevier-Academic Press.

YAN X, BALLU A, 2016. Toward an automatic generation of part models with form error[J]. Procedia CIRP, 43: 23-28.

YAN X Y, BALLU A, 2019. Review and comparison of form error simulation methods for computer-aided tolerancing[J]. Journal of computing and information science in engineering, 19(1): 010802. 1-010802. 16.

YI Y, LIU X J, LIU T Y, et al. , 2021, A generic integrated approach of assembly tolerance analysis based on skin model shapes[J]. Proceedings of the institution of mechanical engineers, Part B: journal of engineering manufacture, 235(4): 689-704.

YI Y, YAN Y H, LIU X J, et al. , 2021. Digital twin-based smart assembly process design and application framework for complex products and its case study[J]. Journal of manufacturing systems, 58: 94-107.

YI Y, LIU T Y, YAN Y H, et al. , 2024. A novel assembly tolerance analysis method considering form errors and partial parallel connections[J]. The international journal of advanced manufacturing technology, 131(11): 5489-5510.

YI Y, ZHANG A Q, LIU X J, et al. , 2024. Digital twin-driven assembly accuracy prediction method for high performance precision assembly of complex products[J]. Advanced engineering informatics, 61: 102495.

ZHANG J, QIAO L H, 2018. Research on computing position and orientation deviations caused by mating two non-ideal planes[J]. Procedia CIRP, 75: 309-313.

ZHANG J, QIAO L H, HUANG Z C, et al. , 2021. An approach to analyze the position and orientation between two parts assembled by non-ideal planes[J]. Proceedings of the institution of mechanical engineers, Part B: journal of engineering manufacture, 235(1-2): 41-53.

ZHANG Q S, JIN X, LIU Z H, et al. , 2020. A new approach of surfaces registration considering form errors for precise assembly[J]. Assembly automation, 40(6): 789-800.